U0250972

365数学
趣味大百科

生活中的数学

历史中的数学

数学名人小故事

游戏中的数学

计算中的数学

测量中的数学

图形中的数学

规律中的数学

体验中的数学

日本数学教育学会研究部 著
日本《儿童的科学》编辑部 著
卓 扬 译

九 州 出 版 社
JIUZHOUPRESS

图书在版编目（CIP）数据

365 数学趣味大百科 / 日本数学教育学会研究部，
日本《儿童的科学》编辑部著 ; 卓扬译 . —— 北京 : 九
州出版社 , 2021.5（2023.6重印）

ISBN 978-7-5225-0041-6

Ⅰ . ① 3… Ⅱ . ①日… ②日… ③卓… Ⅲ . ①数学 –
儿童读物 Ⅳ . ① O1-49

中国版本图书馆 CIP 数据核字（2021）第 097336 号

著作权登记合同号 : 图字 : 01-2019-7161

SANSU-ZUKI NA KO NI SODATSU TANOSHII OHANASHI 365

by Nihon Sugaku Kyoiku Gakkai Kenkyubu, edited by Kodomo no Kagaku

365 数学趣味大百科

作　　者　日本数学教育学会研究部　日本《儿童的科学》编辑部 著　卓扬 译

责任编辑　陈春玲

出版发行　九州出版社

地　　址　北京市西城区阜外大街甲 35 号 (100037)

发行电话　(010)68992190/3/5/6

网　　址　www.jiuzhoupress.com

印　　刷　北京天工印刷有限公司

开　　本　787 毫米 ×1020 毫米　16 开

印　　张　26.5

字　　数　500 千字

版　　次　2021 年 5 月第 1 版

印　　次　2023 年 6 月第 3 次印刷

书　　号　ISBN 978-7-5225-0041-6

定　　价　248.00 元（精装）

走进数学的奇妙境界

北京小学数学特级教师　张俏梅

　　亲爱的小朋友们，数学阅读是小学阶段必须养成的学习习惯，习惯形成性格，性格决定命运。因此，良好的学习习惯将使你们终身受益。

　　我们生活在大数据时代，我们身边到处充满了数学信息，有些信息还特别奇妙。为了满足大家的好奇心，体验思考的快乐，提升思维能力和表述能力，我特别向你们推荐《365数学趣味大百科》亲子共读书，本书将带你走进意料之外的数学世界，品味不一样的数学。

　　《365数学趣味大百科》由日本数学教育家细水保宏等人多年潜心研究撰写。本书基于小学数学教科书中"数与代数""统计与概率""图形与几何""综合与实践"等内容，积极引入生活中的数学话题，以及"动手做""动手玩"的内容。一天一个数学小故事，这本书一共为大家

准备了366个与数学相关的故事，这些故事将带领你们探究基于数学本质的内容。每一个小故事，都是向你们心中投下的一颗小石子，小石子泛起的涟漪向远处一圈一圈扩散，如同你们对数学的兴趣向深向广蔓延。

　　小朋友们，和爸爸妈妈一起，通过"查一查""做

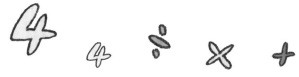

一做""记一记"等方式，与家人、朋友充分体验共享数学的乐趣吧！聆听中外数学故事，了解数学发展史，感悟具有里程碑作用的数学成果及重大事件，掌握一些简单的数学思想、数学游戏，感受数学好玩、数学有用、数学真美，从而追寻数学，热爱数学，和数学成为好朋友。

在阅读探秘的过程中，我们要善于发现和提出问题，还要利用所学知识分析、探索和解决问题，发展核心素养。我建议，你们在阅读的时候要做到：

1. 眼到： 把目光对准书的内容，速度平缓地浏览文字。

2. 手到： 动手在书上做些记号，记录下书本的重点。

3. 心到： 用心记忆书中的内容，记下自己的感受，认真思考。

4. 坚持： 每天读一点，坚持下去，养成习惯，你一定会有大的收获。

张俏梅

中国教育学会会员，小学数学特级教师，北京实验学校（海淀）小学部教科研主任，清华大学继续教育学院"国培计划"中西部示范区建设项目顾问。主持国家等各级多个课题，并多次荣获国家等各级奖励。

与 365 数学
一起飞！

深圳小学数学特级教师 张岩峰

亲爱的孩子们，《365 数学趣味大百科》是一本集智慧、趣味、实用、体验、创新与故事性为一体的百科全书，在这本书的阅读中，你会发现并懂得：

◆ **数学很有趣儿**

在数学的百花园里，有数与算，方向与位置，距离与测量，图形与运动……生活中有趣的种种都与数学相关。在天马星空的数学思考里，你对于数学的喜欢会一点点萌芽，开出美妙的花儿。

在阅读时，我们可以尽情享受数学趣味故事中容纳的丰富的数与代数、空间与图形、统计与概率、实践与综合应用的知识，动手动脑，创新思考，不断积累，深入体验。

◆ **数学很好玩儿**

数学知识并没有那么神秘，在拼一拼、摆一摆、玩一玩、做一做、试一试的过程中，数学的奥秘悄然揭晓，数学的思维悄悄发生，好玩儿的数学

伴着我们疯狂思考。

在阅读时，我们不仅要动眼、动脑，还是多动手，多动口，勇于尝试，反复试验，在实践中寻找数学真知。

◆ 数学有历史

数学与生活相伴相生，由来已久，千古传唱的数学故事闪耀着智慧的光芒，徜徉其中，我们收获的将不仅是知识，还有力量。

在阅读时，你要主动地在古今数学故事中建立链接，感受数学的源远流长与博大精深，在简洁朴素的发现中寻找数学魅力。

◆ 数学有文化

数学探究过程也是一个文化感染，文化共鸣的过程，在这本书的文化品味中，我们会变得理性、严谨，形成属于我们的文化观。

在阅读时，我们关注的不仅是数学知识本身，还有散落在百科大世界里的数学星火，细品数学丰富的文化内涵，感受数学独特之美。

孩子们，数学很美，认真地阅读这本兼容并蓄，博采众长的数学趣味百科全书，坚持每天读懂一个有趣的数学故事，你会在数学的理性深邃之美中快乐茁壮成长！

张岩峰

小学数学特级教师，全国优秀教师，全国中小学优秀德育课教师，全国教育科研先进工作者。新世纪小学数学杰出人才发展工程首届高研班核心成员。

一本内容全面、品质卓越的好书

江苏小学数学特级教师　陈今晨

由日本明星大学教授、日本数学教育学会（"日数教"）常任理事、全国数学教育研究会原会长细水保宏主编的《365数学趣味大百科》书，是献给儿童的最好礼物，确实是"让孩子们爱上数学的魔法书"！

应当承认，自明治维新开始，日本早于我国振兴科学和教育成为发达国家。"日数教"已历百岁，以全方位宏大的学科视野，精细规划小学数学日常生活科学题材，开放拓展故事讲述，操练"思维的体操"。本书能让孩子课余津津有味、爱不释手于数学科学阅读，从而种下爱数学、爱科学的种子。日本著名科学家小柴昌俊就是这样，从小爱读《儿童的科学》及其他数学、科学类书籍，最后成为斩获诺贝尔奖的擎天巨木。

数学是科技的基础和工具，小学是人生学习成长的起跑阶段，科学没有国界。"他山之石，可以攻玉。"全国著名数学特级教师华应龙，在扬州召开的全国千人大会上成功执教"化错"精彩练习课"买比萨的故事"，与本书9月24日"哪组比萨的面积最大"故事异曲同工。这本书作为人类优秀科学文化精粹性科普、辅学数学的教研成果，发展中国家儿童、家长和教师，乃至课程开发专家，决无理由拒绝接纳、借鉴！有幸审阅中译本，我深切领略到该书品质卓越。

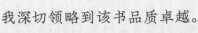

内容全面，激发兴趣。孩子谁不爱故事？本书图文并茂逐日讲故事，在趣味中开启孩子的智慧。九大数学版块，全面涵盖小学课标规定内容。每天十分钟，深入浅出、过程完备，计算分析详尽多样。

符合儿童好动手天性。让其静读中动手"做数学"，引导剪、拼、摆、画、量、折、搭……手巧引动心灵，难怪孩子乐此不疲！

多途径灵活思维引领。比如99+99，先竖式笔算连续两次进位感受麻烦；后反衬突显"简便的窍门"：让99+1=100，算两个100，减多算的两个1。框出列式思路，再用两张100个点子形象图示，对比体验，灵活多途径说简算，令孩子豁然开朗！

知识广博包蕴百科。搜罗奇珍异闻、天文地理、游戏操作、数学史料、异国风情……涉及德、智、体、美、劳诸育。让孩子见多识广、厚积薄发，一飞冲天。

利于养成阅读习惯。浅显表达，书前"阅读指导"，经年累月逐日排列内容，留空供三轮填写阅读日期，生、师、亲三者一书共读、家校联教落实习惯养成。

妙哉，好书；善哉，小朋友和大朋友们！爱数学就买吧、读吧、用吧、存吧！

陈今晨

中学高级教师，江苏省资深小学数学特级教师，南通市小学数学专业委员会前副理事长。曾参与国家教育委员会基础教育司、联合国儿童基金会、联合国教科文组织联合进行的课题项目，以及北师大林崇德七五、八五全国重点课题研究，荣获省教研课题多项成果奖。

前　言

数学不只是一门传授知识的学科。
因此，让我们追随兴趣，享受探究的乐趣吧。

日本明星大学客座教授　细水保宏

　　这是我的一段数学回忆。"你用菱形纸折过千纸鹤吗？"当被问到这个问题时，我产生了这些疑问：菱形的纸也能折千纸鹤吗？千纸鹤会长成什么样呢？我选择马上动手折一折。于是在我的手中，意想不到的千纸鹤诞生了：一只脖子长，尾巴也长；另一只挥着翅膀像恐龙的模样。"真好玩！"这样强烈的感受，至今仍记忆犹新。思来想去，我发现两只不同形态的千纸鹤原来与折纸的方向有关。

　　"为什么？"我想要立刻寻找原因。展开折纸观察折痕之后，有一句话脱口而出："原来如此！"

　　用正方形纸折千纸鹤时，方法相同则千纸鹤的长相也会相同；但用菱形纸折时，千纸鹤的脖子、尾巴和翅膀的长度都会发生变化。"这和对角线的长度有关！"没错，如果只用对角线相等的正方形纸来折，是发现不了这点的。接下来，继续从问题中产生新问题，从疑问中破解疑问。"如果用和正方形、菱形相同，对角线也是互相垂直的梯形纸来折的话，"我的猜想是，"折出来的千纸鹤，脖子或尾巴特别长，或者一边的翅膀特别长。"

为了验证这些想法，我马上开始动手折。等到形状奇怪的千纸鹤出现在眼前时，"原来如此！"这样发自内心的感动，至今记忆犹新。而解开一个疑团之后，也会带来更多的思考："如果用长方形纸折的话……""如果用三角形纸折的话……""如果用圆形纸折的话……"虽然已是深夜，但我兴奋极了，心扑通扑通地跳着，手不停地折纸。这样的经历，至今鲜明如初。

让回忆暂告一段落。这本书由日本数学教育学会研究部小学部成员撰写而成。成员们将"希望孩子了解数学的趣味！""每天多爱数学一点点！"的愿望，都融入到书中。学会创立于1919年，即将迎来它的100周岁生日，是一个有着悠久历史与传统的研究团体。学会在日本的数学教育中处于领头羊地位，并为数学教育的发展做出了重要贡献。目前，学会的研究方向涉及幼儿园、小学、初中、高中、中职（职高）、大学的数学教育。同时，学会还与海外研究团体保持着友好协作的关系，研究成果不仅在国内发表，还会向国外推广。

我们研究部的成员，诚挚地希望："喜欢数学的孩子每天多一点！"

当你开始喜欢数学，就会发现身边冒出了许多以往忽略的运算和图形。这本书将带你走进意料之外的数学世界，品味数学之趣、数学之美，体验思考的快乐，提升思维能力和表述能力。一天一个数学小故

事，这本书一共为大家准备了 366 个与数学相关的故事。这些故事不仅能吸引小学低年级的孩子，探究基于数学本质的内容，也能让小学中高年级、初中和成人温故知新。就像尝试用菱形纸折一只千纸鹤那样，我希望本书的每一个小故事，都是向孩子心中投下的一颗小石子。小石子泛起的涟漪向远处一圈一圈扩散，如同孩子对数学的兴趣向深向广蔓延。

　　数学不只是一门传授知识的学科。数学的学习，对于你所处的环境而言，是氛围和空间的再构造。在数学之旅中，我慢慢学会了把握事物间的逻辑，发现新鲜的事物，创造未知的事物。我由衷地希望，家长与孩子能够一天一个故事，共读这本书。准备好本子和铅笔，这是一次结伴而行的数学之旅。"兴趣是最好的老师"，虽然是老生常谈的一句话，但也屡试不爽。追随兴趣，享受探究的乐趣，才能点亮孩子的数学激情。

细水保宏

出生于日本神奈川县，毕业于横滨国立大学大学院数学教育研究科。曾任横滨市立三泽小学、横滨市立六浦小学教研组组长。2010—2015 年，任筑波大学附属小学副校长。2015 年 4 月起，任明星学苑教育支援办公室主任兼明星大学客座教授。

同时，任筑波大学外聘讲师、横滨国立大学外聘讲师、日本数学教育学会常任理事、全国数学教学研究会原会长。著有教科书《数学》，参与撰写日本小学《学习指导要领指南（数学篇）》（2010 年修订版）。

著有《细水保宏的数学教学法》《爱上数学的秘诀》《数学教育的专业之道·教学篇》《数学教育的专业之道·教材篇》《随想集＜快意称心＞》《提升能力的数学教学创意》《细水保宏的数学教材研究集》《快乐的数学》《点亮孩子的数学教学》等。

来自 读者 的反馈

（日本亚马逊 买家 评论）

id: Ryochan
关于趣味数学的书有很多，像这种收录成一本大百科的确实不多。书里介绍了许多数学的不可思议的方法和趣人趣闻。连平时只爱看漫画类书的孩子，不用催促，也自顾自地看起了这本书。作为我个人来说，向大家推荐这本书。

id: 清六
这是我和孩子的睡前读物。书里的内容看起来比较轻松，也相对浅显易懂。

id: pomi
一开始我是在一家博物馆的商店看到这本书的，随便翻翻感觉不错，所以就来亚马逊下单了。因为孩子年纪还小，所以我准备读给他听。

id: 公爵
孩子挺喜欢这本书的，爱读了才会有兴趣。

匿名
这是一本除了小孩也适合大人阅读的书，不少知识点还真不知道呢。非常适合亲子阅读。

匿名
给侄子和侄女买了这本书。小学生和初中生，爸爸和妈妈，大家都可以看一看。

id: GODFREE
从简单的数字开始认识数学，用新的角度发现事物的其他模样，这本书让孩子尝试全新的探索方式。数学给我们带来的思维启发，对于今后的成长也大有裨益。

id: Francois
我是买给三年级的孩子的。如何让这个年纪的孩子对数学感兴趣，还挺叫人发愁的。其实不只是孩子，我们家都是更擅长文科，还真是苦恼呢。在亲子共读的时候，我发现这本书的用语和概念都比较浅显有趣，让人有兴致认真读下来。

id: NATSUT
我是小学高年级的班主任。为了让大家对数学更感兴趣，我为班级的图书馆购置了这本书。这本书是全彩的，有许多插画，很适合孩子阅读。

目 录

本书使用指南

图标介绍
 计算中的数学
 测量中的数学
 图形中的数学
 规律中的数学
 历史中的数学
 生活中的数学
数学名人小故事
 游戏中的数学
体验中的数学

3月

目 录

5月

图标介绍 计算中的数学 测量中的数学 图形中的数学 规律中的数学 历史中的数学 生活中的数学 数学名人小故事 游戏中的数学 体验中的数学

365数学趣味大百科

目录

8月

图标介绍 计算中的数学 测量中的数学 图形中的数学 规律中的数学 历史中的数学 生活中的数学 数学名人小故事 游戏中的数学 体验中的数学

11月

目 录

本书使用指南

图标类型

本书基于小学数学教科书中"数与代数""统计与概率""图形与几何""综合与实践"等内容，积极引入生活中的数学话题，以及"动手做""动手玩"的内容。本书一共出现了9种图标。

计算中的数学
内容涉及数的认识和表达、运算的方法与规律。对应小学数学知识点"数与代数"：数的认识、数的运算、式与方程等。

测量中的数学
内容涉及常用的计量单位及进率、单名数与复名数互化。对应小学数学知识点"数与代数"：常见的量等。

规律中的数学
内容涉及数据的收集和整理，对事物的变化规律进行判断。对应小学数学知识点"统计与概率"：统计、随机现象发生的可能性；"数与代数"：数的运算等。

图形中的数学
内容涉及平面图形和立体图形的观察与认识。对应小学数学知识点"图形与几何"：平面图形和立体图形的认识、图形的运动、图形与位置。

历史中的数学
数和运算并不是凭空出现的。回溯它们的过去，有助于我们看到数学的进步，也更加了解数学。

生活中的数学
数学并不是禁锢在课本里的东西。我们可以在每一天的日常生活中，与数学相遇、对话和思考。

数学名人小故事
在数学历史上，出现了许多影响世界的数学家。与他们相遇，你可以知道数学在工作和研究中的巨大作用。

游戏中的数学
通过数学魔法和益智游戏，发现数和图形的趣味。在这部分，我们可能要一边拿着纸、铅笔、扑克和计算器，一边进行阅读。

体验中的数学
通过动手，体验数和图形的趣味。在这部分，需要准备纸、剪刀、胶水、胶带等工具。

作者
各位作者都是活跃于一线教学的教育工作者。他们与孩子接触密切，能以一线教师的视角进行撰写。

日期
从1月1日到12月31日，每天一个数学小故事。希望在本书的陪伴下，大家每天多爱数学一点点。

阅读日期
可以记录下孩子独立阅读或亲子共读的日期。此外，为了满足重复阅读或多人阅读的需求，设置有3个记录位置。

迷你便签
补充或介绍一些与本日内容相关的小知识。

引导"亲子体验"的栏目
本书的体验型特点在这一部分展现得淋漓尽致。通过"做一做""查一查""记一记"等方式，与家人、朋友共享数学的乐趣吧！

1月

2 生活中的数学

我们身边有许许多多的1

日本明星大学客座教授
细水保宏老师撰写

祝大家元旦快乐！

1月1日，是世界多数国家通称的"新年"，在中国和日本都称作"元旦"。

"元旦"一词最早出现于中国的《晋书》，其中写道："颛帝以孟夏正月为元，其实正朔元旦之春。"南北朝时，南朝萧子云的《介雅》诗中也有"四季新元旦，万寿初春朝"的记载。

中国最早称农历正月初一为"元旦"，"元"是"初"、"始"的意思，"旦"指"日子"，"元""旦"合称即是"初始的日子"，也就是一年的第一天。不过在中国古代正月初一从哪日算起并不是统一的。夏朝的夏历以孟喜月（元月）为正月，商朝的殷历以腊月（十二月）为正月，周朝的周历以冬月（十一月）为正月。秦始皇统一中国后，又以阳春月（十月）为正月，即十月初一为元旦。从汉武帝起，才规定孟喜月（元月）为正月，把孟喜月的第一天（夏历的正月初一）称为元旦，一直沿用到清朝末年。

1949年9月27日，在第一届中国人民政治协商会议上，通过了使用世界通用的公元纪年法，把公历的一月一日定为"元旦"，俗称阳历年；农历正月初一通常都在立春前后，因而把农历正月初一定为"春节"，俗称阴历年。

祝大家元旦快乐哟！

想一想

我能完成几个？

在□里填入数字，组成成语。好好想一想，可以填入什么数字呢（不限于一）？答案就在"迷你便签"里哟。

□心□意　□言□语
□花□门　□面□方
□牛□毛　□发□中

我们身边有许许多多的"1"

1是所有数字的开始。在数学学习中，我们将会碰到1的许多个身份：1是最小的正整数，数的体系从1开始。

天上的星星有几颗？数一数，1、2、3……没有了1，连数数都做不到了。3×1 = 3，3÷1 = 3，用1去乘或除其它不为0的自然数，结果还是那个数。

"举一反三""一日千里""一期一会"……谚语、成语中的"一"更是数不清。

你也来找一找我们身边的"1"吧！

迷你便签

答案分别是："一心一意""三言两语""五花八门""四面八方""九牛一毛""百发百中"。

数学符号

＋、－、×、÷

岛根县 饭南町立志志小学
村上幸人 老师撰写

阅读日期 月 日 月 日 月 日

"＋"与"－"的诞生

在数学中，"2加3""6减5"之类的计算我们并不陌生。将它们列成算式的话，就是"2＋3""6－5"。不过，你知道这里面"＋"与"－"是怎么来的吗？

"－"就是一条横线。据说，在航行中，水手们会用横线标出木桶里的存水位置。随着水的减少，新的横线越来越低。

而当木桶里的水又增加时，便使用竖线条把原来画的横线划掉。于是就出现了用于表示减少的"－"和表示增加的"＋"。

在航行中，水可是非常珍贵的资源呢，人们需要时刻关注船上的存水量。

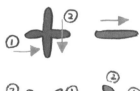

"×"与"÷"的由来

"×"是由17世纪英国数学家奥特雷德发明的，据说，这个符号是从十字架倾斜而来。"×"与拉丁字母"X"相似，因此也有一些国家用"·"来表示乘号。我们将可以在初中数学里看到这个符号。

"÷"又被称为拉恩记号，是由17世纪瑞士人拉恩发明的。除号的横线代表分数的横线，上面的点对应分子，下面的点对应分母。也有一些国家用"/"和"："来表示除号。

记一记

数学符号的笔顺

按照右边图片所展示的那样记一记"＋""－""×""÷"的书写顺序吧！

迷你
便签

关于"＋""-""×""÷"的来历，除了本书中介绍的故事之外，还有其他的说法哟。大家快找一找，看看还有什么说法吧！

指针为什么向右转

学习院小学部
大泽隆之老师撰写

1月

钟表指针向右转的原因

指针嘀嗒嘀嗒，为什么向右旋转呢？

机械钟表诞生在 13 世纪的欧洲，从那时起钟表指针就是向右转动的。这其中藏着的秘密，要追溯到古巴比伦时代。

我们通常认为，日晷诞生于公元前 5000 年—前 3000 年的古巴比伦和古埃及。最初的日晷，只是在地面上支起一根小木棍，利用太阳的投影方向来测定并划分时刻。除了显示一天之内的时刻，日晷更大的作用是用来制定历法。

古人通过测量白天与黑夜的时长，知道了春分与秋分。而在正午时分，小木棍的影子最短，由此划分上午与下午。

想一想

让日晷说出答案

做一个简易的日晷，看一看指针是不是向右转。

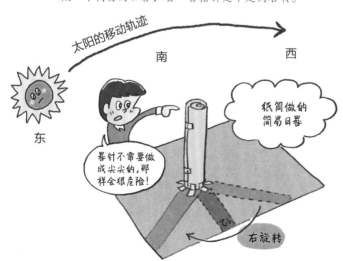

太阳的移动轨迹

南　　　西

东

晷针不需要做成尖尖的，那样会很危险！

纸筒做的简易日晷

右旋转

秘密就在日晷里

从地面到晷面，从小木棍到晷针，功能相对完善的日晷，诞生于公元前 2050 年，它的影子也是向右转动的。

太阳东升西落，晷针的影子随之从左移动到右。模仿着这种运动轨迹，机械钟表登上了历史舞台。

游戏中的数学

有趣的计算游戏——"翻牌游戏"

大分县 大分市立大在西小学
二宫孝明 老师撰写

阅读日期　月　日　月　日　月　日

掷骰子就可以玩起来的游戏

你听说过"翻牌游戏"吗？这是一个古老而有趣的计算游戏。它的规则十分简单，只要掷骰子就可以玩。当然，玩这个游戏还需要一名对手，你现在就可以和朋友或家人开始游戏啦。

准备的材料，首先是两颗骰子，然后是9张扑克牌大小的卡片。卡片上依次写上数字1—9，当然，我们可以直接使用扑克牌1—9。

掷出数字2和4，和是"6"！

把1和5的数字牌翻到背面。

当然，翻2和4或6也都可以。

对战双方轮流投掷骰子，计算骰子数字之和。然后选择相加之后与结果相同的数字牌组合，进行翻牌。等到数字牌都翻为背面时，游戏结束。

试一试

动手做做吧！

使用软木板、小木块、小布头等材料，试着做一个自己特有风格的"翻牌游戏"道具吧。可以用颜料画上图案，最后上一层清漆润饰一下。

用10元店材料制作而成的"翻牌游戏"道具。
摄影／二宫孝明

规则很简单

接下来，我们说一说规则。首先，将数字牌正面朝上摆好。接着，我们投掷出两颗骰子，并计算出这两个数的和。最后，按照计算出的结果，翻对应的一张或两张数字牌。例如，骰子掷出数字2和4，它们的和是6，这时候可以翻一张数字牌6，也可以翻两张数字牌：1和5或2和4。翻一张或翻两张，翻这组或翻那组，玩家可以自由选择。

对战双方轮流投掷骰子和翻牌，当数字牌不足6张时，将骰子减为1颗。等到数字牌都翻为背面时，游戏结束。谁翻的牌多，谁就赢了。

迷你便签

"翻牌游戏"的好玩之处，还在于可以自己制定规则。例如，一次可以翻3张数字牌。又例如骰子数字为3时，可以翻9和6两张数字牌，也就是说，可以用减法。

人体测量术

御茶水女子大学附属小学
久下谷明老师撰写

1月

过去我们用身体当"尺子"

我来问一个问题，你知道我们这本书的长度是多少吗？于是，我看到你拿出一把尺子，测量后得出的答案是 23 厘米。

但是，在没有"尺子"这种标准测量工具之前，过去的人们是如何进行测量并告知其他人的呢？答案是使用身边的事物。更确切地说，是我们的手和脚，也就是我们自己的身体。

在古代的日本，人们使用手来进行计算，也利用手作为测量的单位。

图1
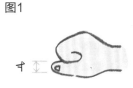
寸

图2

拳

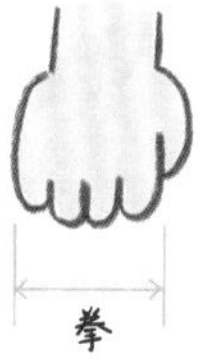

图3
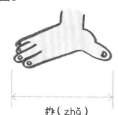
拃（zhǎ）

图4

庹（tuǒ）

古埃及的长度单位"库比特"

在古埃及，国王手腕（从手肘至中指尖）的长度，被称为"1 库比特"。也因为如此，每当换了一任国王，那么 1 库比特的长度就会改变。这把"古埃及腕尺"的长度，大致是 50 厘米。由此，还陆续派生出掌尺等长度单位。

库比特

让我们来记一记

快瞧，这些都是用手来表示的测量单位。

·"1寸"：拇指第一关节的宽度，在中医里常常使用（图1）。

·"1拳"：一拳的宽度（图2）。

·"1拃"：张开大拇指和中指，两端的距离（图3）。

·"1庹"：两臂向左右伸开，指尖到指尖的长度（与身高相近）（图4）。怎么样？如果记住每把"身体尺"的大致长度，在生活中也可以方便地使用哟。

迷你便签

在美国和英国，人们至今依旧在使用古老长度单位英尺（foot）。它指的是成年男性脚尖到脚后跟的长度。1 英尺约为 30 厘米，还真是只大脚呢。

跳台滑雪比赛的计分

1月 06日

神奈川县　川崎市立土桥小学
山本直老师撰写

阅读日期✐　月　日　　月　日　　月　日

跳台滑雪比赛的计分规则

大家知道跳台滑雪这项运动吗？在冬季奥运会和世界滑雪锦标赛上，都可以看到比赛选手们活跃的身姿。他们使用特制的滑雪板，沿着跳台的倾斜助滑道下滑，然后借助速度和弹跳力，使身体跃入空中，最后落在山坡上。根据身体在空中飞行的距离和动作完成度评分，分别计入飞跃距离分与飞跃姿势分，计算综合成绩。

其中飞跃姿势分由 5 名裁判员同时打分，为保证公平公正，评分时，去掉 1 个最高分和 1 个最低分，再将剩下的分数相加。

不公平是怎么一回事儿？

让我来举一个极端的例子。如下表所示，选手 D 有一组神奇的得分。在去掉 1 个最高分和 1 个最低分后，有效得分为 29 分，几乎是完美的。但是，如果我们计算 5 人合计总分的话，选手 D 就只有 40 分，低于选手 A。也就是说，当采取 5 人裁判制时，即使有 4 位裁判认为"优秀"，但有 1 位裁判故意打低分，也是可能造成该名选手输掉比赛的。因此，为保证公平公正，评分时会去掉最高分和最低分。

选手	裁判1	裁判2	裁判3	裁判4	裁判5	5人合计总分	有效得分
(D)	10	10	10	9	1	40	29

有效得分

跃入空中

	裁判1	裁判2	裁判3	裁判4	裁判5	5人合计总分	有效得分
(A)	10	9	8	7	7	41	24
(B)	10	9	8	6	6	39	23
(C)	9	9	8	8	6	40	25

有效得分

去掉最高分和最低分的意义

让我来举一个简单的例子。

在满分是 10 分的情况下，如果所有裁判的评分都是 10 分，那么最高分与最低分相同，都是 10 分。去掉 2 位裁判的 10 分后，剩下的有效得分就是 3 位裁判的合计总分 30 分。

接下来，我们来看看左页的表格。选手 A 的 5 人合计总分是 41 分，去掉最高分和最低分后，有效得分为 24 分；选手 B 的 5 人合计总分是 39 分，有效得分为 23 分。再来看，虽然选手 C 的 5 人合计总分是 40 分，低于选手 A，但有效得分为 25 分，是 3 人中的最高分。

你有没有觉得有点儿神奇呢？带着这样的"神奇"看比赛，跳台滑雪可能会变得更有趣。

"为什么呢？"当你对于某个问题迷惑不解时，可以试着以一个极端的例子作为突破，问题也许就迎刃而解了。

迷你便签

一寸法师到底有多高

御茶水女子大学附属小学
久下谷明 老师撰写

阅读日期　月　日　｜　月　日　｜　月　日

一寸法师与大拇指

日本古代童话《一寸法师》中，记载了一个看似弱小的小人儿，用机智与勇气打败强大妖怪的故事。那么，这个小人儿到底有多高呢？

一寸法师，这个名字中的"寸"是古代使用的长度单位。通常认为，寸的长度来源于拇指第一关节的宽度。日本在 1891 年颁布了第一部《度量衡法》，正式确定了尺寸的换算。"1 寸"，等于 1 尺的 $\frac{1}{10}$，约为 3 厘米（$\frac{1}{33}$ 米）。

其实，拇指第一关节的宽度约为 2 厘米，而根据《度量衡法》来看，1 寸约为 3 厘米。因此，一寸法师的身高大概是在 2 厘米—3 厘米之间。真是非常迷你的小人儿呢。

在中国，现在 1 寸约为 3.33 厘米，与日本稍有不同。

从尺和寸到米和厘米

尺和寸是日本过去使用的长度单位，现在几乎已经没有人再使用了。1921 年《度量衡法》更新，采用世界通用的米制单位，"米"和"厘米"开始登上日本的历史舞台。1959 年，日本成功在全国统一长度计量单位"米"和"厘米"。

从此，尺与寸就消失在人们的生活中了。

也就是

1 寸等于 1 尺的 $\frac{1}{10}$

约为 3.03 厘米（10 寸＝1 尺）

2 厘米～3 厘米

记一记

1 尺等于几厘米？

"尺"这个汉字很有意思，它像大拇指与食指张开的样子。从大拇指到食指两端的距离，约为 15 厘米，也就是 5 寸。重复两指张开的动作，我们就能测量出 1 尺。尺蠖身体细长，行动时一屈一伸像个拱桥，像极了我们刚才的手部动作。因此，尺蠖在日本被形象地写作"尺取虫"。

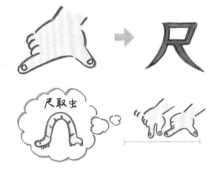

尺取虫

迷你便签

日本有一首歌叫作《阿尔卑斯一万尺》，你知道歌名的意思吗？日本阿尔卑斯山脉指的是本州中部山脉，歌名形容的就是山脉中山峰的海拔。一万尺约为 3000 米，本州中部山脉拥有多个海拔在 3000 米以上的山峰。

偶数还是奇数①

御茶水女子大学附属小学
冈田纮子老师撰写

阅读日期　　月　日　　月　日　　月　日

偶数和奇数

小朋友们，你们听说过偶数和奇数这两个词吗？

偶数是能被 2 整除的整数，奇数则是不能被 2 整除的整数。

偶数和奇数哪个多？

观察一颗骰子，上面的数字有 1、2、3、4、5、6，是偶数多，还是奇数多？偶数有 2、4、6，奇数有 1、3、5，奇偶数数目相同。

那么，问题来了。当我们同时投掷两颗骰子，并将两个数字相加时，你觉得是偶数多，还是奇数多呢？比如，当投出数字 1 和 1 时，1 + 1 = 2，和为偶数。

图1

+	●	●●	●●●	●●●●	●●●●●	●●●●●●
●	2	3	4	5	6	7
●●	3	4	5	6	7	8
●●●	4	5	6	7	8	9
●●●●	5	6	7	8	9	10
●●●●●	6	7	8	9	10	11
●●●●●●	7	8	9	10	11	12

现在，我们已经将两颗骰子的投掷结果都写出来了（图 1）。用列表格的方法，可以防止重复和遗漏。

如表格所示，结果是偶数的有 18 组，奇数的同样也是 18 组。

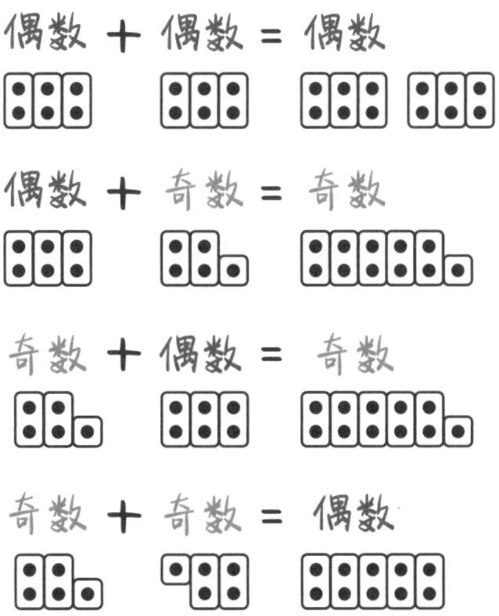

当然，我们也有比列出所有结果更加简便的方法。如图 2 所示，偶数 + 偶数 = 偶数，偶数 + 奇数 = 奇数，奇数 + 偶数 = 奇数，奇数 + 奇数 = 偶数。因此，奇偶数目相同。

图2

偶数 + 偶数 = 偶数

偶数 + 奇数 = 奇数

奇数 + 偶数 = 奇数

奇数 + 奇数 = 偶数

偶数？
奇数？

迷你便签

问题又来了，当我们同时投掷两颗骰子，并将两个数字相乘时，你觉得是偶数多，还是奇数多？想一看究竟吗？答案就在 1 月 17 日！

正面在哪里?
神奇的莫比乌斯环

御茶水女子大学附属小学
久下谷明老师撰写

1月

"正面在哪里?"当我们仔细观察一个莫比乌斯环的时候,这个问题无法回答。它的制作方法很简单,把纸条的一端扭转半圈,再将两头粘接起来,就是一个充满魔力的纸带圈了。

准备材料
▶ 纸　　　▶ 铅笔
▶ 剪刀　　▶ 尺子
▶ 胶水

● 这就是莫比乌斯环

　　细长的纸带从中间扭曲,这就是莫比乌斯环。当我们沿着纸带的外侧行走,不知不觉就会发现自己已经身处纸带的内侧了。整条纸带只有一个面,这就是莫比乌斯环最神奇的地方。

● 做一个莫比乌斯环

　　快来动手做一个魔法之环吧。

准备一张细长的纸。

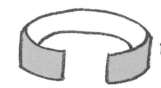

弯成一个圈。

把纸条的一端扭转半圈,再将两头用胶水粘接起来。

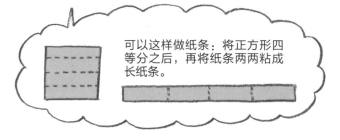

可以这样做纸条:将正方形四等分之后,再将纸条两两粘成长纸条。

● 剪开莫比乌斯环会发生什么?

沿着莫比乌斯环中间剪开,你猜会发生什么?

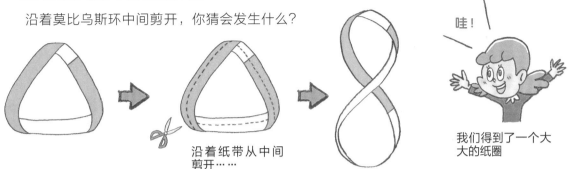

沿着纸带从中间
剪开……

哇!

我们得到了一个大
大的纸圈

● 扭转一圈的环会发生什么?

莫比乌斯环是让纸条的一端扭转半圈。接下来,我们试着把纸
条一端扭转一圈再剪开,看看会发生什么吧。

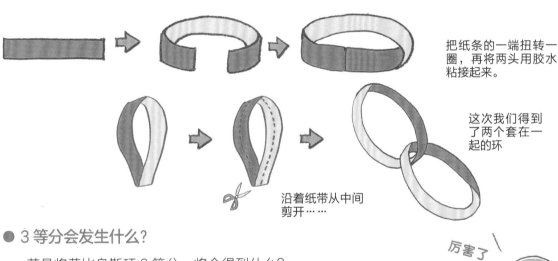

把纸条的一端扭转一
圈,再将两头用胶水
粘接起来。

沿着纸带从中间
剪开……

这次我们得到
了两个套在一
起的环

● 3 等分会发生什么?

若是将莫比乌斯环 3 等分,将会得到什么?

厉害了

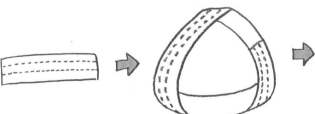

在纸条上画上3等分
的两条线。

制作一个莫比乌斯环,然后沿着
其中一条3等分线剪开。不知不
觉间,两条3等分线都剪开了。

你猜到了吗? 结果是一个
大环套着一个小环。

迷你便签

莫比乌斯环的名字,源于它的一个发现者——出生在 1970 年的德国数学家奥古斯特·费迪南
德·莫比乌斯。

"0" 是什么

筑波大学附属小学
盛山隆雄 老师撰写

1月

篮子里有几个橘子？

已知篮子里有 5 个橘子，一个一个拿出来之后，篮子就空了。这时，篮子里橘子的数量，是"零个" = "0 个"。因此，我们知道 0 是一个数字。

还是这个有 5 个橘子的篮子，我们想用筷子把橘子夹出来，但是没成功。这时，夹出来的橘子数量，是 0 个，篮子里的橘子数量，是 5 - 0 = 5。0 的含义，你有感觉了吧？

乘法中 0 的力量

买东西的时候，我们按照这样的公式：（1 个物品的价格）×（购买个数）=（所有物品的总价）。如果 1 个物品的价格是 0 元，那么不管我买多少个，总价都是 0 元。

反过来想，如果 1 个物品的价格非常非常高，但购买个数只有 0 个，那么总价依旧是 0 元。

身边的0

号码布0号

序号中的0

温度计

102

A队	0	1	0	0
B队	0	0	2	0

0℃

0分

想一想

除法中 0 的力量

除法和乘法一样，0 除以任何非零数，答案都还是 0。比如，0÷2 = 0，0÷100 = 0 等。那么，像 2÷0 = 0 这样反过来的存在吗？我们来验证一下，2÷0 = 0 的逆运算是 0×0 = 2，很明显这个算式并不存在，因此 0 作为除数的算式是不存在的。

迷你便签　0 这个数字是由古印度人在公元 5 世纪左右时发明的（见 8 月 31 日）。

用 1×1、11×11······ 表示的绝美富士山

福冈县　田川郡川崎町立川崎小学
高濑大辅老师撰写

阅读日期📝　月　日　｜　月　日　｜　月　日

来找一找规律吧

通过简单的运算，就能在其中发现一座绝美的"富士山"，快来试试吧。规定在这次的乘法中，只能使用数字1。如图1所示，从 1×1 = 1 开始我们的"富士山之旅"吧。

一座小山出现了，在我们继续运算之前，请仔细地观察一下山顶、山腰和山底。规律是不是已经呼之欲出了？

两位数相乘的积是121。三位数相乘的积是12321。

图1

$$1×1=1$$
$$11×11=121$$
$$111×111=12321$$

图2

图3
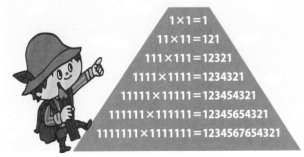

根据这个规律，用不着费力笔算，就可以刷刷刷地写出答案来了。四位数相乘的积是1234321，五位数相乘的积是123454321。

为什么会出现这么有规律的答案呢？那么就通过五位数 11111 × 11111 的笔算，验证一下吧。

如图 2 所示，这是五位数相乘的情况，六位数、七位数相乘的情况也是同样的。算到这里，美丽的"富士山"也该出现啦（图 3）。

那么，问题来了

可惜，这样美好的规律并不是一成不变的，等到位数继续增加，美丽的"富士山"也将离我们而去。大家可以猜一猜，规律是在几位数相乘时消失的呢？答案就在"迷你便签"里哟。

 答案是从十位数开始。10 个 1 组成的十位数相乘，会出现进位。"1111111111 × 1111111111 = 1234567900087654321"，显而易见进位打破了原本的结构规律。

013

古装剧里不陌生！江户时代的时间

学习院小学部
大泽隆之 老师撰写

用十二地支表示的时辰

在日本的江户时代（1603—1867 年），人们通过寺庙的钟声来获知时间。日出卯时钟敲 6 下，日中午时钟敲 9 下。

用十二地支表示的十二时辰制，是在奈良时代（710—794 年）从中国传到日本的。每个时辰是 2 小时，以夜半 23:00-1:00 为子时，1:00—3:00 为丑时，3:00—5:00 为寅时，依此类推。根据太阳的运动规律，日出为卯时，日落为酉时。如果观察一下白天的时间，会发现夏天的白天长，冬天的白天短。

什么时候敲 1—3 下钟呢

根据今天的学习内容，似乎敲钟的次数没有 1—3。其实不然。古代的时辰相当于现在的 2 小时，将每个时辰四等分，每隔 30 分钟分别敲钟 1 下、2 下、3 下。敲钟 2 下的时刻，是这个时辰的"正点"。

与九九乘法表相关的钟声

那么，是由什么决定敲钟的次数呢？

这与九九乘法表息息相关。当时的占卜术（阴阳道）中，以 9 为大，认为 9 是一个充满力量的数字。同时，又以子时为 1、丑时为 2……到了正中午时，又从 1 开始计数。这些数字乘以 9，再取积的个位，就是敲钟的次数。例如，$1 \times 9 = 9$，敲钟 9 下，$2 \times 9 = 18$，敲钟 8 下，依此类推。子时为 1，可推算卯时为 4，4×9 得 36，于是卯时敲钟 6 下。因为时辰取 1—6，通过九九乘法表可知，敲钟的次数分布在 9—4。

迷你便签

日语的"点心"这个词中，出现了汉字"八"，正好就是未时的敲钟次数。江户时代的人们，一天吃两顿饭，到了下午肚子就饿了。因此，他们有在下午 3 点左右吃些小点心的习惯。

用图形来表现
九九乘法表①

东京都　杉并区立高井户第三小学
吉田映子老师撰写

阅读日期🖊　　月　日　　月　日　　月　日

先试试乘法第3列吧

先把九九乘法表的第3列列出来。

取答案的个位数，在圆形中依次用

出发

$3 \times 1 = 3$
$3 \times 2 = 6$
$3 \times 3 = 9$
$3 \times 4 = 12$
$3 \times 5 = 15$
$3 \times 6 = 18$
$3 \times 7 = 21$
$3 \times 8 = 24$
$3 \times 9 = 27$

第3列

直线连接起来。从0开始。

$3 \times 4 = 12$，答案取2，$3 \times 5 = 15$，答案取5，按照这个顺序连起来。快来看看，画到最后的结果是一颗星星。

再接再厉，连出更多的图形来吧。再来试试乘法表第4列。

连接的数字依次是0、4、8、2、6、0、4、8、2、6。画到最后的结果是……

第4列

$4 \times 1 = 4$
$4 \times 2 = 8$
$4 \times 3 = 12$
$4 \times 4 = 16$
$4 \times 5 = 20$
$4 \times 6 = 24$
$4 \times 7 = 28$
$4 \times 8 = 32$
$4 \times 9 = 36$

迷你便签

依次连接积的个位数，会出现各种图形（见2月9日）。你也可以试试乘法表之外的数字，比如超过10会怎么样？这些都等待你的发现哟。

做一做
无缝拼接图案

神奈川县　川崎市立土桥小学
山本直老师撰写

阅读日期　月 日 ｜ 月 日 ｜ 月 日

1月

无缝拼接图案

　　右侧这张图，出自杉原厚吉教授之手，是一幅"无缝拼接图案"。仔细观察这幅作品，可以发现它是由形状、大小都相同的图案无缝拼接而成的。那么，这种图案又是怎样做出来的呢？稍稍远离这幅图，仿佛是许许多多的正方形排列在一起。

　　实际上，这种看似十分巧妙的图案，大部分是由一些简单形状改动而成的。基础的简单形状原本就可以无缝拼接，稍作改动之后就可以产生奇妙的效果。

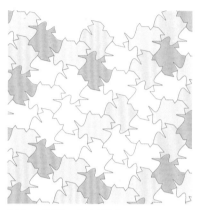

制作·提供／杉原厚吉

基础图形是正方形和长方形？

　　再看右侧这张照片里的画，出自小学六年级学生之手，它由许许多多个神奇的生物组成。其实，这些生物的原形也只是简单的正方形、梯形等四边形。剪切四边形的一部分，移动到其他位置。重复多次操作后，有趣的无缝拼接图案就出现了。

　　如果在剪切时，运用曲线和复杂形状，那么做出来的图案将更奇妙。同时，我们也可以在组合方式上下功夫，比如将图形反向、旋转组合。

　　你也来挑战一下，做一个自己的作品吧。

摄影／山本直制作／横滨国立大学
教育人类科学部附属横滨小学平成
14（2002）届毕业生

剪切、移动，重复吧

　　如右图所示，将正方形或长方形的一部分剪切下来，移动到图形的另一侧。重复两次之后，就出现了一个简单的无缝拼接图案。我们也可以通过改变基础图形、更换组合方式来产生更多更有趣的作品。

　　其实基础图形可以不止一个，将正方形、三角形等组成的基础图形经过剪切移动后，会产生更复杂的图案。

古代玛雅人的数字表达

岩手县 久慈市教育委员会
小森笃 老师撰写

1月 15日

阅读日期 　月　日　｜　月　日　｜　月　日

图1

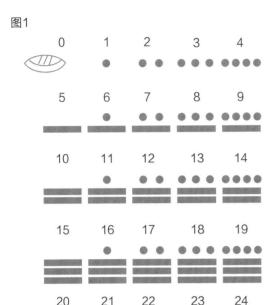

古人如何表示数字

从远古时代开始，人类就创造出许多表达数字的方式，你知道其中的几种呢？

美索不达米亚文明（楔形文字）	𒁹	𒁹𒁹	𒁹𒁹𒁹	𒐉	𒐊
古罗马	I	II	III	IV	V
玛雅文明	●	●●	●●●	●●●●	—
中华文明	一	二	三	四	五
阿拉伯数字	1	2	3	4	5

圆点代表1到4，横线代表5

在今天墨西哥的周边，历史上曾经存在过玛雅古国。在没有望远镜和电脑的时代，玛雅人却能够长期观测天象，掌握天体运动规律，制定出精确的天文历法，创造了高度发达的玛雅文明。

在玛雅古国，人们使用3个符号来表达数字（图1），这与算盘有些类似。

这里有神奇的20进制

玛雅人仅用3个符号，就组成了所有数字。在他们的数字写法中，用贝壳的形象表示0，圆点代表1，横线代表5，每个数位可以表示小于20的数字。

满二十进一。这与我们现在普遍使用的十进制有所不同，并不是满十进一。值得一提的是，玛雅数字中也蕴含着五进制。

因此，数字"18"可以如图2所示，表现为3点3横。

玛雅人使用的以"20"为基数的数字表达方式，被称为"二十进制记数系统"。

图2

$3 \times 1 = 3$
$5 \times 3 = 15$

合计

18

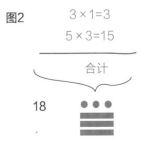

其实在世界上的一些地区，到现在还在使用以20为基数的数字表达方式。

来吧！生日猜谜游戏

东京学艺大学附属小学
高桥丈夫 老师撰写

1月

猜一猜小伙伴的生日

告诉大家一个生日猜谜的大魔法，和小伙伴一起玩起来吧。

首先，让小伙伴拿着计算器。然后，让他按照图1的指示进行计算。对了，记得让小伙伴把生日保密哟。

经过步骤①②③的计算，小伙伴的生日就魔术般地出现在计算器上了。

图1

①首先，将出生月份乘以4，加上8。

②将步骤①的答案乘以25，加上出生日期。

③将步骤②的答案减去200。

成功！
这个数字就是你的生日！

图2

生日猜谜的魔法
验证一下7月15日

① 出生月份 **×4＋8**　　$7 \times 4 + 8 = 28 + 8 = 36$

② **×25＋** 出生日期　　$36 \times 25 = 900$

　　　　　　　　　$900 + 15 = 915$

③ **200**　　　　　$915 - 200 = 715$

　　　　　　　715 → 7月15日

你的生日是7月15日

用生日7月15日来验证一下魔法吧。

① 7（出生月份）× 4 + 8 = 28 + 8 = 36

② 36×25 + 15（出生日期）= 900 + 15 = 915

③ 915 - 200 = 715

答案715就表示生日是7月15日（图2）。

怎么样，想和小伙伴一起感受魔法的魅力了吗，快试试吧。

迷你便签

为什么经过这样的计算，就能得出生日了呢？请大家好好思考一下。答案在1月23日等着你哟。

偶数还是奇数②

御茶水女子大学附属小学
冈田纮子老师撰写

阅读日期🖊 ___月___日 | ___月___日 | ___月___日

偶数和奇数哪个多？

观察一颗骰子，奇数有1、3、5，偶数有2、4、6。那么，问题来了。当我们同时投掷两颗骰子，并将两个数字相乘时，你觉得是偶数多，还是奇数多呢？ 比如，当投出数字1和2时，$1 \times 2 = 2$，积为偶数（图1）。

现在，我们已经将两颗骰子的投掷结果都写出来了。用列表格的方法，可以防止重复和遗漏。如图2所示，结果答案是偶数的有27组，奇数的有9组，偶数多于奇数。

图1

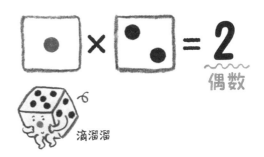

偶数

滴溜溜

当然，我们也有比列出所有结果更加简便的方法：偶数 × 偶数 = 偶数，偶数 × 奇数 = 偶数，奇数 × 偶数 = 偶数，奇数 × 奇数 = 奇数。因此，偶数肯定多于奇数。

如果投掷10颗骰子呢？

嘿，问题又来了。当我们同时投掷10颗骰子，并将10个数字相乘时，你觉得是偶数多，还是奇数多呢？显然，要把所有结果都写出来的话，会非常麻烦。这个问题，自然也有简便的判断方法：只要有1颗骰子的数字是偶数，那么积就是偶数。

比如，投掷出了一个数字6，6又可以看作是3×2。当数字相乘时遇到×2，答案必然是偶数。因此，在"同时投掷10颗骰子"的问题中，偶数的数量是压倒性的胜利。

图2

×	1	2	3	4	5	6
1	1	2	3	4	5	6
2	2	4	6	8	10	12
3	3	6	9	12	15	18
4	4	8	12	16	20	24
5	5	10	15	20	25	30
6	6	12	18	24	30	36

○ 偶数
▨ 奇数

（例）只要出现一个2或4或6，答案就是偶数

$$1 \times 1 \times 1 \times 3 \times 3 \times 3 \times 5 \times 5 \times 5 \times 2$$ **偶数**

（例）只有所有数字都是1或3或5，答案才是奇数

$$1 \times 1 \times 1 \times 3 \times 3 \times 3 \times 5 \times 5 \times 5 \times 5$$ → **奇数**

迷你便签

在日本，骰子上的1点一般是红色的，据说是将1点这个面看作是日本国旗。在中国，骰子的1点和4点一般是红色的，据传和唐玄宗李隆基有关。

形容长寿年龄的称呼指的是多少岁

青森县　三户町立三户小学
种市芳丈老师撰写

图1

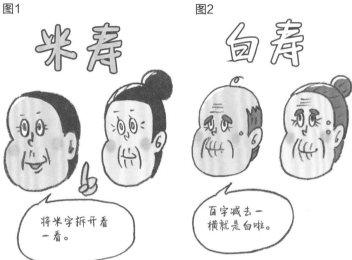

将米字拆开看一看。

图2

百字减去一横就是白啦。

"米寿""白寿"指的是多少岁？

"米寿""白寿"都是传统的年龄称呼。那么，它们具体指的是多少岁呢？请看图1。

米寿是88岁的雅称。因为把"米"字拆开来看，它的上下各有1个八，中间是"十"，可以读作八十八。巧妙地利用了汉字形体部件的拆分。

"白寿"形容的又是多少岁呢？请看图2。

白寿是99岁的雅称。"百"字去掉上边的一横是"白"字，也就是用"百"减去"一"，100 - 1 = 99。妙在减法。

图3

汉字拆分又相加

最后一题，可有点难度了。"皇寿"指的是多少岁？请看图3。

皇寿是111岁的雅称。因为"皇"字可以拆分为"白、一、十、一"，将它们相加之后，99 + 1 + 10 + 1 = 111。

我们今天介绍的词汇，都是传统的年龄称呼，一般在老人寿辰庆典仪式上使用。这些词汇随着寿辰庆典仪式，在奈良时代（710—794年）从中国传入日本。其中对于加法和减法的运用，真是妙趣横生。

皇字可以分解为白、一、十、一。

迷你便签

除了"米寿""白寿""皇寿"，还有其他许多称呼。比如，"卒寿"是90岁的雅称，因"卒"字在古时候也写成"卆"，可分解为九、十。

除法的运算规律

东京都 杉井区立高井户第三小学
吉田映子 老师撰写

阅读日期 ✎ 　月　日 ｜ 　月　日 ｜ 　月　日

边思考边做题

请计算以下除法题目。第1题 24÷4 的结果是？答案是6。

第2题 48÷8 的结果是？答案是6。

第3题 60÷10 的结果是？答案是6。

这3道题的答案都是6。

除此之外，还有结果是6的除法算式吗？请你再列出几个吧。

$6 \div 1 = 6$
$12 \div 2 = 6$
$18 \div 3 = 6$
$24 \div 4 = 6$
$30 \div 5 = 6$
$36 \div 6 = 6$
$42 \div 7 = 6$
$48 \div 8 = 6$
$54 \div 9 = 6$

找规律巧解题

将除数从1开始依次排列，认真瞧瞧，规律呼之欲出。

除法具有这样的运算规律："被除数和除数同时乘以或除以一个相同的数（0除外），商不变"。利用这样的规律，可以发现更多答案是6的除法算式。

将 6÷1 的被除数和除数同时乘以10，得到 60÷10，答案是6。同时乘以100，得到 600÷100，答案还是6。同时乘以1000，结果不变。

$$\times 2 \left(\begin{array}{c} 6 \div 1 \\ 12 \div 2 \end{array} \right) \times 2$$
$$\times 3 \left(\begin{array}{c} 18 \div 3 \\ 24 \div 4 \end{array} \right) \times 3$$
$$\times 6 \left(\begin{array}{c} 30 \div 5 \\ 36 \div 6 \end{array} \right) \times 6$$

试一试

能够口算吗？

利用除法的运算规律，可以将除法算式从复杂变为简单，再直接进行口算。

48÷12 被除数和除数同时除以2。

$48 \div 12 = 24 \div 6$

重复操作。

$24 \div 6 = 12 \div 3$

3不能被2整除，被除数和除数同时除以3。

$12 \div 3 = 4 \div 1$　　$4 \div 1 = 4$

答案是4。

口算就能得出结果了。

迷你便签

"试一试"里的例子，是没有余数的。如果是有余数的情况，就不能利用这个规律进行快速口算了。

你能一笔画出来吗

东京都　丰岛区立高松小学

细萱裕子老师撰写

阅读日期　月　日　｜　月　日　｜　月　日

1月

需要注意交点

你知道一笔画吗？用铅笔、钢笔等工具在纸上画出图形，期间不能让笔离开纸面，当然所画的线段也不能重复。

那么，马上来试试一笔画吧。图1中的①—④，你可以一笔画出来吗？答案是，①②③可以，④不可以。判断一个图形是否能被一笔画出，其实只需要观察这个图形，就能获得答案。能够一笔画出的图形，具有某种规律。

需要注意的是交点（线与线相交的点）。当交点引出的线段是2条、4条、6条等偶数条，这个点叫作偶点。当交点引出的线段是1条、3条、5条等奇数条，这个点叫作奇点。

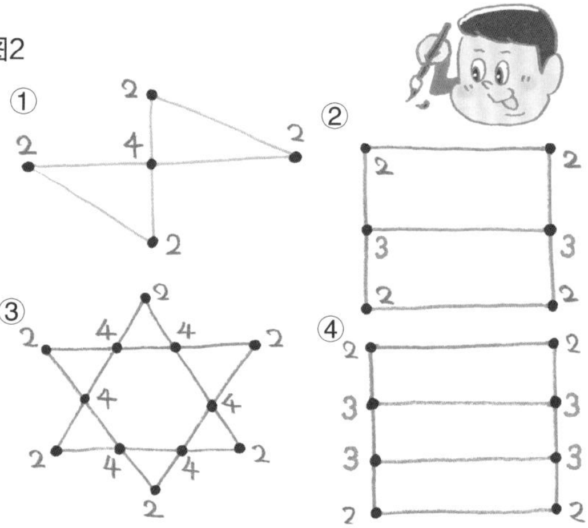

区分偶点和奇点

请看图2。①③的所有交点都是偶点，它们可以一笔画出。而像②这种有2个奇点，其余均为偶点的图形，也可以被一笔画出。但这种情况

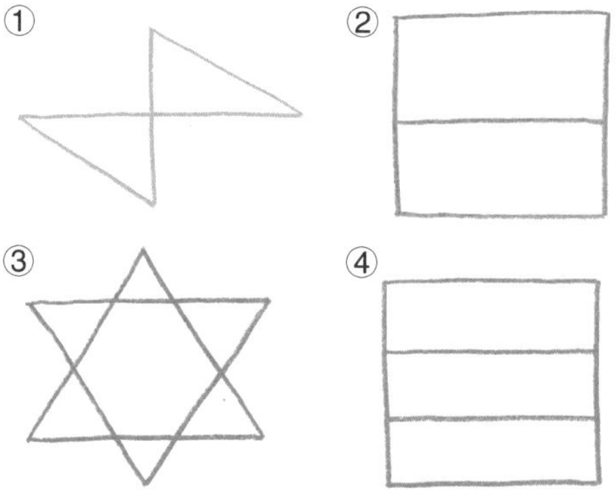

图1　①　②

③　④

图2

①　②

③　④

图3

④的奇点有4个，所以不能够被一笔画出。给④加上一笔成为⑤，让奇点变成2个，就可以一笔画了。

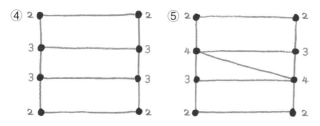

下，需要找好一笔画出发的位置，否则可能会失败。

如果从红色标注的偶点出发，图形不能够被一笔画出。反之，如果从蓝色标注的奇点出发，就可以顺利完成。因此，想要一笔画出像②这样的图形，还需要从奇点出发。

迷你便签

18世纪初，哥尼斯堡人热衷于挑战一项有趣的消遣活动——哥尼斯堡七桥问题。瑞士数学家欧拉把它转化为一个几何问题——一笔画问题。他不仅解决了这个问题，还给出了一笔画的条件（见1月21日）。

哥尼斯堡的七座桥

东京都　丰岛区立高松小学
细萱裕子 老师撰写

阅读日期　　月　日　　月　日　　月　日

你能证明"不可能"吗？

18世纪初，在当时的普鲁士王国哥尼斯堡（今俄罗斯加里宁格勒州首府加里宁格勒）发生了这样一件数学趣闻。美丽的普雷格尔河穿城而过，七座桥梁将河中的两个小岛与河岸连接起来（图1）。有人提出这样一个问题：一个步行者怎样才能不重复、不遗漏地一次走完七座桥，最后回到出发点？问题提出后，很多人对此很感兴趣，纷纷进行试验。但在相当长的时间里，问题始终未能解决。同时，也没有人能够证明这是一件"不可能"的事。

图1

哥尼斯堡七座桥的地图

图2

转化为一笔画问题时的图

秘诀就在一笔画

就在这时，能够解答这个问题的人出现啦。他就是后来著名的大数学家莱昂哈德·欧拉。

欧拉将七桥问题抽象出来，把每一块陆地考虑成一个点，连接两块陆地的桥以线表示（图2）。经过点和线的转化，哥尼斯堡七桥问题就转化成了一笔画问题。如果这个图形能够被一笔画出，七座桥自然便能一次性不重复、不遗漏地走完。

很可惜，这幅图的奇点有4个，显然不能被一笔画出（见1月20日）。也就是说，欧拉证明了"一个步行者不能够不重复、不遗漏地一次走完七座桥并回到出发点"。

迷你便签　欧拉在解决哥尼斯堡七桥问题时，发现了一笔画成立的条件，这些一笔画图形也可以称为欧拉图。

大象和鲸鱼有几吨？
比一比生物的重量

筑波大学附属小学
中田寿幸老师撰写

1月

地球上最重的生物是？

大象 犀牛 长颈鹿 鳄鱼 好重！ 鲸鱼

就算是同一年级的同学，大家的体重也不尽相同，有的人是小胖墩儿，有的人是豆芽菜。那么在地球上，哪个生物的体重是最重的呢？

马上蹦到大家脑海里的，可能是有一个大大身体的大象。其中，成年非洲象的平均体重是 8000 千克，其他种类的象也有超过 10000 千克的。

哎呀，再重下去，0 也会更多，快要数不清是多少千克了。因此，在这里告诉大家一个质量单位吨，1 吨等于 1000 千克。那么，非洲象就约为 8 吨。

鲸鱼的体重让人大吃一惊

除了大象，犀牛和河马的体重也不轻，约为 2 吨到 3 吨。脖子细细长长的长颈鹿可不瘦，它的体重一般超过 2 吨。在印度南部和澳大利亚北部，生活着世界上最大的鳄鱼。这种鳄鱼体长超过 6 米，体重超过 1 吨。

看来，陆地生物中最重的还是大象。不过既然我们问的是"地球上最重的生物"，可不能少了海洋生物。这样的话，"最重"名号就要属鲸鱼啦。其中，鲸鱼里体格最大的蓝鲸一般会超过 100 吨，也有接近 200 吨的情况。也只有在无边无际的海洋中，才能够生存着这种庞然大物了。

想一想

1吨等于多少名四年级学生

1吨＝33名四年级学生

你知道 1 吨大概等于多少名小学生吗？小学四年级学生的平均体重，是 30 千克。以它为例，33 名四年级学生的体重约等于 1 吨。看来一间坐满 33 名学生的教室，每天都要"支撑"1 吨的重量。

迷你便签

如果换成是 180 吨的蓝鲸，大概等于 6000 名四年级学生的重量。

生日猜谜游戏为什么能猜中呢

东京学艺大学附属小学
高桥丈夫 老师撰写

阅读日期　　月　日　　月　日　　月　日

揭秘生日猜谜游戏

还记得在"来吧！生日猜谜游戏"（见1月16日）章节中，学到的魔法吗？为什么利用这条算式（图1），就能得出小伙伴的生日了呢？

秘密就是，将生日看成由生日数字组成的四位数（图2）。

也就是说，四位数的生日等于"出生月份"×100 + "出生日期"。

你的生日是12月31日

用生日12月31日来验证一下揭秘。

在步骤①中，"出生月份"乘以4，再乘以25，就是要达到"出生月份"乘以100的效果。

以12月31日为例，通过步骤①可得，12×4 + 8。通过步骤②可得，（12×4 + 8）×25 + 31。

①首先，将出生月份乘以4，加上8。

②将数字（步骤①的答案）乘以25，加上出生日期。

③将数字（步骤②的答案）减去200。

图1

计算到这里，生日这个四位数里的1200和31都已经就位。接下来只用在步骤③里，减去多余的 8×25 = 200，剩下就是生日数字。四位数的前两位是出生月份，后两位是出生日期（图3）。

图2

以12月31日为例

前两位　后两位

12 / 31
↓
1200
+ **31**

图3　　（12×4 + 8）×25 + 31
　　　 = 12×4×25 + 8×25 + 31
　　　 = 12×100 + 200 + 31
　　　 12×100 + 200 + 31−200
　　　 = 12×100 + 31

迷你便签

快和家人、朋友试试吧。如果步骤①中加的不是8，那步骤③中减去的数字也应随之改变。

学习院小学部
大泽隆之 老师撰写

1月

当金枪鱼变成生鱼片

今天，我们来讲讲鱼，不同形态的鱼。鱼的量词是什么？没错，汉语里常用"条"，日语中则形容为"1匹、2匹"。而当海中、河中自由自在的鱼儿，成了店里售卖的商品时，日语也随之变成"1尾、2尾""1本、2本"。

像金枪鱼这种大型深海鱼，通常在店铺中处理成长方形的鱼肉块，大小与家门口的门牌差不多。这时，日语中形容它为"1栅、2栅"。

等到食用时，切成薄薄的生鱼片，汉语量词成了"片"，日语中形容为"1枚、2枚""1切、2切"。将生鱼片盛放在船形食器中，日语中形容为"1舟、2舟"。

把生鱼片放在米饭上，一"个"握寿司就出现了，日语中形容为"1贯、2贯"。如果吃的是一"碗"散寿司，那么日语中形容为"1杯、2杯"。

蒲烧鳗鱼的量词是？

蒲烧，是日本料理中将整尾鱼串上竹签烧烤的料理方式，通常会以鳗鱼、秋刀鱼或泥鳅作为食材。因为用上了竹签，所以日语中形容这些鱼是"1串、2串"。用鲣鱼制成的干鲣鱼，日语中形容为"1节、2节"。当鱼儿成了标本，量词又变成"份"和"件"。

一个变身，鱼就拥有了许许多多的量词。

形容 2 个为一组的量词

当 1 变成 2，量词就有了变化。2 根筷子是"1 双"，2 根和太鼓鼓槌是"1 对"，2 个高跷是"1 对"，动物雌雄是"1 对"。2 只袜子是"1 双"，2 只鞋子是"1 双"，2 只手套是"1 双"。查一查还有哪些变化中的量词吧。

迷你便签

虽然也生活在海中，但是属于哺乳动物的鲸鱼和海豚就不是以"条"来形容了，它们的量词一般是"头"。有趣的是，在日语中不但鲸鱼和海豚的量词是"头"，蝴蝶和蚕宝宝的量词也是"头"。

厉害了，25

东京都　杉并区立高井户第三小学
吉田映子老师撰写

阅读日期　月　日　月　日　月　日

你能口算到哪一步？

来做几道乘法题目吧。

第 1 题 6×8 的结果是？答案是 48。

第 2 题 13×3 的结果是？答案是 39。

嘿，是不是觉得口算有点儿难度了呢。可能有些小伙伴要挠挠头，"这道题要不要用笔算？"

第 3 题 24×5 的结果是？答案是 120。

到了这道题，肯定有人要说了："这道题还是用笔算吧。"结果数字越来越大，确认答案之前心也怦怦地跳。

第 4 题 25×12 的结果是？

答案是 300。

仿佛已经听到大伙儿的叫声："这道题，只能用笔算吧！"

$$\begin{array}{r} 25 \\ \times 12 \\ \hline 50 \\ 25 \\ \hline 300 \end{array}$$

口算 25 × 32

因为 32 = 4×8，

25×4×8

= (25×4) ×8

= 100×8

= 800

25 的乘法是特别的？

大家先别紧张，我们再回过头来，好好看看 25 这个漂亮的数字。25 的 2 倍是 50，3 倍是 75，4 倍正好是 100。

25×4 = 100，利用这个特性，我们的计算可以变得更简单。

以 25×12 为例，12 可以拆分为 4×3。因此，当算式替换为"25×4×3"时，积不变。

通过这样的步骤，这道题用口算就能解答出来了。

怎么样？以后遇到 25 的乘法，我们可以先找一找有没有 4 的倍数。

迷你便签　28×25 等于多少？首先可以拆分为 7×4×25，然后计算 4×25 = 100，最后 7×100 = 700。
计算 7×4×25 时，可以先计算 4×25，而不用按照从左往右的顺序，这是根据"乘法结合律"。

历史中的数学

方便的计算器——算盘的历史

大分县　大分市立大在西小学
二宫孝明老师撰写

阅读日期　　月　日　　月　日　　月　日

1月

用小石子和动物的骨头组成

大家用算盘计算过吗？如果你没有拨过算盘，总见过吧。在日本，从很久以前就开始使用这种简便的计算工具。

现在日本使用的算盘，是在中国传入的基础之上加以修改而来的。在算盘出现之前，在世界各地也有各样的计算工具。

几千年前，人们是如何计数的？最初，手指

古罗马时代的算盘，和现代的算盘很像哟。

是他们的计算器，不过数字太大的话，手指就不够用了。后来，人们发明了一些简陋的计算工具，或是小石子，或者是在动物的骨头上做记号。通过不断升级计算工具，它们不仅能够计数，还可以进行加法减法的运算。

日本算盘的珠子是菱形的

在古老的美索不达米亚，人们在细沙上划下若干平行的线纹，上面放置小石子来计数和计算。而在古罗马，人们在一块金属板上刻出许多槽来，上槽放置 1 颗珠子，下槽放置 4 颗珠子，制成算板。

这些灵便、准确的计算工具，迅速在世界各地传播开来。此外，日本算盘还有个特点，算珠的纵截面是菱形的，据说是为了能够更迅速地拨动珠子。

世界各地的算盘

观察中国算盘，算珠的纵截面是扁圆形的，横梁上半部有 2 颗珠子，每颗珠子当 5，下半部有 5 颗珠子，每颗珠子当 1。俄罗斯算盘的木条横镶在木框内，每条穿着 10 颗算珠，算盘左右拨动。日本算盘的规格在昭和十年（1935 年）被统一，通常为梁上 1 珠，每珠为 5，梁下 4 珠，每珠为 1。

中国　俄罗斯

每珠为 5
每珠为 1
日本

有记录表明，算盘是在室町时代（1336—1573 年）末期，从中国传入日本的。中文与日文里算盘一词的发音相似，也许印证着这一点。

和服中蕴藏着的数学密码

福冈县　田川郡町立川崎小学
高濑大辅老师撰写

阅读日期　　月　日　　月　日　　月　日

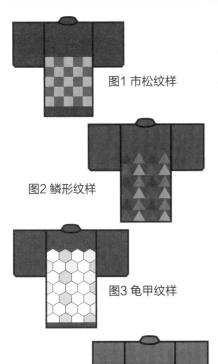

图1 市松纹样

图2 鳞形纹样

图3 龟甲纹样

图4 箭羽纹样

和服的纹样有玄机

日本的文化潮流，持续席卷全球。来到日本的游客，经常能在大街小巷看到身着和服的日本人。和服，是日本人的传统民族服装，也是日本传统文化的象征之一，作为引以为傲的文化资产，在世界上很受认同。

这与今天的内容又有什么关系呢？其实，传统的和服上还藏着许多数学密码。首先，请大家细细观察图1—图4的和服纹样。

市松纹样（图1）

市松纹样由正方形组成，拥有各种颜色组合。

鳞形纹样（图2）

鳞形纹样源自鱼鳞片的形状，由三角形组成。

龟甲纹样（图3）

龟甲纹样源自乌龟背甲的形状，由六边形组成。

箭羽纹样（图4）

箭羽纹样是以箭翎为主题的图案，是一种吉祥图案，由平行四边形组成。

由此可见，和服纹样的原型来源于自然界的风花雪月、鸟兽虫鱼，以及生活中的各种道具。从古至今，日本人都热衷于追逐和服纹样、色彩的潮流。

一块布就能做成和服

那么如果要制作一件和服，需要准备几块布料，布料的形状又有何要求呢？其实，和服衣料就是一块长长的布匹，它宽约34厘米、长约10.6米。

图5
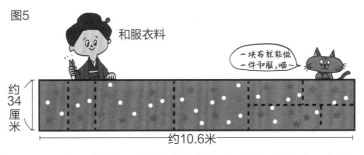
和服衣料

一块布就能做一件和服，喵～

约34厘米

约10.6米

如图5所示，要制作一件和服，只用按照虚线将一整块布料裁剪成若干长方形小布块，再进行缝制就可以了。简单的制衣方法，也让和服的修补变得容易。和服不仅蕴藏着数学密码，更是古人智慧的结晶。

迷你便签

简单了！退位减法

御茶水女子大学附属小学
冈田纮子 老师撰写

1月

退位减法也可以很简单

　　害怕遇到退位减法的同学请举个手。好多人想着，如果没有退位运算就简单了……巧了，今天就告诉大家一个珍藏的诀窍——让退位减法变为不退位减法。

变为不退位减法

　　以 17－9 为例，个位数 7 不能被 9 减去，所以需要进行退位运算。接下来，我们就将 17－9 变为不退位减法。将 17 和 9 都加上 1，变成 18－10。被减数和减数同时加上相同的数，差不变。经过简单运算后，18－10 = 8，8 就是答案。

　　再来一题，51－15 如何计算？首先，确定个位数 1 不能被 5 减去。然后，将减数的个位数变为 0，即 51 和 15 都加上 5。最后，算式变为 56－20。经过简单运算，36 就是答案。

　　最后试试这一题，100－87 如何计算？因为需要进行两次退位运算，不少同学打了退堂鼓。将 100 和 87 都加上 3，算式变为 103－90，可得 13。

　　将减数变为恰当的数字，运算随之变得简单。将这个诀窍也运用到其他减法运算中吧。

$$
\begin{array}{r}
17 \\
-\ 9 \\
\end{array}
\xrightarrow[+1]{+1}
\begin{array}{r}
18 \\
-10 \\
\hline
8 \\
\end{array}
$$

简单！

$$
\begin{array}{r}
51 \\
-15 \\
\end{array}
\xrightarrow[+5]{+5}
\begin{array}{r}
56 \\
-20 \\
\hline
36 \\
\end{array}
$$

容易！

$$
\begin{array}{r}
100 \\
-\ 87 \\
\end{array}
\xrightarrow[+3]{+3}
\begin{array}{r}
103 \\
-\ 90 \\
\hline
13 \\
\end{array}
$$

简便！

迷你便签　　进行进位加法时，我们也可以找到简便运算的诀窍。请看 6 月 5 日。

送你一枚雪花
——挑战剪纸课

东京都　杉井区立高井户第三小学
吉田映子 老师撰写

阅读日期　　月　日　　月　日　　月　日

来剪雪花剪纸吧

如图1所示，先把正方形的纸进行两次对折。然后画上一颗爱心，沿着线剪开。当当当当当，送你一枚幸运四叶草。

如图2所示，还可以剪出一枚雪花。

折纸、画图、剪纸。注意细节的处理，小心不要伤到手哟。和家人、朋友一起剪起来。

发挥你的想象力，剪出各种各样的漂亮雪花来吧。

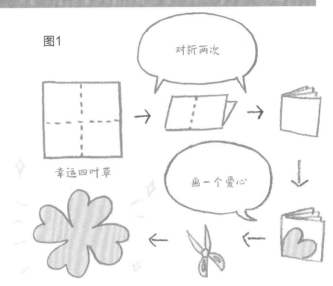

图1

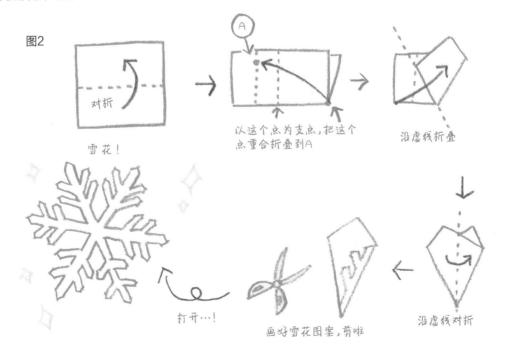

图2

能够完全重合的图形叫作"全等图形"。纸张经过折叠、画图、剪，呈现出来的就是由若干全等图形组成的剪纸作品。除了四叶草和雪花，大家还可以尝试其他的图形哟。

"取石子游戏" 的必胜法

北海道教育大学附属札幌小学
泷泷平悠史老师撰写

阅读日期 ✎ 月 日 | 月 日 | 月 日

1月

"取石子游戏" 的规则

大家听说过数学小游戏"取石子游戏"吗？这是一个双人游戏，规则十分简单：首先，准备13颗小石子并排放好。游戏开始后，两个人轮流取石子。取走最后1颗石子的人，游戏失败。

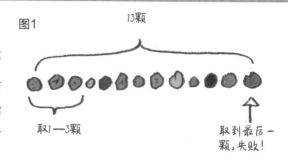

图1 13颗

取1—3颗

取到最后一颗，失败！

游戏规定，每次取的石子数量不大于3颗。也就是说，每人每次可以取1—3颗石子。

其实是有必胜法则的哟！

话不多说，马上来观看一次实战。首先，小A取2颗，小B也取2颗，剩9颗。

接着，小A取3颗，小B取1颗，剩5颗。

然后，觉得战况有点儿危险的小A取了1颗，小B不假思索取了3颗，剩1颗。很遗憾，这次实战中小A输掉了游戏。

看似拼运气的"取石子游戏"，其实是有必胜法则的，小B也深知这一点。我们来对这场实战进行一次复盘。

图2

小A
（第1回合）

小B
（第1回合）

小A
（第2回合）

小B
（第2回合）

小A
（第3回合）

小B
（第3回合）

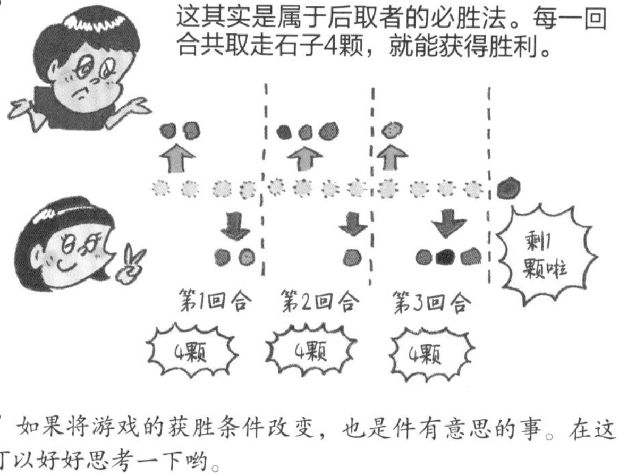

可以看到，两人每一回合取走的石子数量都是4颗。在总数是13颗的情况下，每一回合取走4颗，即 $4 \times 3 = 12$。也就是说，3个回合后正好取走12颗，剩1颗。

图3

这其实是属于后取者的必胜法。每一回合共取走石子4颗，就能获得胜利。

剩1颗唯

第1回合 第2回合 第3回合
4颗 4颗 4颗

迷你便签

"取走最后1颗石子的人，游戏胜利。"如果将游戏的获胜条件改变，也是件有意思的事。在这个规则之下，必胜法也会随之改变。大家可以好好思考一下哟。

九九乘法表里的个位数秘密

学习院小学部
大泽隆之老师撰写

1月
31日

阅读日期 ✎ 月 日 | 月 日 | 月 日

给九九乘法表涂上颜色

请大家仔细观察九九乘法表的个位数。

在西方文化中，7 普遍被视为幸运数字，有幸运 7 的说法。首先，我们给个位数是 7 的方格，涂上黄色。一共有 4 处。

然后，我们给个位数是 9 的方格，涂上红色。图案好像有点儿出来了。

最后，我们给个位数是 6 的方格，涂上蓝色。图案又发生了一些变化。你发现了吗，沿着虚线 A 或虚线 B 对折，每种颜色都能够完全重合（图 1）。

图1

×	1	2	3	4	5	6	7	8	9
1	1	2	3	4	5	6	7	8	9
2	2	4	6	8	10	12	14	16	18
3	3	6	9	12	15	18	21	24	27
4	4	8	12	16	20	24	28	32	36
5	5	10	15	20	25	30	35	40	45
6	6	12	18	24	30	36	42	48	54
7	7	14	21	28	35	42	49	56	63
8	8	16	24	32	40	48	56	64	72
9	9	18	27	36	45	54	63	72	81

虚线B（右上角） 虚线A（右下角）

色块中藏着的大秘密

如果沿虚线 A 对折，重合的黄色方格是 1×7 和 7×1、3×9 和 9×3，两组乘法中，因数都交换了位置。

如果沿虚线 B 对折，重合的黄色方格是 1×7 和 3×9、7×1 和 9×3。重合的红色方格有 9 和 49，也就是 3×3 和 7×7。重合的蓝色方格有 16 和 36，也就是 4×4 和 6×6（图 2）。

巧了，如果将图 2 中同一种颜色的数字相加，都得 10。好神奇呀。

图2

黄色　黄色　**红色**　蓝色

1×7	7×1	3×3	4×4
3×9	9×3	7×7	6×6

1+9=10
7+3=10

同一种颜色的数字相加，得10！

在这个照相馆里，我们会给大家分享一些与数学相关的、与众不同的照片。带你走进意料之外的数学世界，品味数学之趣、数学之美。

◉ 本页照片均由细水保宏提供

走出课本，看一看身边的数字

世界上有许多有趣的数字

旅行时，我们总会沉浸在美丽的自然风光与当地的美食之中。在今后，大家还可以尝试一边游览一边进行"数字"的发掘之旅。比如，在冲绳县的西表岛就矗立着一座子午线纪念碑，碑上标注着此地的经度，这个经度的数字正巧是1、2、3到9的依次排列呀！

再看右边上面这张电梯按钮的照片，1楼按钮"1"的下方是"-1"，而日本一般是将地下一层标识为"B1"的。再看看右下角这个钟表，表盘上的数字很奇怪吧。

我们的身边藏着许许多多的数字，只要你用心观察，就会发现它们的身影哟。

2月

发现规律了！
第 21 只动物是什么

御茶水女子大学附属小学
久下谷明老师撰写

阅读日期 ✐　月　日　｜　月　日　｜　月　日

发现排列的规律

　　今天是 2 月 1 日，所以今天的内容也和 21 有关。正在进行的是"猜猜第 21 只动物是什么"的游戏。

　　如图 1 所示，小狗、小猫和小老鼠以某种规律排成一行。猜猜第 14 只动物是什么？第 14 只是小老鼠。再来猜猜第 15 只动物是什么？第 15 只还是小老鼠。想必大家已经发现小动物们排队的规律了，它们是以"小狗、小猫、小猫、小老鼠、小老鼠"的顺序在排队。也就是说，以 5 只小动物为一组进行重复排列。

图1

计算能答出小动物吗？

　　猜猜第 21 只动物是什么？通过已经掌握的排列规律，我们可以依次画出小动物进行解题，得知第 21 只是小狗。

　　不过其实，还有不用画画的方法。如图 2 所示，小动物以 5 只为一组进行重复排列，这样就可以通过乘法或除法进行计算。

　　如果使用乘法，可以将第 21 只看作：5 只小动物为一组，进行 4 次重复排列后，再多加 1 只。"$21 = 5 \times 4 + 1$"，可知排列顺序为"5、5、5、5、小狗"。因此，第 21 只动物是小狗。

　　如果使用除法，可以将问题看作：21 只小动物能进行几次重复排列？"$21 \div 5 = 4$ 余 1"，可知 5 只小动物为一组，进行 4 次重复排列后，多 1 只。因此，第 21 只动物是小狗。

　　问题继续进行，猜猜第 34 只动物是什么？"$34 \div 5 = 6$ 余 4"，可知 5 只小动物为一组，进行 6 次重复排列后，多 4 只。因此，排列顺序为"5、5、5、5、5、5、小狗、小猫、小猫、小老鼠"，第 34 只是小老鼠。

　　按照这种方法，不管是第 99 只，还是第 100 只，都能够简单猜出来。

图2

迷你便签　　根据这个排列规律，问题还有另一种问法：在 100 只排队的小动物中，一共有小狗多少只？答案是——20 只。你答对了吗？

奇妙的 "日月同数"

月 **02**日

青森县　三户町立三户小学
种市芳丈 老师撰写

阅读日期　月　日　月　日　月　日

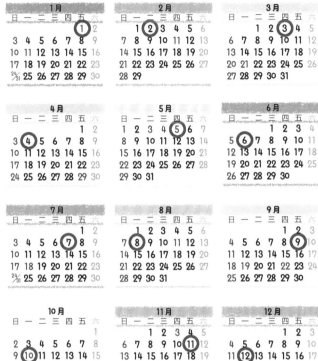

月份和日期数字相同会怎样？

准备一本日历，把月份和日期数字相同的那几天画个圈。比如，3月3日、4月4日、5月5日等。仔细观察圈出的12天，你有什么发现吗？每隔1个月，"日月同数"就会出现在一星期中的同一天。以左侧这本2016年的日历为例，4月4日、6月6日、8月8日、10月10日、12月12日都是星期一；3月3日、5月5日、7月7日都是星期四；9月9日、11月11日、1月1日都是星期五。

为什么相隔1个月，就会出现如此神奇的星期"撞车"事件呢？

为什么星期会"撞车"？

这是因为"相邻两月分别有31天和30天""相间两个'日月同数'相隔2个月多2天"。我们来看一下从3月3日到5月5日经过的天数。3月3日到5月3日时，正好经过2个月，3月有31天，4月有30天，因此经过了61天。5月3日到5日为经过2天，共经过61 + 2 = 63（天）。

因为63可以被7整除，所以3月3日和5月5日是同一星期数。

通过这样的计算，我们可以发现奇妙的"日月同数"发生在每一年。这12天不仅"日月同数"，而且有好几天的星期数也相同，好像预示着会有好事情发生。

 为什么1月1日和3月3日的星期数不同？因为2月是28天或29天。为什么7月7日和9月9日的星期数不同？因为7月和8月都是31天。

让乘法变身！口算的技巧

东京都　杉并区立高井户第三小学
吉田映子老师撰写

2月

发现口算的突破口

想要对两位数 × 两位数进行口算，很多情况下会比较难。不过在了解数字特征后，也有不少这样的运算，是可以利用技巧来进行口算的。大家来试试 45×18 吧。

乍一看似乎不太容易，但仔细观察后，不难发现口算的突破口。

45 和 18 都是九九乘法表第 9 列的答案：45 = 9×5，18 = 9×2。因此，45×18 可以变形为（9×5）×（9×2）。

45×18等于
9×5和9×2
的积。

交换因数位置，积不变

在乘法中，交换因数的位置，积不变。即 9×5×9×2 = 9×9×5×2。这种运算定律叫作乘法交换律。

分别计算 9×9 和 5×2，可得 81 和 10，81 的 10 倍是 810。通过简单的口算，答案就出来了。

花了这么多功夫，就是为了找到 10，找到这道题口算的突破口。

 试一试

再来算算 16 × 35 吧

想一想有什么简化运算的方法。算式

$16×35 = (4×4) × (5×7)$

$= (4×5) × (4×7)$

$= 20×4×7$

$= 20×28$

$= 560$

20×28 这一步直接运算是没错，不过

28 这个数还可以再……变形！20×4×7 的计算就更简单了。

$20×4×7$

$= 80×7$

$= 560$

来口算吧！

16 × 35 ＝4×4和5×7的积
＝4×5和4×7……的积
＝20×4×7
＝80×7

原来如此！

 迷你便签

在九九乘法表的学习中，我们不仅要掌握诸如"二九十八""四七二十八"，也应该做好如"十八等于二九""二十八等于四七"的练习。

铅笔的数量单位

御茶水女子大学附属小学
冈田纮子 老师撰写

阅读日期 　月　日　　月　日　　月　日

12支铅笔等于……

"买铅笔，买铅笔，买的铅笔装盒里。一盒不是10支，一盒它是12支，你说有趣不有趣。"铅笔除了"支"，还经常使用"打"这个数量单位。1打等于12支，这与我们常用的十进制单位不同，是十二进制的，它来源于英制单位。

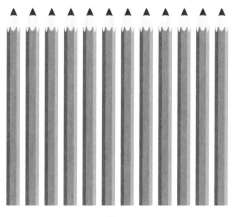

12支 ➡ 1打（dozon）

记住铅笔的数量单位哟！

12打 ➡ 1罗（gross）

12打等于……

将12打铅笔放在一起，就出现了一个新的数量单位"罗"。1罗 =12打，这时铅笔一共是 $12 \times 12 = 144$ 支。

再把12罗铅笔放在一起，就又出现了一个新的数量单位"大罗"。1大罗 =12罗，这时铅笔一共是 $144 \times 12 = 1728$ 支。

记住铅笔的数量单位哟！

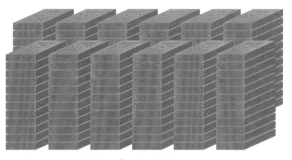

12罗 ➡ 1大罗（greab gross）

迷你便签

除了罗、大罗，还有小罗（small gross）这个数量单位。1小罗 = 10打，这时铅笔一共是 $12 \times 10 = 120$ 支。

世界上货币的**面值和形状**

大分县 大分市立大在西小学
二宫孝明老师撰写

阅读日期 月 日 | 月 日 | 月 日

照片1
硬币左侧的旋涡形符号是泰国的
数字5。

照片2
英国的50便士，硬币是勒洛七边形
（见8月18日）。摄影／二宫孝明

泰国的硬币值多少？

从钱包里取出1枚硬币，你知道它的面值是多少吗？有人回答："面值什么的，一看便知呀。"的确，硬币上的"1"和"10"明明白白地说着答案呢（日元面值）。那么，你知道照片1里，这枚泰国硬币的面值是多少吗？答案是5泰铢，这个旋涡形状的符号就是泰国的数字5。

吃惊！国外的货币

国外有许多形状有趣的硬币。如照片2所示，这枚英国硬币是不多见的七边形。如果钱包里装着一大把硬币，它肯定先被认出来。

大家再看看下面这张钞票，面值到底是多少呀？答案是，整整100亿津巴布韦元。拿着1张，就是亿万富豪的感觉。可惜，它的面值虽大，价值却很小。

回过头来看看日本的货币，和这些国家的比起来，很是普通。不过仔细观察，还是能看到隐藏在其中的数字密码的。比如，1日元硬币的直径是2厘米，重量是1克。5日元硬币的小孔直径为5毫米，只有它的面值是由汉字标注的。此外，1000日元纸币的长度为15厘米（见2月18日）。

迷你便签 津巴布韦因为恶性通货膨胀，不得不发行巨额面值的货币。

把数字连接起来

学习院小学部
大泽隆之 老师撰写

阅读日期 ✐　月　日　｜　月　日　｜　月　日

在数字表上画线吧

在数字表上，连接相加得 50 的两个数，比如，15 和 35、16 和 34、17 和 33、12 和 38。连接之后，发现线段交于 25。

再试试 4 和 46、9 和 41、24 和 26……全部连接后，连线都是在 25 相交，很神奇吧。那么，"25"是怎样的数字呢？它是"50 的一半"（图 1）。

试试其他的数字

在数字表上，连接相加得 44 的两个数。比如，11 和 33、2 和 42、1 和 43…… 果然，这几组数字的连线交点都是"44 的一半"。

在数字表上，连接相加得 40 的两个数。10 和 30 的连线穿过 20，也就是"40 的一半"。但是除此之外，26 和 14、33 和 7、4 和 36 这几组数字的交点都不在数字之上。难道是规律不灵了？等等，它们的交点是在 15 和 25 之间……可不就是"20"嘛（图 2）。

图 1　　　相加得 50

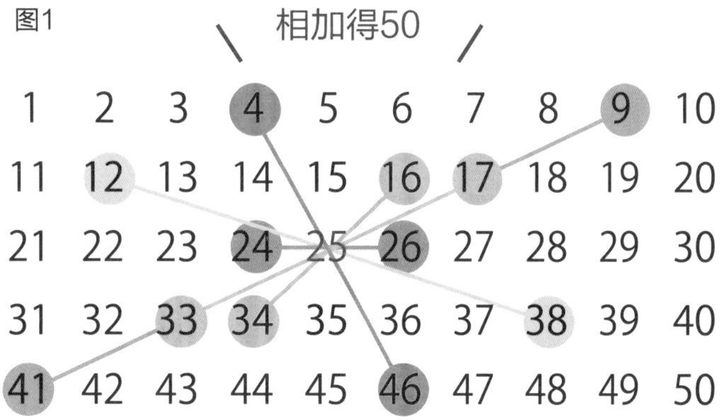

1	2	3	4	5	6	7	8	9	10
11	12	13	14	15	16	17	18	19	20
21	22	23	24	25	26	27	28	29	30
31	32	33	34	35	36	37	38	39	40
41	42	43	44	45	46	47	48	49	50

图 2　　　相加得 40

1	2	3	4	5	6	7	8	9	10
11	12	13	14	15	16	17	18	19	20
21	22	23	24	25	26	27	28	29	30
31	32	33	34	35	36	37	38	39	40
41	42	43	44	45	46	47	48	49	50

想一想

把纸卷起来

如右图所示，把纸卷成一个筒。这时连接相加得 40 的两个数，连线的交点就在 20。

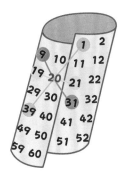

试试用身边的日历，来做这个连线游戏吧。

隐藏在榻榻米里的数学

东京都　丰岛区立高松小学
细萱裕子老师撰写

阅读日期✎　月　日　｜　月　日　｜　月　日

2月

和室里的榻榻米

　　和室是日本传统房屋特有的房间，地面铺满榻榻米，空间被拉门和拉窗所分隔。近年来，越来越多的日本家庭在装修时没有选择和室房间，孩子们接触榻榻米的机会也变少了。

　　和室的面积，通常是用榻榻米的块数来表示，1 块称为 1 叠。6 叠的和室，就是可以铺满 6 块榻榻米大的房间；4 叠半的和室，就是可以铺满 4 块半榻榻米大的房间，半叠指的是半块榻榻米。

榻榻米应该怎么铺？

　　就算是面积相同的房间，也有多种铺设榻榻米的方式。以 4 叠半的和室为例，如图 1 所示，"半叠"部分位于中央，而在图 2 中"半叠"部分则位于角落。

　　如果"半叠"部分在图 3 所示的位置上又会如何呢？我们发现，剩下两块榻榻米放不进去啦。此外，榻榻米的长度是宽度的两倍。因此可知，半叠榻榻米是正方形的，两块榻榻米合在一起也是正方形的。我们利用榻榻米长宽比为 2:1，可以有许多种铺设方法。

图1

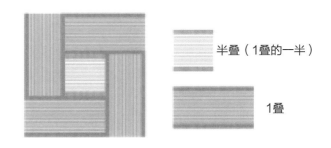

半叠（1叠的一半）

1叠

图2

图3

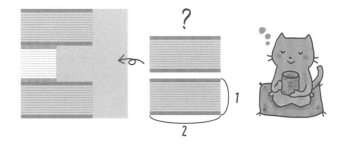

迷你便签　　在不同地区和建筑中，榻榻米的大小有所不同。同是 6 叠或 8 叠大的房间，实际面积也可能不同。但是，不管榻榻米的大小如何改变，长宽比为 2:1 是固定的。

岩手县的人口是多少？很少吗

岩手县　久慈市教育委员会
小森笃老师撰写

阅读日期　　月　日　｜　月　日　｜　月　日

从上往下数是第几名？

都道府县是日本的行政区划，共有1都、1道、2府和43县。其中，岩手县位于日本本州岛东北部，东西约122千米、南北约189千米，呈南北稍长的椭圆形。岩手县总面积占日本总土地面积的4%之多，仅次于北海道，比首都圈内埼玉县、千叶县、东京都和神奈川县的面积都要大。

岩手县人口约为128.4万人。在日本47个都道府县中，岩手县的人口是多，还是少？

经过调查，我们发现岩手县的人口在47个都道府县中排行第32位。从排名来看，岩手县的人口绝对不算多。

各种各样的比较方法

日本总人口数约为1亿2708万人。总人口数被47个都道府县均分后，平均每1都道府县人口约为270万人。

12708.83（万人）÷ 47 ≈ 270（万人）

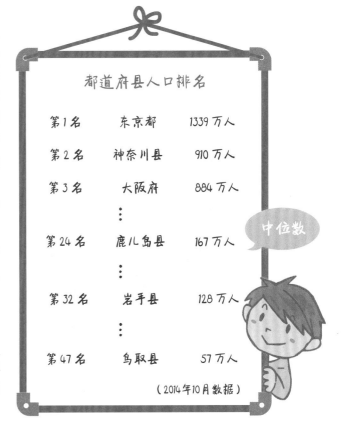

都道府县人口排名

第1名	东京都	1339万人
第2名	神奈川县	910万人
第3名	大阪府	884万人
⋮		
第24名	鹿儿岛县	167万人
⋮		
第32名	岩手县	128万人
⋮		
第47名	鸟取县	57万人

中位数

（2014年10月数据）

什么是中位数？

47个都道府县中，第24名的鹿儿岛县位于排名正中间，166.8万人就是这组数据的中位数。

270万是各都道府县人口的平均值。从平均值来看，岩手县的人口不多。

但从实际情况来看，日本有一半的都道府县人口都在100万人上下徘徊。虽然岩手县的人口排名仅在第32名，但与其他半数的都道府县人口相比，差别并不大。

不同的比较方法，会让人对同一事物的"多或少"产生不同的感觉。

用图形来表现 九九乘法表②

东京都　杉并区立高井户第三小学

吉田映子 老师撰写

阅读日期　　月　日　　月　日　　月　日

画一个圆开始

　　请看图1。取九九乘法表各列答案的个位数，在下面圆形中依次用直线连接起来，1列—9列的图案都出来啦。仔细观察图1，我们可以发现1列和9列、2列和8列、3列和7列、4列和6列的星星都是相同的。只有5列是孤零零的线段。

图1

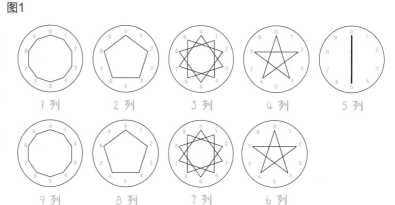

1列　2列　3列　4列　5列

9列　8列　7列　6列

图2

积的个位数顺序相反

2列	（个位数）		8列	（个位数）
$2 \times 1 = 2$	(2)		$8 \times 1 = 8$	(8)
$2 \times 2 = 4$	(4)		$8 \times 2 = 16$	(6)
$2 \times 3 = 6$	(6)		$8 \times 3 = 24$	(4)
$2 \times 4 = 8$	(8)		$8 \times 4 = 32$	(2)
$2 \times 5 = 10$	(0)		$8 \times 5 = 40$	(0)
$2 \times 6 = 12$	(2)		$8 \times 6 = 48$	(8)
$2 \times 7 = 14$	(4)		$8 \times 7 = 56$	(6)
$2 \times 8 = 16$	(6)		$8 \times 8 = 64$	(4)
$2 \times 9 = 18$	(8)		$8 \times 9 = 72$	(2)

　　再观察星星外形相同的4组，你还有什么发现吗？

1列和9列

2列和8列

3列和7列

4列和6列

每组数字相加都得10。

注意乘法表的个位数

　　2列和8列的星星虽然长得一样，但画法却不相同。2列星星的画法是从0出发，沿2、4、6、8、0……顺时针顺序；8列星星的画法是从0出发，沿8、6、4、2、0……逆时针顺序。

　　把九九乘法表的2列和8列都写出来，积的个位数顺序正好相反（图2）。其他组也等待你的验证！

迷你便签　　按照规律连接圆圈内的数字，可以画出星状图案。如果改变"连接点数量"和"连接点间隔"，则可以得到各式各样的星状图案。

为什么使用毫米？
关于降水量的那些事儿

岩手县　久慈市教育委员会
小森笃老师撰写

阅读日期　　月　日　　月　日　　月　日

你知道雨量器吗？

雨量器

我们在天气预报中，经常听到"降水量为 20 毫米"之类的播报。降水量，是指从天空降落到地面上的水，未经蒸发、渗透、流失而在水平面上积聚的水层深度。明明表示的是降水的量，为什么要用一个长度单位呢？

奥秘就在测量降水量的方法上。

测量一段时间内某地区降水量的仪器，叫作"雨量器"。雨量器如右侧插图所示，是圆柱形的。雨量器上方的承水器打开，降雨在雨量器的储水瓶里储存起来。

也就是说，降水量是一段时间内某地区雨量器中储存的水层深度。因此降水量的计量单位是长度单位。

1 毫米降水是什么概念？

"降水量 1.0 毫米"，下的是一场怎样的雨？

"降水量 1.0 毫米"的意思是，在 1 平方米（边长为 1 米的正方形的面积）内的降水量达到水层深度 1 毫米。此时降下的雨量为，100 厘米（1 米）×100 厘米 ×0.1 厘米（1 毫米）= 1000 立方厘米。因为 1 立方厘米 = 1 毫升，所以降水量 1000 毫升 = 1 升。"降水

想一想

数值向下取 0.5 毫米的整数倍

降水量的数值向下取 0.5 毫米的整数倍。因此，实际降雨量 12.9 毫米的情况写作 12.5 毫米，实际降雨量 13.2 毫米的情况写作 13.0 毫米。

12.9 毫米
↓
12.5 毫米

13.2 毫米
↓
13.0 毫米

量 1.0 毫米"就等于每 1 平方米里增加 1 升的水。1 升有多少水，大家可以拿一盒 1 升装牛奶来看看。小小的 1 毫米降水量，代表的雨量却是不少。

一般来说，1 小时降水量超过 1 毫米的情况下，就需要带把伞了。

迷你便签　暴雨预警信号分 4 级，分别以蓝色、黄色、橙色、红色表示。发布暴雨预警信号，除了降水量达到某一标准，也考虑当地的土壤蓄水量。在本书 7 月 15 日还介绍了"游击式暴雨"，感兴趣的同学现在就可以翻过去啦。

决定了就是你！
扑克牌魔术

御茶水女子大学附属小学
冈田纮子老师撰写

阅读日期 📖 　月　日 ｜ 　月　日 ｜ 　月　日

我能猜中你的牌

今天给大家介绍一个扑克牌魔术。先让对方抽取一张扑克牌，再让对方回答几个问题，就可以在不看牌的情况下猜中对方抽的牌。

①取到的卡牌数字，加上比它大1的数。比如，对方抽到的是红桃4，4 + 5=9（图1）。

②将步骤①的答案乘以5。9×5 = 45。

③将步骤②的答案加上花色对应的数字，红桃加6，方块加7，黑桃加8，梅花加9。抽到的是红桃，所以45 + 6 = 51（图2）。

图1

只要知道计算结果，就可以知道对方抽的是哪张牌。

51减去5等于46，十位数是卡牌的数字，个位数代表卡牌的花色。因此，对方抽的牌是"红桃4"！

图2

+6　　+7　　+8　　+9

图3

$$[\square + (\square + 1)] \times 5 + \triangle = 10 \times \square + 5 + \triangle$$

来了，魔术大揭秘

为什么知道了结果，就能猜中对方手中的牌呢？答案就在步骤①②③的计算中。

首先，将卡牌数字设为 $\square$，卡牌花色设为 $\triangle$，可以得出图3的算式。将最后得到的数减去5，就等于 $10 \times \square + \triangle$。因此，十位数是卡牌数字，个位数是卡牌花色。在卡牌数字大于或等于10的时候，百位数与十位数是卡牌数字，个位数是卡牌花色。

扑克牌魔术很简单吧，快来露一手，让小伙伴大吃一惊吧。

迷你便签

魔术的步骤①中为什么要加上比它大1的数？这是为了在完成步骤①②③的计算后，得到的数字不会让人一眼看穿。玩一个减去5的小花样，是魔术不被识破的关键。

数学名人小故事

阿基米德在洗澡时找到了答案

明星大学客座教授
细水保宏老师撰写

2月 **12** 日

阅读日期 ✎ 　月　日 | 　月　日 | 　月　日

是他发现了圆周率？

距今约 2300 年前，在古希腊的锡拉库萨城（今意大利锡拉库萨）有一位天才数学家阿基米德。

阿基米德发现了许多运算方法和图形规律，确定了求图形面积、体积的公式，至今依然沿用。

值得一提的是，阿基米德明确提出了杠杆原理，利用"杠杆"小力量能够移动重物，他也有了这样的豪言壮语："给我一个支点，我就能撬起整个地球。"此外，在没有电脑的时代，阿基米德还通过不断运算，求得了一个相当接近的圆周率数值。

尤里卡（我发现了）！

关于阿基米德，最广为流传的故事是解决了秤量皇冠的难题。相传锡拉库萨赫农王让工匠替他做了一顶纯金的王冠，做好后，国王疑心工匠在金冠中掺了假，但这顶金冠的确与当初交给金匠的纯金一样重。于是国王找到阿基米德："我命令你检验王冠的真假，但不能熔化和破坏王冠！"

最初，阿基米德也是冥思苦想而不得要领。一天，他去澡堂洗澡，当他坐进澡盆里时看到水往外溢，突然想到可以用测定固体在水中排水量的办法，来确定金冠比重。他兴奋地跳出澡盆，连衣服都顾不得穿就跑了出去，大声喊着："尤里卡（我发现了）！"之后，阿基米德来到王宫，把王冠和同等重量的纯金放在盛满水的两个盆里，发现放王冠的盆里溢出来的水比另一盆多。

这就说明王冠的体积比相同重量的纯金的体积大，可以证明王冠里掺进了其他金属。

试一试

泡澡的时候试试吧

慢慢沉入浴盆，感觉身体被轻轻托起。身体在水中受到向上的浮力，当浮力大于身体受到的重力（向下的力）时，水中的身体好像变轻了。

尤里卡！

迷你便签

公元前 212 年，古罗马军队入侵锡拉库萨。一个罗马士兵杀死了一位在地上埋头作几何图形的老人——阿基米德。传说，阿基米德留给世界最后一句话是"别把我的图弄坏了！"

巧做纸箱

神奈川县 川崎市立土桥小学
山本直老师撰写

纸箱是我们在生活中常见的东西。将一个立体的纸箱子拆开，能获得一张平面纸板，这就是展开图。今天我们将从绘制展开图开始，制作一个纸箱子。

准备材料
▶ 纸板　▶ 铅笔
▶ 剪刀　▶ 马克笔
▶ 胶带　▶ 尺子

● 绘制展开图

首先绘制展开图。如下图所示，裁剪好纸板，用铅笔画好实线和虚线。

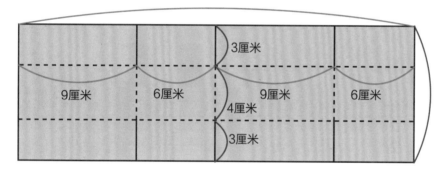

30厘米

3厘米

9厘米　6厘米　9厘米　6厘米

4厘米

3厘米

10厘米

标注的实线长度为3厘米，是纸箱宽度6厘米的一半。因此，纸箱盖子可以正好合上。

● 沿实线剪开

用剪刀沿实线剪开。

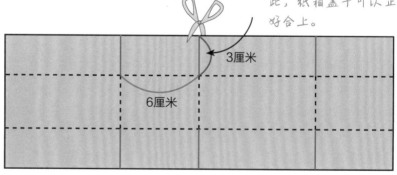

3厘米

6厘米

● 沿虚线折叠

虚线不剪，沿虚线折叠。

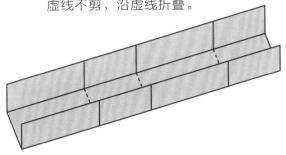

● 组装纸箱

如下图所示，组装纸箱。

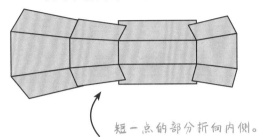

短一点的部分折向内侧。

● 胶带固定

最后，用胶带粘贴固定纸箱的底部和侧面这两处位置。

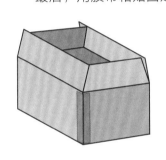 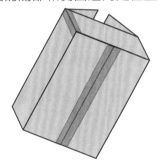 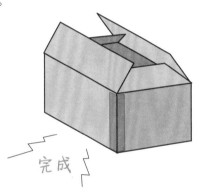

完成

做一做

制作一个骰子纸箱

　　先前制作的纸箱，6面都是长方形。现在，我们再来做一个6面都是正方形的纸箱，就像是骰子的形状。制作方法相同，在完成最后一步的胶带固定后，用马克笔画上骰子的小点儿，一个骰子纸箱就完成啦！

24厘米

		3厘米		
6厘米	6厘米	6厘米 6厘米	6厘米	
		3厘米		

12厘米

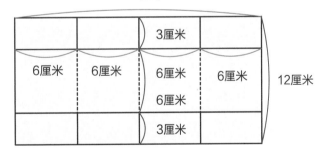

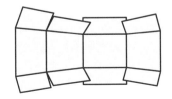

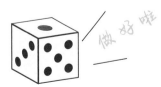

做好啦

迷你便签

　　纸箱的顶部和底部都有两层纸板，所以会很牢固。只用一张纸板就做成了一个结实的纸箱，物尽其用，这个方法真是棒极了。

巧克力的切割法

御茶水女子大学附属小学
冈田纮子老师撰写

切几次可以全部变成小块?

图1

如图1所示,这里有一板巧克力。如果想要把这一板巧克力切成 12 小块,最少需要切几次? 当然,不可以重复、拐弯和斜切。

大家开动脑筋,想一想有哪些切割方法? 可以先竖着切 3 次,再横着切 8 次(图2)。

再试试另一种切法(图3),果然还是要切 11 次。为什么最少要切 11 次,才能把巧克力都变成小块呢?

不管用什么方法,切割次数都会是巧克力块数 -1?

图2

切3次　　切8次

3 + 8 = 11次

图3

切2次　　切9次

2 + 9 = 11次

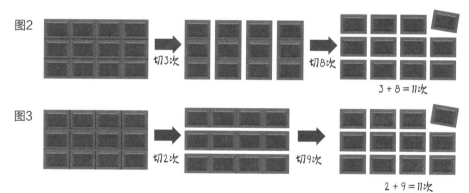

切割次数是巧克力块数减1

一板巧克力切割 1 次后,就变成 2 块;切割 2 次后,变成 3 块;切割 3 次后,变成 4 块……切割 11 次后,就变成 12 块。也就是说,当切割次数是巧克力块数减 1 时,巧克力全被切成小块。

现在换一板竖向 5 块、横向 6 块的巧克力。想将它全部切成小块,最少需要切几次? 首先可知,这一板巧克力里共有 5×6 = 30 块巧克力。想要把这一板巧克力切成 30 块,最少需要切 30 - 1 = 29 次。

不管用什么方法,最少切割次数都会是巧克力块数 -1。大家可以再试试用其他切割方法来验证一下哟。

迷你便签

各种各样的**量词**

大分县　大分市立大在西小学
二宫孝明 老师撰写

阅读日期✐　月　日　｜　月　日　｜　月　日

不是鸟类，为什么量词是"羽"？

　　一群麻雀叽叽喳喳，向我们飞来。到底有几只呢？我们数着"1只、2只……"。而在日本，则将鸟类的量词写作"羽"。这时，又有好多车子向我们疾驰而来，我们数着"1辆、2辆……"。

　　根据描述对象的不同，量词自然也不尽相同。人、张、条、碗、颗……我们身边，有许许多多的量词，其中不乏有意思的、少见的量词。

　　现代日语中，表示动物数量的量词主要有3个：匹、头、羽，通常"羽"是鸟类的量词。这就怪了，为什么日本人在数兔子时用的量词是"羽"呢？小伙伴们可千万别想象成小兔子长出翅膀满天飞的场景。接下来，我们就来了解这一量词用法的由来。

有趣的量词用法由来

　　据说在日本古代的某些时期，有神谕"禁止吃牛羊等四脚动物的肉"。想吃兽肉而不得的人们，就想出了这样一种说法：兔子蹦蹦跳跳的样子与鸟儿

1只、2只、3只、4只……

1辆、2辆、3辆……

1滴！

查一查

身边的量词

　　在我们身边，有许许多多的量词。

部分量词的种类
描述细长的东西（裤子、黄瓜等）→条
描述有柄或把手的东西（伞、菜刀等）→把
描述书本或笔记本等→本
描述毛衣、外套等→件

飞翔的样子相似，兔子的长耳朵与鸟儿的翅膀相似，兔子立起来时和鸟儿极为相似…… 因此兔子不是兽类，而是鸟类的近亲。于是，兔子不被人们当作四脚动物，而是用来食用，"羽"作为兔子的量词也就使用到了现在。

　　除此以外，还有许多有趣的量词等待你的发现。雨→滴，日语中是"雨"；乌贼→头，日语中是"杯"；羊羹→块，日语中是"棹"。手套→双、山→座……

迷你便签

　　在之前的学习中，我们已经接触了不少量词。比如，用"1打"来描述12支铅笔，用"半打"描述6支铅笔，用"1罗"描述12打铅笔。详见2月4日。

剩下几根火柴了呢

青森县　三户町立三户小学
种市芳丈老师撰写

火柴摆起来

今天又要向大家介绍一个数学魔术，需要准备的工具是火柴。没有火柴的话，也可以用其他形状相似的物体替代。

火柴数学魔术（图1）

①把 20 根火柴摆成一排。

②选择 1 个你喜欢的一位数字。（例如，5）

③从一端开始，取走数字对应数量的火柴。

④将剩下火柴数量的个位数和十位数相加，得到 1 个数字，取走该数字对应数量的火柴。（例如，15 → 1 + 5 = 6）

⑤取走 2 根火柴，剩下还有几根？

神奇的事情发生了，不管选择的数字如何变化，剩下的火柴始终是 7 根。练习熟练之后，把魔术表演给同学、朋友们看看吧。

图1

为什么剩下7根？

将算式列出来，谜底就揭晓了。例如，当选择的数字是 2、5、7 时，魔术经过如图 2 所示。不管选择的数字如何变化，步骤④的答案都是 9。9 - 2 = 7。

试一试

为什么总是9？

为什么步骤④的答案都是 9？回到火柴游戏中，就可以发现奥秘。以步骤③剩下 15 根火柴的情况为例，15 根火柴可以分为 10 根和 5 根两部分。在一端取走代表个位数的 5 根，5 - 5 = 0；在另一端取走代表十位数的 1 根，10 - 1 = 9。数字的改变不影响 10 减去 1，因此步骤④后的答案都会是 9。

喜欢的数字是？

是5

迷你便签　这个火柴数学魔术由美国人马丁·伽德纳发明。除此之外，他还出了许多智力测验题和数学题。

收音机里的频率秘密

福冈县　田川郡川崎町立川崎小学

高濑大辅 老师撰写

确认广播的频率

在听广播时，你注意过调幅（AM）和调频（FM）吗？这是两种不同的信号调制方式，但都是根据频率对广播进行分类。一般来说，调幅广播是针对远距离传播的节目使用，其辐射范围大，是长波，调幅广播的收听效果不好，音质差。调频广播则与之相反，其辐射范围小，是短波，调频广播音质较好。不同的广播平台，会有不同广播频率。在日本东京可以收到这些AM调幅广播：

> NHK 广播第 1 频率 594 千赫
>
> TBS 广播 954 千赫
>
> 文化广播 1134 千赫
>
> 日本广播 1242 千赫

千赫广播频率里的秘密

看上去没有规律的数字，其实藏着广播频率里的秘密哟。试着把这些数字除以 9 吧。

$$594 \div 9 = 66 \qquad 954 \div 9 = 106$$
$$1134 \div 9 = 126 \qquad 1242 \div 9 = 138$$

神奇的事情发生了，这些广播频率都能被 9 整除。这些能被 9 整除的数，叫作"9 的倍数"。国际上对调幅广播频率做了相关规定，频率在 531 千赫到 1602 千赫之间，每个频率间隔 9 千赫。因此，调幅广播频率是 9 的倍数。打开广播，找一找调幅频率吧。

想一想

频率里还有秘密哟

把频率的数字拆开，还藏有小秘密呢。

$$594 \quad \rightarrow \quad 5+9+4 = 18$$
$$954 \quad \rightarrow \quad 9+5+4 = 18$$

哎呀，难道不同数位的数字加起来都会是 18 吗？我们再试几个。

$$1134 \rightarrow \quad 1+1+3+4 = 9$$
$$1242 \rightarrow \quad 1+2+4+2 = 9$$

算式这次数字拆开后相加的和，又变成 9 了。这里面藏着的数学规律是，把 9 的倍数的各数位数字相加之后，它的和也是 9、18 等 9 的倍数。

身边的便利"尺子"

东京都　杉并区立高井户第三小学
吉田映子 老师撰写

阅读日期✐　月　日　｜　月　日　｜　月　日

用货币来测量长度

想要知道刚刚长出的新芽有多长，想要了解手边箱子的长、宽、高……当我们只是需要一个大概的数据时，便利的"尺子"就很有用了。我们的身边，有许多可以测量长度的"尺子"。

图1

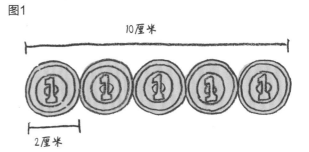

10厘米

2厘米

1日元硬币的直径是多少？小小的一枚，正好是2厘米。将5枚硬币摆好，就获得了10厘米的"尺子"（图1）。

再来看看纸币，1000日元纸币的长是15厘米、宽是7.6厘米。虽然宽度不是长度的 $\frac{1}{2}$，但对折后差不多就是一个正方形。日本用来折纸的纸张，通常是边长为15厘米的正方形。1000日元纸币的大小约是纸张的 $\frac{1}{2}$（图2）。

各种便利的"尺子"

明信片也是一种便利的"尺子"，它的宽正好是10厘米。将10张明信片如图3所示摆好，就获得了1米的"尺子"。

再看看图4是什么"尺子"？闪闪发光的圆盘，原来是一张CD。CD和DVD的直径都是12厘米。

开动脑筋，找一找我们身边的"尺子"吧。

图2　图3

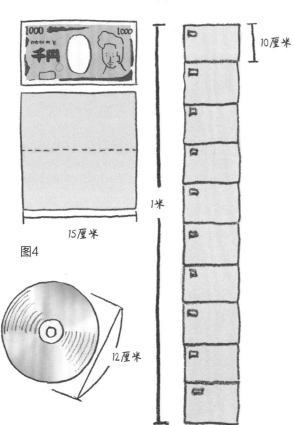

1000

千円

15厘米

10厘米

1米

图4

12厘米

盒装牛奶的底面，边长约为7厘米，面积约为50平方厘米。1日元硬币的重量是1克。除了长度"尺子"以外，重量"称"和面积"尺子"也在等待你的发现哟。

"算数" 的来历

青森县 三户町立三户小学
种市芳丈老师撰写

什么时候开始使用？

在日本，"算数"一词被用作数学课程的名称，是从1941年开始的。虽然这一历史并不久远，但"算数"这个词汇却可以追溯到2000年之前。

《汉书·律历志上》记载："数者，一、十、百、千、万也，所以算数事物，顺性命之理也。"

20世纪80年代，《算数书》竹简（古代用来写字的竹片，也指写了字的竹片）在湖北省江陵县张家山出土，这是中国现存最早的系统的数学典籍。

藏在"算"里的含义

"算数"一词的确出现得很早，但在中国古代，一般是用"算术"一词来泛指数学全体。"算"是一种竹制的计算器具，算术是指操作这种计算器具的技术，也泛指当时一切与计算有关的数学知识。因此，算术不仅表达对数的运算，也是对事物本质的一种描述。

而在日本，"算术"也曾是数学课程的名称。从"算术"到"算数"，其变化的原因，是想强调数学已从日常计算发展为涵盖几何、代数等分支学科的状态。

接下来，我们还将面对几何、代数等许多数学分支学科，它们不再是单纯的计算，但同样也充满了趣味。

迷你便签　1882年，东京数学会社在翻译英文 mathematics 时，从数理学、算学、数学等候补词汇中选择了"数学"。"数学"一词作为学科名称，由此被确定下来。

玩一玩七巧板

东京都　杉并区立高井户第三小学
吉田映子 老师撰写

阅读日期　月　日　｜　月　日　｜　月　日

2月

风靡世界各地的游戏

　　七巧板又称七巧图、智慧板，是中国民间流传的益智玩具。如图1所示，七巧板由一块正方形切割为7个图形，通过拼凑，这7个图形可以变幻成各种图案（图2）。

　　在18世纪，七巧板流传到了国外。其实像七巧板这样，由一块图形分割成多块、再进行拼接的益智玩具并不少，但能够风靡世界各地的，非七巧板莫属。

图1

这就是有名的七巧板！

图2

7个图形就可以拼出好多花样！

清少纳言也钟爱的益智游戏

　　清少纳言是日本平安时代的著名女作家，著有随笔作品《枕草子》。而她的《清少纳言智慧板》中，也介绍了许多其他切割方法的巧板，如图3所示的六巧板。

　　其中，由非正方形切割而成的巧板也令人大开眼界。如图4所示，"心形九巧板"就让曲线进入了巧板的世界（见12月10日）。

图3

图4

迷你便签

　　传统七巧板可以利用正方形切割而成的7个图形，再组成2个正方形。快来挑战吧。（还可以利用《清少纳言智慧板》介绍的七巧板进行挑战哟，见8月26日）。

1 加到 10 的简便运算

北海道教育大学附属札幌小学
泷泷平悠史老师撰写

阅读日期　　月　日　　月　日　　月　日

图1

Ⓐ $1+2+3+4+5+6+7+8+9+10=?$

图2

图3

Ⓐ $1+2+3+4+5+6+7+8+9+10=?$

Ⓑ $10+9+8+7+6+5+4+3+2+1=?$

图4

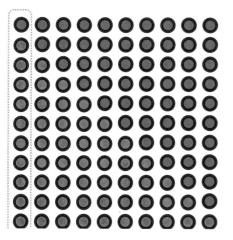

从 1 加到 10 会怎样？

如图 1 的算式 A 所示，这道加法题你有头绪吗？

把这道题用图来表示的话，就有了图 2，求所有蓝点的数量。

1 加到 10 的运算，自然是可以从左到右按顺序相加。那么，还有什么更简便的方法吗？

动动脑筋算一算

简便的运算方法是：

$11 \times 10 = 110$

$110 \div 2 = 55$

用这两个算式就能得出答案，快想一想它们和加法题的联系在哪里。

首先，如图 3 所示，列出一个从 10 加到 1 的算式 B，并写在算式 A 下方。然后，将 1 对准 10，2 对准 9，依次类推，上下两个数相加的和正好都是 11。

总共得到 10 组 11。

如果用图来表现算式 A 和算式 B，蓝点为算式 A，红点为算式 B，可画出图 4。根据图 4，也可以清楚地看到，$11 \times 10 = 110$ 就是所有点的和。

但是，我们所求算式 A 只包括蓝点，也就是 110 的一半，即 $110 \div 2 = 55$。可得算式 A 的答案是 55。

迷你便签

据说数学家高斯在 10 岁时，就想出了 1 加到 100 的简便运算方法（见 9 月 10 日）。今天学习的 1 加到 10 的简便运算方法，就是由此而来的。

计算中的数学

用计算器按出
有趣的 2220

东京学艺大学附属小学
高桥丈夫 老师撰写

阅读日期 月 日 | 月 日 | 月 日

准备一个计算器

今天向大家介绍一个用计算器玩的加法游戏。

观察计算器的数字键，如图1所示，从1开始，逆时针方向的数字是2、3、6、9、8、7、4。从1开始，至1结束，组成4个三位数，并将它们相加。

123 + 369 + 987 + 741 = 2220（图2）

再试一试从2开始，组成4个三位数，并将它们相加。236 + 698 + 874 + 412 = 2220（图3）

从3开始，从6开始，从9开始，从8开始，从7开始，从4开始……不管起点是哪个数，组成4个三位数，相加的和始终都是2220。是不是很有趣呢？

顺时针方向会按出什么

接下来，我们再试一试顺时针方向的从1开始，同样是组成4个三位数，并将它们相加。

147 + 789 + 963 + 321 = 2220（图4）

不变，还是2220。

顺时针方向的从4开始，又会是怎样呢？478 + 896 + 632 + 214 = 2220（图5）

果然还是2220，神奇吧！

2220里面究竟藏着什么秘密？仔细观察图2—图5就能发现，在每道竖式算式中，各数位分别相加，和都是20。

图1

图2

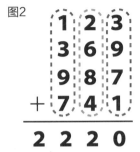

图3

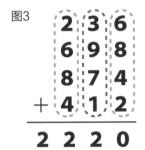

图4

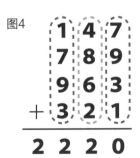

图5

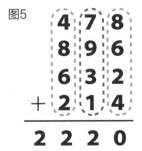

迷你便签　还有能按出2220的方法吗？快去找一找吧。

测量大象体重的方法

青森县　三户町立三户小学
种市芳丈老师撰写

阅读日期 ✎　月　日　｜　月　日　｜　月　日

什么工具可以称大象？

　　大家在动物园见过大象吗？它大大的身躯，让人好奇到底有多重。在三国时期，就有一位名人和大家抱有同样的疑问……

　　有一次，吴国的孙权送给曹操一头大象，曹操想知道大象的重量，就询问属下，但是没人能给出称象的办法。在那个时代，称量工具仅有杆秤与天平，是无论如何都称不了大象的重量的。

神童曹冲称象

　　曹操有个儿子叫曹冲，他长到五六岁的时候，知识和判断力就已经可以比得上成年人了。曹冲提出来："把大象赶到大船上，在船舷上齐水面的位置做上记号。再让大象下船，在船上装上石头，直至水面到达记号的位置。这时石头的总重量，差不多就等于大象的总重量了（图1）。"曹操听了很高兴，马上照这个办法做了。

　　石头的总重量约为 4500 千克，相当于 70 个成年人的重量。

图1

把象赶到大船上，在船上齐水面的位置做上记号

装上石头，直至水面到达记号的位置

记号的位置

石头的总重量约为 4500 千克！约是 70 个成年人的重量。

迷你便签　　现在的动物园，通常使用地面嵌入式体重秤来称大象的重量。

猜数字游戏！
A 和 B

御茶水女子大学附属小学
久下谷明老师撰写

"2A1B" 的含义是什么？

今天我们来玩一个稍微有点儿难度的双人猜数字游戏。游戏规则如图 1 所示。

可能单看游戏规则，还是不太能明白。实践出真知，现在就和家人玩一玩吧。首先，确定谁是出题人，谁是答题人。出题人想好一个数字，游戏就正式开始了。

图1

猜数字游戏

规则

① 一人为出题人，一人为答题人。

② 出题人心中想好一个由不同数字组成的四位数。
（例如，数字"1527"。）

③ 答题人说出自己猜测的四位数。
（例如，答题人猜测数字为"1425"。）

④ 出题人根据答题人所猜的数字，给出A和B的反馈：A代表数字正确且位置正确，B代表数字正确但位置错误。
（例如，出题人的数字为"1527"，答题人猜测的数字为"1425"，出题人给出"2A1B"的反馈。）

⑤ 重复步骤③④，直至猜出正确的数字。

将猜测的数字和AB反馈记在小本本上，边写边想！

如果觉得难度太大，可以从两位数、三位数开始玩！

如果觉得四位数的难度太大，可以先从两位数、三位数开始玩。此外，答题人还可以将猜测的数字和 AB 反馈记在小本本上，边写边想，从确定某一个数字开始，逐步推断出答案。

用最少次数猜出正确答案的玩家获胜。

试一试

你能猜中正确的数字吗？

当你熟悉了游戏的规则，这两题就难不倒你啦。

问题1

正确的三位数是什么？

345 → 0A0B
268 → 2A0B
201 → 1A0B
278 → 1A0B

问题2

正确的四位数是什么？

3480 → 0A2B
0741 → 0A0B
9538 → 1A2B
9823 → 0A3B
8639 → 0A2B

迷你便签

"试一试"的答案：问题 1 → 269，问题 2 → 2358。

黄金矩形!

岛根县　饭南町立志志小学
村上幸人 老师撰写

阅读日期　　月　日　　月　日　　月　日

极具美感的长方形

听到"黄金矩形"这个词，在你的脑海中浮现的是怎样的矩形呢？莫非是金光闪闪的矩形？

再给你一个提示：这个黄金，形容的并不是颜色，而是形状。但是黄金形状又是指什么呢？

"黄金矩形"是指长宽之比符合黄金分割的矩形，它兼具稳重与美感，令人愉悦。来看一下这张希

列奥纳多·迪·皮耶罗·达·芬奇的作品《蒙娜丽莎》。供图／Artothek／Afro

希腊帕特农神庙。供图／Sergio Bertino/Shutterstock.com

腊雅典帕特农神庙的照片吧，神庙的高（复原后的屋顶为最高点）与长组成了一个长方形。这个长方形，就是黄金矩形。

从巴黎凯旋门、日本唐招提寺金堂，到纽约联合国总部大楼，从达·芬奇的《蒙娜丽莎》到葛饰北斋的《富岳三十六景》……在许多建筑与艺术品中都能找到黄金矩形的身影。

美的秘密就在长宽之比

黄金矩形到底是怎样的形状呢？我们来做一个简单的验证。首先，以某个矩形的宽为边长，在这个矩形内部作出一个正方形。矩形一分为二，分为正方形和小矩形。当小矩形和大矩形拥有相同的形状（长宽比相同）时，这个矩形就是黄金矩形。对小矩形再进行一分为二的操作时，可以继续得到相同形状的小小矩形。黄金矩形具有这样神奇的特征。

黄金矩形长宽之比约为 1.618:1。黄金分割出现于自然的无形之手，也出现在人类的有形之手中。

哪个才是黄金矩形？

下图中藏着两个黄金矩形，快来找找吧。

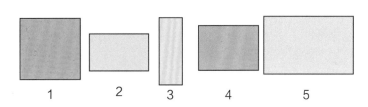

1　　2　　3　　4　　5

迷你便签　日常生活中的使用的名片、数码相机、随身听等物品中，也藏着许多黄金矩形呢。如果你看到了让你心动的矩形，记得查一查是不是黄金矩形哟。（本页"试一试"的答案是 2、5。）

关孝和是和算届的超级巨星

明星大学客座教授
细水保宏老师撰写

"笔算"的发明

在江户时代（1603—1867 年）之前，日本的数学发展还是以中国的传统数学为范本。进行加减法等简单运算时，使用算盘。面对更难一些的问题时，则使用算筹。

使用算筹时，需要将小棍子一根根摆放好，再进行计算。有没有能够代替算筹，仅用数字和符号进行纸笔计算的方法呢？江户时代的和算（日本古典数学）家关孝和（1642？—1708 年），改进了元代数学家朱世杰《算学启蒙》中的天元术算法，开创了和算独有的笔算。

和算最厉害！

和算进入空前发展

关孝和作为世袭武士，受聘于德川幕府家、甲府（今山梨县）宰相德川纲重及纲重之子纲丰。他从小就展现出非凡的数学天赋，后来从事的工作也涉及金钱的管理。用现在的话来说，大概是一位政府机关的审计人员。

作为一名数学家，关孝和留下了许多数学研究成果。他用自创的方法，求得 π 的近似值 3.14159265359，使圆周率精确到小数点后第 10 位。

其中，最突出的数学成就是创立了被称为"傍书法"的文字笔算方法。傍书法使用汉字或汉字偏旁部首作为简字代数符号，用于表示代数方程或代数式，是一种具有东方特色的符号代数。通过傍书法，许多复杂问题迎刃而解。

关孝和可以说是日本数学发展史上划时代的数学家，和算自他以后，进入了日新月异、独立发展的阶段。因此，在江户时代就有和算家尊称关孝和为"算圣"。

试一试

江户时代的笔算

下图是傍书法的表现形式，和大家熟知的西方算式不太一样呢。你能用傍书法算一算加减法吗？

傍书法

西方算式	甲＋乙	甲－乙	甲×乙	甲÷乙
傍书法	|甲 |乙	|甲 \\乙	|甲乙	乙|甲

迷你便签

1994 年 11 月 1 日，円（yuán）馆金、渡边和郎在北见市发现了小行星 7483，它被命名为"关孝和（7483Sekitakakazu）"。据说，关孝和在天文历法方面也有较深的研究。

道路上的字
为什么又长又细

神奈川县　川崎市立土桥小学
山本直老师撰写

阅读日期　月　日　月　日　月　日

图1

在道路上出现的文字

你观察过道路吗？"停车""前方学校""公交专用"……在日本，道路地面上写着各种指示性文字。通过文字来提醒司机，这并不奇怪。怪的是，这些文字通常是又细又长的。

角度不同，结果也不同？

请观察图1的"停车"，比普通的文字要细长许多。当我们从正面看这本书上的"停车"时，的确感到又细又长。不过，如果我们再从斜上方观察这两个字，文字比例就又趋向于正常了。观看角度不同，文字的长度也起了变化，像变戏法似的。

同理，写在道路上的文字，从正上方观察显得又细又长。但当观察者是司机时，从斜上方看过去，文字是非常容易识别的。

道路上的文字，是为信息的传达对象（司机）量身定制的。

查一查

立体广告的错觉

你去过足球场或田径场吗？我们往往会在球门附近看到极具立体感的广告牌，而走近一看，发现广告牌其实是画在地面上的。有趣的是，地面上的广告牌虽然是平行四边形的，但我们在电视上看到的却是长方形。如果你有机会在电视或现场观看比赛时，注意一下哟。这时候，广告上的信息也是为传达对象（观众）而量身定制的。

迷你便签

视错觉，是指当人们观察物体时，基于经验或不当的参照物形成的错误的判断和感知。在我们日常生活中，有不少利用视错觉的例子，其中视错觉图就是其一（见10月10日）。

破解密码情报

东京都　杉并区立高井户第三小学
吉田映子 老师撰写

2月

A	B	C	D	E	F	G	H	I	J
1	2	3	4	5	6	7	8	9	10
K	L	M	N	O	P	Q	R	S	T
11	12	13	14	15	16	17	18	19	20
U	V	W	X	Y	Z				
21	22	23	24	25	26				

去掉 J 的密码技术

"SHJUXJUEJDAJBAJIKJE"
这串字符是什么意思?

一串看起来毫无意义的字符,其实运用了"去掉 J"的密码技术。将所有的 J 都去掉之后,这句话破解成了"SHUXUEDABAIKE(数学大百科)"。

再看看下面这一串数字有什么含义: 8、1、15、23、1、14、4、5、19、8、21、24、21、5。

对照上面的 26 个英文字母表,可以知道每个数字都对应一个英文字母。

比如,8 对应字母 H,1 对应字母 A……

这串数字破解后就是:"HAOWANDESHUXUE(好玩的数学)"。

能破解这个密码技术吗?

要难起来了哦。

"BANSHIBUYEDEKELABAILINGBOJIANAZENGKMXYICFMOUATABYKA"。

同样是让人摸不着头脑的一串字符。

这次密码情报破解的关键是"3",试着每 3 个字母做一个记号。

"BANSHIBUYEDEKELABAILINGBOJIANAZENGKMXYICFMOUATABYKA"。

把红字拎出来,这串字符就破解成了"NIYELAIBIANMIMABA(你也来编密码吧)"。

试一试

请破解下面的密码

3、23、25、1、12、14、7、19、18、8、25、112、14、19、7、23、3、18、8、17、9、16、10、17、9、6、20、5、21、17、9。

破解关键是"2"。除了使用 26 个英文字母表,这段密码还融合了间隔数字的密码技术。

迷你便签

"试一试"中的密码,首先对照 26 个英文字母表,可破解出"CWYALNGSRHYALNSGWCRHQIPJQIFTEUQI"。再根据关键"2",继续破解出"WANSHANGCHIJITUI(晚上吃鸡腿)"。是不是很有趣?你也来写一段自己的密码情报吧。

2 为什么会有闰年

2月 **29** 日

大分县　大分市立大在西小学
二宫孝明老师撰写

阅读日期　月　日　｜　月　日　｜　月　日

你听说过"闰年"吗？普通的年份（平年）一年有365天，每4年会出现一次2月29日（闰日），这一年有366天。凡公历中会出现"闰日"的年，被称为"闰年"。那么，为什么每4年就会有一次366天呢？

不设置闰年的话，年深日久，就会出现天时与历法不合的现象。

古时候就有的"闰月"

古时候的人们通过观察月相盈亏，来制定历法。从一次新月到下一次新月的时间周期为1个月，重复12次就是一年。农历规定，大月30天，小月29天，这样一年12个月共354天，比公历的一年要短11天。

如果按照上述规定制定历法，十几年后就会出现天时与历法不合、时序错乱的怪现象。为了克服这一缺点，我们的祖先在天文观测的基础上，找出了"闰月"的办法，设置一些年份一年有13个月。

"闰日"的诞生

"闰月"的设定，在某种程度上解决了农历的缺点，但长期使用下来，仍然存在时序偏离的问题。于是人们继续寻找更加精确的历法。

1582年，教皇格列高利十三世颁布了格里历，也就是我们现在使用的公历。

公历将一年精确定为365.2425天，普通的年份一年是365天。在闰年设置"闰日"，这也是为了弥补因为历法规定造成的一年天数与地球实际公转周期的时间差。关于闰年有这样的判断方法："四年一闰，百年不闰，四百年再闰。"也就是说，公历年份是4的倍数的一般都是闰年；但公历年份是100的倍数时，必须是400的倍数才是闰年。

江户时代的历法

公元6世纪，中国的历法传入了日本。但到了江户时代，历法已经出现了一些偏差。1684年，天文学家涉川春梅制定了日本第一部历法《贞享历》。后来涉川家族代代担任幕府天文方（相当于中国古代的钦天监），制定历法。

迷你便签　　2月29日是4年一度的"闰日"。"闰"除了"余数"的本义，还有"偏，副，伪"的意思。

在这个照相馆里，我们会给大家分享一些与数学相关的、与众不同的照片。带你走进意料之外的数学世界，品味数学之趣、数学之美。

●骰子提供／吉田映子

1 正多面体

除了我们熟悉的正六面体骰子之外，还有正四面体、正八面体、正十二面体、正二十面体等各种各样的骰子。

2 小数·分数

里：两颗十面体的"小数骰子"。一颗表现的是小数点后一位，另一颗表现的是小数点后两位。

外：各种"分数骰子"。你能猜出这些分数的规律吗？

骰子展览馆

在数学课堂上，经常出现骰子的身影，它们通常是由6个面组成的正方体（正六面体）。但世界之大，也有许多别具一格、充满趣味的骰子。在今天的照相馆里，就向大家介绍一些"变种"骰子。

3 变种骰子

（从左至右）

不是投掷而是滚动的"小棍骰子"。

标注2、4、8、16、32、64的"2倍骰子"。

由30个菱形组成，标注1—30的"三十面体骰子"。由加法、减法、乘法、除法符号组成的"符号骰子"。

4 骰子套骰子

骰子里面又有骰子，投掷一次，将大小骰子的数目相加。这个设计真是太适合棋盘游戏了，瞬间让游戏氛围活跃起来。

3 月

笑嘻嘻？ 哭唧唧？ 你的零花钱

福冈县　田川郡川崎町立川崎小学
高濑大辅 老师撰写

阅读日期 ✎ ☐ 月 ☐ 日 ☐ 月 ☐ 日 ☐ 月 ☐ 日

3月

如果每天是前一天的2倍

做一个小调查，大家每个月能拿到多少零花钱？当然，不管是多是少，学会有计划地使用零花钱才是最重要的。

如果一个月（30天）能拿到1万日元（约600元人民币）的零花钱，来一个笑嘻嘻。

反过来，一个月里每天只能拿到1日元，那就是哭唧唧啦。

那么，如果这样给零花钱你愿意吗？第1天1日元、第2天2日元、第3天4日元……每天拿到的零花钱都是前一天的2倍。这样一个月可以收到多少零花钱呢（图1）？

从1日元到一笔巨款

从图1可知，在第10天我们可以拿到512日元。这10天里总共拿到1023日元的零花钱。果然，还是一个月1万日元比较合算！别急，再算算从第11天开始拿到的零花钱（图2）。

不得了了，在第20天就能拿到约52万日元的零花钱了。深呼一口气，再接着往下算（图3）。

从1日元开始的零花钱，到了第30天可以得到约5亿日元的巨款，可不得了。2倍的力量，真是深不可测呀。

图1

第1天	…1日元
第2天	…2日元
第3天	…4日元
第4天	…8日元
第5天	…16日元
第6天	…32日元
第7天	…64日元
第8天	…128日元
第9天	…256日元
第10天	…512日元

希望早点存满呀！

图2

第11天	…1024日元
第12天	…2048日元
第13天	…4096日元
第14天	…8192日元
第15天	…16384日元
第16天	…32768日元
第17天	…65536日元
第18天	…131072日元
第19天	…262144日元
第20天	…524288日元

哇，已经存满啦！

图3

第21天	…1048576日元
第22天	…2097152日元
第23天	…4194304日元
第24天	…8388608日元
第25天	…16777216日元
第26天	…33554432日元
第27天	…67108864日元
第28天	…134217728日元
第29天	…268435456日元
第30天	…536870912日元

差不多5亿日元啦！！！

在日本战国时代（1467—1615年），也有一则关于2倍力量的小故事。丰臣秀吉的一位谋士因为知晓2倍的力量，而获得了大量的封赏。详见8月20日。

迷你便签

折叠后重叠的图形

岩手县 久慈市教育委员会
小森笃老师撰写

阅读日期✐ 月 日 | 月 日 | 月 日

你能折出来吗？

A、B、C、D、E 都是由 4 个小正方形组成的图形。其中，A、B、C 沿着某条线对折能够重合。

而 D、E 不管怎么折叠，都不能重合。

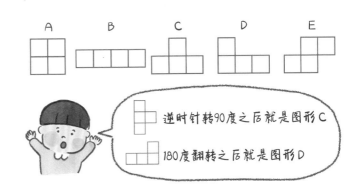

逆时针转90度之后就是图形C

180度翻转之后就是图形D

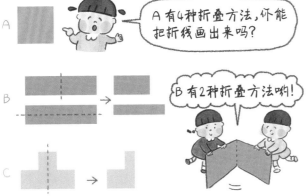

A有4种折叠方法，你能把折线画出来吗？

B有2种折叠方法呀！

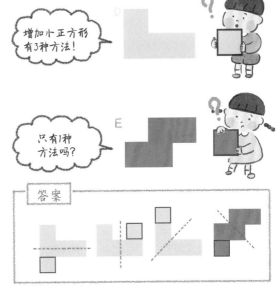

增加小正方形有3种方法！

只有1种方法吗？

答案

这样的图形有很多

我们身边有许多折叠后能够重合的图形，在家里或者户外找一找吧。

不过大家可以试着给 D、E 再增加一个小正方形，使它们折叠后能够重合。想一想，小正方形应该添在哪儿呢？

如果将一个图形沿着某条直线折叠，直线两旁的部分能够完全重合，这样的图形被称为"轴对称图形"。

2 生活中的数学

"地球 33 号地" 在哪里

高知大学教育学部附属小学
高桥真 老师撰写

阅读日期 ✐ 月 日 ┃ 月 日 ┃ 月 日

3月

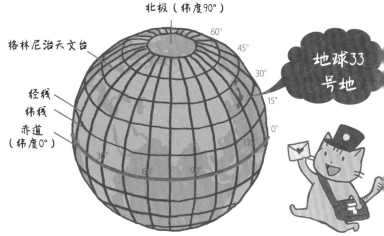

北极（纬度90°）
格林尼治天文台
经线
纬线
赤道（纬度0°）
地球33号地

如何表示没有住址的地方？

想给小伙伴写一封信，在信封上我们需要填写 7 位数的"邮政编码"，以及类似"○○街道△△号○○幢△△室"的具体住址。

有了这些信息，邮递员叔叔才能把我们的信准确地寄到小伙伴的手中。住址是居住的地址，指城镇、乡村、街道的名称和门牌号数。根据住址信息，外地人也可以找到指定地点，这也是人类文明的智慧体现。

但是，在茫茫大海与沙漠中，并不存在□□市或者○○街道。这时，我们又应该如何表示这些地点呢？实际上，通过一种数字组合的方法，可以描述出地球上所有的地方。

地球的最北端是北极，最南端是南极。当我们观察地球仪的时候，可以发现连接南北两极的经线。与经线相交的弧线则是纬线。地球仪上直穿英国伦敦格林尼治天文台的 0 度经线，被称为本初子午线。"经度"指地球上某一地点离本初子午线以东或以西的度数：在 0 度经线东面的为东经，共 180 度；在它西面的为西经，共 180 度。同一经线上的各点经度相同。

在地球仪上的南北两极中间，与两极距离相等，并且与经线垂直的线叫作赤道。"纬度"是指地球表面南北距离的度数，我们把赤道定为纬度 0 度，向南、向北各为 90 度。同一纬线上的各点纬度相同。使用经纬度，可以准确描述出地球上任何一个地方的位置。

日本的经度在东经 130—150 度，纬度在北纬 30—45 度。

12 个相同数字组成的地方

终于可以讲到标题中的"地球 33 号地"了。这个称呼与该地的经纬度息息相关。

东经 133 度 33 分 33 秒，北纬 33 度 33 分 33 秒。（1 度等于 60 分，1 分等于 60 秒）

由 12 个"3"组成的地方，自然就是"地球 33 号地"了。它位于高知县高知市境内。

迷你便签　经度与纬度组成的坐标系统，称为地理坐标系，能够标示地球上任意一个点的位置。大家可以上网试着查一查自己家的经纬度哟。

"三角瓷砖"
的图案作坊

吉田映子老师撰写

| 阅读日期 | 月 日 | 月 日 | 月 日 |

用纸就能折的图案

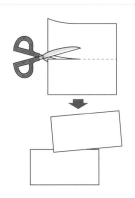

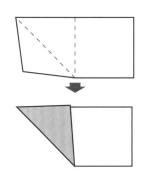

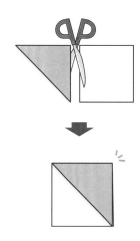

把一张正方形的纸按照上图所示对折，再沿折线剪成 2 个长方形。

将长方形对折，形成折线，再将右侧小正方形沿对角线向上折叠。

将三角形区域折向右边，粘在正方形上。

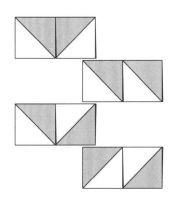

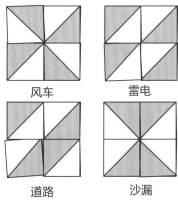

风车　　　雷电

道路　　　沙漏

少年几何
学之忧郁

这就是"三角瓷砖"。

两枚"三角瓷砖"可以拼凑成什么图案呢？

除了上图所示的 4 种，你还能拼成其他的组合图案吗？

4 枚"三角瓷砖"又可以拼凑成什么图案？

给完成的作品取一个名字吧。

迷你便签

用相同形状的三角形可以组成各种各样的三角形和四边形。

071

1米是如何被确定的

大分县 大分市立大在西小学
二宫孝明 老师撰写

法国科学家的提议

米（m）是国际单位制的基本长度单位，在世界各国广泛使用。我们使用着米，实在是件太自然的事儿了。

不过，在米出现之前，各个国家、地区使用的长度单位各不相同。在古时候，这些单位仅在本国或本地区使用，不会有什么问题。但随着国与国、地区与地区的交流加深和贸易往来，单位制的不同就显出不便来了。

1790年，法国科学家提出：以通过巴黎的子午线上从地球赤道到北极点的距离的千万分之一作为标准单位。为此，法国派出了一支测量队。

赤道到北极点距离的千万分之一

米的诞生

测量队出发后，首先测量的是法国到西班牙的距离。后来，测量队先后遭遇到战争、队长死亡等不幸，经过6年的坚持跋涉，他们终于交出了"答卷"。1799年，法国开始正式使用米制，并向世界各国推广。

20世纪70年代，光速的测定已非常精确。1983年，国际度量衡大会重新制定了米的定义：光在真空中行进 $1 / 299792458$ 秒的距离为一标准米。

日本的长度单位"尺""寸"

"尺""寸"是日本传统的长度单位，在现在的日常生活中已极为少见。不过，在榻榻米这一传统行业中，依旧使用着"尺""寸"等长度单位。

榻榻米手艺人手中的尺子，标注着"尺"与"寸"的刻度。
摄影／二宫孝明

1875年，17个国家签署了《米制公约》，公认米制为国际通用的计量单位。日本于1885年加入，1921年颁布米制法，并将4月11日定为米制法颁布纪念日。中国于1977年加入。

玩一玩数字表的游戏

熊本县　熊本市立池上小学
藤本邦昭 老师撰写

阅读日期　　月　日　　月　日　　月　日

准备弹珠和数字表

这是一个双人游戏。

首先，每人准备一张 0—99 的数字表。

如右图所示，弹珠在 0 的位置准备启动。规则很简单。

①先猜"石头剪刀布"。

②赢的一方向下移动一格。

③输的一方向右移动一格。

④任意一方到达数字 9 的格子时，游戏结束。

⑤到达个位数是 9 的格子时，游戏失败。到达十位数是 9 的格子时，游戏成功。咦？有点神奇哟！

开始！

到了蓝色圈出的数字就输啦！

到达红色圈出的数字就赢啦！

0	1	2	3	4	5	6	7	8	9
10	11	12	13	14	15	16	17	18	19
20	21	22	23	24	25	26	27	28	29
30	31	32	33	34	35	36	37	38	39
40	41	42	43	44	45	46	47	48	49
50	51	52	53	54	55	56	57	58	59
60	61	62	63	64	65	66	67	68	69
70	71	72	73	74	75	76	77	78	79
80	81	82	83	84	85	86	87	88	89
90	91	92	93	94	95	96	97	98	99

游戏进程中，你应该发现了一件神奇的事

比如，你是 5 胜 2 负，在 52 的格子上。此时，对手小伙伴的弹珠正稳稳站在 25 的格子上。又比如，当你的弹珠停在 73 的格子上时，猜猜对方的弹珠在哪儿？

没错，小伙伴的弹珠此时就在 37 的格子上，颠倒了 73 的个位数与十位数。

问题来了，请问弹珠不可能出现在数字表的哪个格子上？答案就在迷你便签里哟。

迷你便签　　弹珠绝对不可能出现在数字表的 99 上。因为在到达 99 之前，需要先到达 89 或 98，而此时游戏已然结束。

找到装假币的袋子

明星大学客座教授
细水保宏老师撰写

假币装在哪个袋子里？

很久以前，有一个国王从 5 个领地收到了 5 袋税金，每袋税金各有 100 枚金币。但是，国王从某个秘密渠道得知，其中有 1 袋的金币全是假币。

国王准备从 5 袋税金中找出装有假币的袋子。已知的是，真金币的重量是 10 克，假金币比真金币轻 1 克，只有 9 克。用来测量的秤可以精确到 1 克。

只用称一次就知道结果

假设 5 袋金币为 A、B、C、D、E，分别从其中取出 1 枚、2 枚、3 枚、4 枚、5 枚金币。一共取出 1 + 2 + 3 + 4 + 5 = 15 枚金币，称量这些金币的重量。

如果所有金币都是真金币的话，每枚 10 克，重量应为 150 克。假如出现实际相差 4 克的情况，那就是取出 4 枚金币的 D 袋有问题，D 袋里装的都是假币。

不足克数对应金币取出数。也就是说，那个取出相应数量金币的袋子，就是国王要找的了。

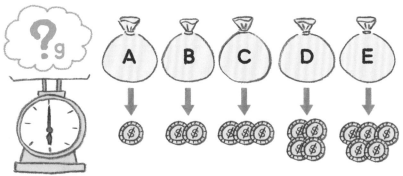

迷你便签

已知只有一个装假币的袋子，所以这道题可以不用从 E 袋取出金币。如果 A—D 袋里都没有假币，那么假币自然就在 E 袋里了。

2 地支中的数学

生活中的数学

御茶水女子大学附属小学
冈田纮子老师撰写

阅读日期　月　日　月　日　月　日

从地支知道年龄

大家听说过十二地支吗？十二地支是子、丑、寅、卯、辰、巳、午、未、申、酉、戌、亥，十二地支对应十二生肖。所谓"本命年"就是十二年一遇的农历属相所在的年份，俗称属相年。如申年出生的人属猴，接下来的申年，就是这个人的本命年。12岁、24岁、36岁、48岁、60岁、72岁、84岁、96岁……我们在这些岁数时过本命年。

假设今年是申年，如果遇到"狗年出生"的小伙伴，可以知道他再过两年就可以庆祝本命年了。在同一个属相轮回中，申年出生的人比戌年出生的人大两岁。注意除以12后的余数知道对方的年龄，可以推断出对方的生肖。假设今年是申年，如果遇到26岁的小伙伴，26÷12 = 2余2，可以知道他的属相是马，出生于比申年早两年的午年。将年龄除以12，通过余数和当年对应的地支，可以推断出对方的生肖。

子 余4
亥 余3
丑 余5
戌 余2
寅 余6
酉 余1
卯 余7
申 余0
辰 余8
未 余11
午 余10
巳 余9

假设今年是申年

此外，通过某年除以12后的余数，还可以判断该年份的属相。如上图所示，以2016年申年为基准，余数按顺时针标注。已知2016÷12 = 168，可以被12整除，因此可以直接根据余数来判断。如果想知道2050年的属相，2050÷12 = 170余10，酉、戌、亥、子、丑、寅、卯、辰、巳、午，可知2050年是午年。

再来看看2020年，2020÷12 = 168余4，可知2020年是子年。

迷你便签

在日常生活中，我们可以遇到许多以12为周期的事物，比如钟表、日历等。保持好奇心，再来找找更多与12相关的事物吧。此外，现实中多采用的是干支纪年，以60年为一周期。

在方格纸上画垂直的直线

学习院小学部
大泽隆之老师撰写

阅读日期 📝　月　日　　月　日　　月　日

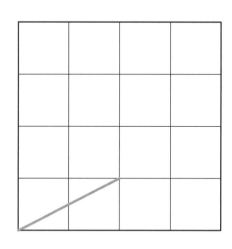

　　利用三角尺，我们可以轻松画出两条互相垂直的直线。当三角尺变为方格纸，你还能画出互相垂直的直线吗？答案是肯定的。

● 可以画出垂直的直线吗？

　　首先，规定其中的一条直线，是方格纸上的斜线。如右图所示，作一条直线。那么垂直于这条线的直线应该如何画呢？请大家认真思考一下。

突破口

　　注意直线与方格相交的点。选择其中一个交点，从这个点出发引出多条直线。

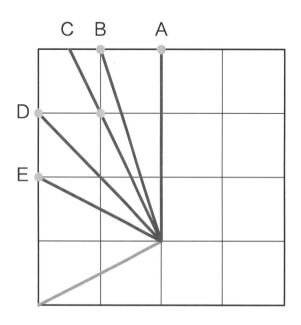

这里面会有正确答案吗？

接下来，就到了揭晓答案的时刻了，正确答案是直线 C。首先，观察包含第一条直线的长方形。

然后，将这个长方形顺时针旋转 90 度。因为长方形内的直线也随之旋转了 90 度，所以这两条直线互相垂直。

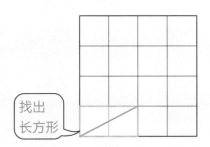

找出长方形

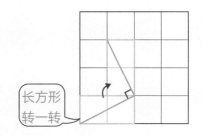

长方形转一转

● 可以画出正方形

将长方形旋转 3 次后，4 条互相垂直的直线就组成了一个正方形。

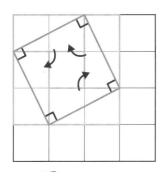

● 格子增加也能画

当包含第一条直线的长方形有 3 个格子时，按照同样的方法，依旧可以画出垂直的直线。

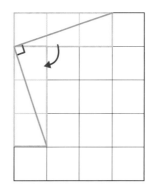

试一试

为什么是90度？

再用另一种方法，来确认两条直线互相垂直。如图 1 所示，可知★加●等于 90 度。因为长方形对角线形成的两组内错角相等，所以长方形 A 上方的★和●等于下方的★和●。如图 2 所示，长方形 A 经过 90 度旋转后，得到长方形 B。可知，A 的●加上 B 的★等于 90 度，两条直线互相垂直。你明白了吗？

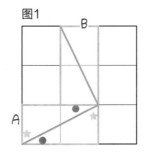

图1

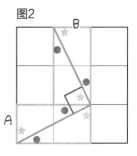

图2

本日问题的突破口是找到包含直线的长方形。当我们以不同的视角观察同一个图形时，它所透露的信息可能不尽相同。数学真是越来越有趣了！

牛奶纸盒的大变身

东京都 丰岛区立高松小学
细萱裕子老师撰写

可回收资源

在每天的生活中，不可避免地会产生许多垃圾。大家会对家庭垃圾作分类吗？

垃圾虽然是废弃物，甚至变得肮脏破烂，但其中有好几个种类都可以回收再利用。通常来说，塑料瓶、牛奶纸盒、钢罐、铝罐、玻璃瓶、包装袋等都是可回收垃圾。而电视机、电冰箱、洗衣机、自行车、汽车、电脑等大型垃圾也都可以被回收利用。

今天，我们就一起来追踪牛奶纸盒，看看它的变身之旅吧。

牛奶纸盒会变成什么？

牛奶纸盒可以变身为卫生纸、餐巾纸、厨房用纸。据了解，30 个 1 升的牛奶纸盒，回收后可以生产出 5 卷卫生纸（每卷 60 米）。$30 \div 5 = 6$，也就是说，6 个牛奶纸盒就可以做出 1 卷卫生纸。

据说，1 个人一年使用约 50 卷卫生纸。$60 \times 50 = 3000$，也就是约 3000 米长的卫生纸。再来看一看牛奶纸盒的回收利用量。6 个牛奶纸盒可以做 1 卷卫生纸，$6 \times 50 = 300$。这个变身可厉害了：300 个牛奶纸盒经过回收再利用后，可以生产出 1 个人一年使用的卫生纸。

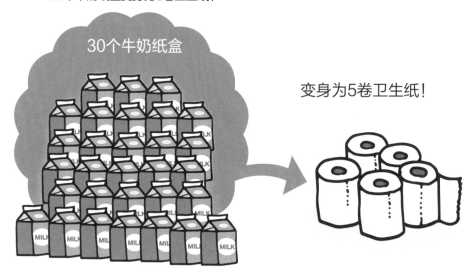

30个牛奶纸盒变身为5卷卫生纸！

30个牛奶纸盒

变身为5卷卫生纸！

迷你便签

在日本，牛奶纸盒与报纸、纸箱等纸类是分开回收的。因为牛奶纸盒的内外两侧都使用了聚乙烯，它的目的是防止细菌进入和纸类泡涨。

计算中的数学

隐藏数字的和是什么

3月 **11** 日

御茶水女子大学附属小学
冈田纮子 老师撰写

阅读日期 📝 月日 ｜ 月日 ｜ 月日

九九乘法表里隐藏数字的和？

在九九乘法表上，隐藏着两个格子的数字。你知道隐藏数字的和是什么吗？如图1所示，首先，计算两个黄色格子的数字之和。①是 $2 \times 4 = 8$，②是 $3 \times 4 = 12$，两数之和是 20。

接着，计算两个蓝色格子的数字之和。③是 $4 \times 2 = 8$，④是 $5 \times 2 = 10$，两数之和是 18。

其实，不用一个个格子计算，就能一下子得出结果。方法是什么呢？

一下子得出结果的秘密

如图2所示，①和②两数之和等于同一列第 5 行的数字，即 $5 \times 4 = 20$。③和④两数之和等于同一列第 9 行的数字，即 $9 \times 2 = 18$。仔细观察，可以发现九九乘法表同一列中，2 行与 3 行数字之和等于 5 行，4 行和 5 行数字之和等于 9 行。

知道了这样的规律之后，我们可以马上得出两个绿色格子的数字之和。⑤和⑥两数之和就是第 3 行和第 6 行数字之和，等于同一列第 9 行的数字 72。

图1

×	1	2	3	4	5	6	7	8	9
1	1	2	3	4	5	6	7	8	9
2	2	4	6	①	10	12	14	16	18
3	3	6	9	②	15	18	21	⑤	27
4	4	③	12	16	20	24	28	32	36
5	5	④	15	20	25	30	35	40	45
6	6	12	18	24	30	36	42	⑥	54
7	7	14	21	28	35	42	49	56	63
8	8	16	24	32	40	48	56	64	72
9	9	18	27	36	45	54	63	72	81

图2

×	1	2	3	4	5	6	7	8	9
1	1	2	3	4	5	6	7	8	9
2	2	4	6	①	10	12	14	16	18
3	3	6	9	②	15	18	21	⑤	27
4	4	③	12	16	20	24	28	32	36
5	5	④	15	20	25	30	35	40	45
6	6	12	18	24	30	36	42	⑥	54
7	7	14	21	28	35	42	49	56	63
8	8	16	24	32	40	48	56	64	72
9	9	18	27	36	45	54	63	72	81

迷你便签

如果隐藏的数字不是在同一列，而是在同一行，也可以利用相同的规律迅速得出答案。你还可以试试隐藏数字从两个增加到 3 个时，会发生什么。

079

弹珠游戏！
赢的会是谁

福冈县　田川郡川崎町立川崎小学
高濑大辅老师撰写

阅读日期　　月　日　｜　月　日　｜　月　日

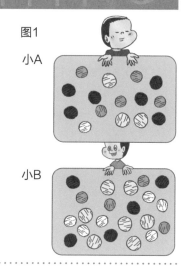
图1
小A

小B

小A和小B谁赢了？

小A和小B在玩一个弹珠游戏。弹珠分为黑、灰、黄、白4种颜色，同时随机对应1分、10分、100分、1000分。每人单手抓取一次弹珠，两人拿到的弹珠如图1所示。

猜猜这次弹珠游戏谁赢了？难道是拿得比较多的小B？

首先，还是先将乱乱的弹珠按照颜色摆好吧（图2）。之后可以得到："如果黑弹珠是1000分，那么小A赢。"

也就是说，小A和小B的胜负，会随着弹珠对应分数的变化而变化。

小A
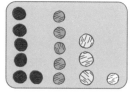
图2

图3
小C
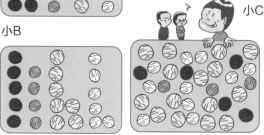
小B

· 假设黑弹珠是1000分，→小A赢。
· 假设灰弹珠是1000分，→小A赢。
· 假设黄弹珠是1000分，→小B赢。
· 假设白弹珠是1000分，→小B赢。

中途参战的小C

正当游戏进展激烈的时候，小C来了。他用两手抓出了两大把弹珠（图3），自信满满地说："赢的人肯定是我！"小A和小B

有些不爽："我们俩可都是单手拿弹珠的啊。"被小C横插一脚，难道小A和小B注定要输了这次比赛吗？

假设黄弹珠是1000分、白弹珠是100分、灰弹珠是10分、黑弹珠是1分，小C的得分如图4中的A所示。"万千百十一"都是十进制，数位上的数字达到10后需要进位。将A的数据整理之后，得到B。在这个假设中，小A和小B都输得很彻底。

图4

A	千	百	十	一
	15	10	3	5（ ）

B	万	千	百	十	一
	1	6	0	3	5（ ）

虽然在之前的假设中，小C赢了比赛。不过如果改变1000分和100分对应的弹珠，小A或小B也是有可能赢过小C的。大家快来试试吧。

图形中的数学

剪一剪、扭一扭、贴一贴

御茶水女子大学附属小学
久下谷明老师撰写

3月
13日

阅读日期 ✎ 月 日 | 月 日 | 月 日

怎样制作呢?

在下面的照片上,展示着一个由一张绿纸制作而成的纸模型。仔细观察之下,似乎有些古怪。立着的部分,不管是向前还是向后倒,都会有重合的部分。怎样用1张纸,做出这样的形状呢? 大家看看照片,再好好想一想。

今天,我们就要将这个神奇而简单的制作方法教给大家,简称"剪一剪、扭一扭、贴一贴"。

本页供图／久下谷明

图1

①对折后形成折线   ②沿着蓝线剪一剪

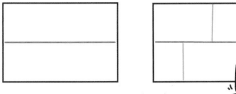

③半边翻转180度

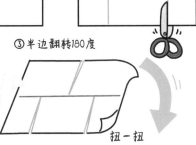

这一半边不动,另一半边扭转半圈

扭一扭

方法很简单哟!

话不多说,"剪一剪、扭一扭、贴一贴"起来吧。

首先,准备一张长方形的纸。如图1所示,先将纸对折形成折线。然后,沿着3处剪切线剪开。最后,将纸的一端翻转180度之后,贴在纸板上。一个有趣的纸模型就做好啦。

做一做

改变剪切形状的话……

如右图所示,沿着蓝线剪切之后再扭一扭,会出现怎样的形状呢? 哇,是一座房子。照片里还有一棵树,虽然没有剪切线的示意图,但我想你一定能行的。

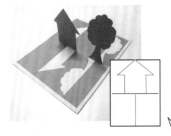

半边扭一扭的话……

迷你便签

这种神奇的纸模型,也常被认为是一种益智游戏。大家开动脑筋,改变剪切形状,想办法诞生出许多不同的造型吧。

081

东京都　丰岛区立高松小学
细萱裕子老师撰写

阅读日期　月　日　月　日　月　日

确定圆周率日的原因

注意右上角！今天是 3 月 14 日，是圆周率日。任意一个圆的周长与它的直径的比值是一个固定的数，我们把这个值叫作圆周率，用字母 π 表示。

圆周率是圆的周长与直径的比值，可以通过"圆的周长 ÷ 直径"来求得。π ≈ 3.141592653589793238……它是一个无限不循环小数，但在实际应用中通常只取它的近似值，比如在日常生活和在小学数学中，一般使用 π ≈ 3.14。根据这个数字，1997 年，日本数学检定协会将 3 月 14 日确定为日本的圆周率日。

试一试

用身边的工具求圆周率

准备圆形的物品，比如茶叶罐、果汁罐、点心盒等。测量圆的周长和直径，再通过"圆的周长 ÷ 直径"来求 π。结果是不是和 3.14 很相近?

圆的周长

果汁

挑战圆周率的人们

为了得到更精确的圆周率，从古至今，人们前赴后继地挑战圆周率，许多人甚至为之奋斗了终生。

圆周率有着悠久的计算历史。

古希腊的阿基米德计算出 $\frac{223}{71} < π < \frac{22}{7}$ ，即 3.1408<π<3.1428。中国的祖冲之计算出 3.1415926<π<3.1415927，即 $π = \frac{355}{113}$ 。

在日本，松村茂清计算出小数点后 6 位，关孝和计算出小数点后 10 位，镰田俊清计算出小数点后 25 位。到 2014 年，已经有人计算出了小数点后 13 兆位。小小的 π，反映着人类工具、思想和智慧的进化。今后，它将继续迎来一波波的挑战者。

迷你便签

与圆周率相关的日子不止一个。7 月 22 日源自阿基米德计算出的圆周率，π 小于 $\frac{22}{7}$ 。12 月 21 日源自祖冲之计算出的圆周率 $π = \frac{355}{113}$ ，从元旦开始第 355 天的 1 小时 13 分就是纪念之时。

移动火柴，改变正方形的数量

3月15日

北海道教育大学附属札幌小学
泷泷平悠史 老师撰写

阅读日期　月　日　月　日　月　日

火柴摆出的正方形

如图1所示，用12根火柴可以摆出4个小正方形。所有火柴的长度相同。

试着在这12根火柴中，移动其中的3根，让正方形变成3个。火柴不能折断，也不能增加。

如何将正方形合二为一

首先，如图2所示，移动2根火柴，去掉1个正方形。此时，正方形有3个。

如图3所示，将移动的2根火柴放置在右下角，以便组成新的正方形。

如图4所示，移动1根火柴，去掉1个正方形。将移动的1根火柴放置在右下角，新的正方形出现了。

移动其中的3根火柴，正方形就变成3个啦。

移动3根减少1个正方形？

如下图所示，火柴组成了5个正方形。移动其中的3根，让正方形变成4个吧。做这道题需要一些突破常规的想法。

答案

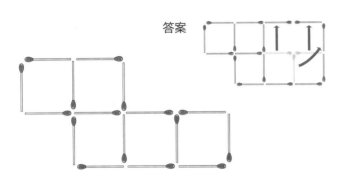

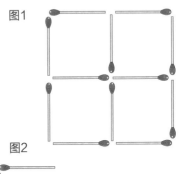

图1

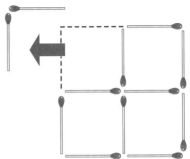

图2

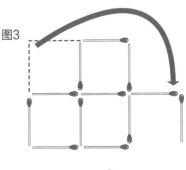

图3

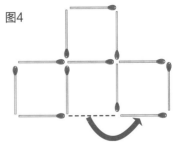

图4

在思考这些题目时，画图当然不失为一个好方法。不过，如果你拿出火柴棒摆一摆的话，可能更有利于解题。摆的工具，除了火柴之外，还可以是牙签、一次性筷子等长度相同的棒状物体。

083

各种各样的单位前缀

御茶水女子大学附属小学
久下谷明老师撰写

阅读日期　　月　日　｜　月　日　｜　月　日

身边大大小小的单位

"千米走在回家的小路上，后面跟着百米、十米和米，分米、厘米、毫米又追着米跑。"念着小故事，我们今天能看到的单位名称可多了。

如果我们只有单位米（m），测量铅笔长度的时候可就烦恼了。因此，如图 2 所示，我们身边有许多或大或小的单位。测量铅笔的话，使用单位厘米（cm）就可以了。根据对象，选择最优的单位进行描述。

图1

千米走在回家的小路上，后面跟着百米、十米和米，分米、厘米、毫米又追着米跑。

图2

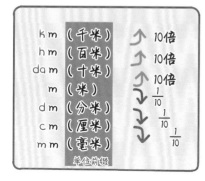

你听说过这些单位吗？

在日常生活中，我们对千米（km）、米（m）、厘米（cm）、毫米（mm）非常熟悉，对分米（dm）有些陌生，与百米 (hm)、十米（dam）几乎从未谋面。

这些熟悉感与陌生感，在升（L）与克（g）的身上同样可以见到。我们身边有常见的千克（kg）、毫克（mg）、毫升（mL），也有少见的分升（dL）、厘升（cL）。

在学习了各种单位前缀后，我们就知道本章开篇的"千米走在回家的小路上……"是怎么来的了。除了米，大家还可以编写各种你追我跑的单位小故事。

记一记

兆与吉，纳与皮

比千还大的单位前缀有兆、吉、太、拍、艾、泽、尧。比毫小的单位前缀有微、纳、皮、飞、阿、仄、幺。

符号	名称	倍数
Y	（尧）	1000倍
Z	（泽）	1000倍
E	（艾）	1000倍
P	（拍）	1000倍
T	（太）	1000倍
G	（吉）	1000倍
M	（兆）	1000倍
K	（千）	1000倍

符号	名称	倍数
m	（毫）	$\frac{1}{1000}$
μ	（微）	$\frac{1}{1000}$
n	（纳）	$\frac{1}{1000}$
p	（皮）	$\frac{1}{1000}$
f	（飞）	$\frac{1}{1000}$
a	（阿）	$\frac{1}{1000}$
z	（仄）	$\frac{1}{1000}$
y	（幺）	$\frac{1}{1000}$

迷你便签　单位前缀阿、幺、泽、尧在 1991 年被纳入国际单位体系。此外，除飞与阿是在 1964 年，艾与拍是在 1975 年，其他单位前缀均是在 1960 年被纳入国际单位体系。

菜刀为什么能切菜

3月 17日

筑波大学附属小学
中田寿幸老师撰写

阅读日期　月 日　月 日　月 日

正对黄瓜的切面有多大？

有一句俗话叫作"磨刀不误砍柴工"，同样的，人们也认为菜刀是"刀刃越锋利越能切"。为什么会出现这样的情况呢？

假设我们用菜刀切一根黄瓜。当我们形容菜刀刀刃锋利的时候，就是指菜刀刀刃与黄瓜的接触面"大小"很小。这里的"大小"就是"面积"。受力面积越小，在面积上集中的力量也就越大。

刀刃的面积很小

嚓嚓

面积与力的关系

给两个物体施加相同的力，受力面积小的物体就比受力面积大的单位面积内受到的力更大。如果受力面积增大，施加的力将分散，单位面积内受到的力也将减弱。

菜刀刀刃的面积非常小，因此在刀刃单位面积上集中了很大的力量。就算不施加很大的力气，也可以轻松切菜。如果换成饭勺，即使施加与菜刀相同的力量，也切不了黄瓜。

试一试

水管里的水是一样的吗？

用水管浇水，如果紧按水管出水口，水流的力道就会大大增强。来自同一个自来水管的水，只是因为出水口的缩小，水流力道就增强了。

唰唰喷水

哗哗流水

迷你便签　通常认为比较锋利的刀刃的厚度是 0.002 毫米，也就是 1 毫米的 1/500。将 500 把菜刀的刀刃集中起来，才只有 1 毫米的厚度，真是让人难以置信啊。

绳子绕地球一圈

测量中的数学

3月 18日

御茶水女子大学附属小学
冈田纮子老师撰写

阅读日期✐ 月 日 | 月 日 | 月 日

图1

① 🐜
② 🐭
③ 🐱

4万千米+1米

地球赤道的长度

如果有一根超级长的绳子，能绕地球赤道一圈，它的长度会有多长？答案是4万千米。如果将这条长绳子再延长1米，并绕地球赤道一圈，那么在地球与绳子之间肯定会出现空隙。问题来了，你认为这个空隙能有多大？我们提供了3个选项（图1）：①蚂蚁能够通过；②老鼠能够通过；③猫咪能够通过。

空隙会有多宽？

正确答案是③猫咪能够通过。你答对了吗？也许很多小伙伴会吃惊：绳子明明只延长了1米，按理来说，空隙应该小得见不着呀。

具体空隙有多宽？答案是约16厘米。已知绳子的长度等于3.14×地球直径。经过计算（计算方法请见"试一试"）可得，增加的直径约为32厘米。因此，地球与绳子之间的空隙会产生约16厘米的宽度。绳子只延长了1米，空隙却比我们的想象大了许多，这也是数学的魅力吧。

试一试

五年级以上的你，来算一算吧！

设直径增加的部分为□厘米

3.14×（地球直径+□厘米）=4万千米+1米

3.14×地球直径+3.14×□厘米=4万千米+1米

3.14×□厘米=1米=100厘米

□=100÷3.14

□≈32

因为A+B≈32厘米，所以地球与绳子之间的空隙约

为16厘米

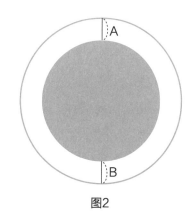

图2

迷你便签

已知赤道长度，可以求得地球直径。因为3.14×地球直径＝赤道长度，所以地球直径＝40000千米÷3.14≈12739千米。

如果让小学生排成直线

御茶水女子大学附属小学
久下谷明老师撰写

阅读日期 ✐ 　月　日 ｜ 　月　日 ｜ 　月　日

日本有多少小学生？

大家认为日本有多少小学生？

调查得到的数据显示，从一年级到六年级一共有约 650 万名小学生（2015 年 5 月 1 日数据）。

听到 650 万这个数，你是觉得多，还是觉得少？还是说，对 650 万人根本没啥概念？ 此外，从每个年级的人数来看，可能有多有少，但平均下来每个年级大约有 110 万人。

今天，我们需要好好思考一下 110 万和 650 万。

宗谷岬

东京

半径 1100 千米

半径 6500 千米

夏威夷

一个年级的学生排成 1 列？

从天上传来古怪的声音："日本的小学五年级学生们注意了。从现在开始，请大家在东京都东京站集合，集体排成 1 列！"于是，这 110 万名五年级小学生就集合起来，从东京站往北排成一条看不见的直线，每两位学生之间相隔 1 米。请想一想，最后一名学生会排到哪儿去？

因为前后两位学生相隔 1 米，所以队伍的长度大概是 110 万米。1000 米 = 1 千米，可知 110 万米 = 1100 千米。东京站向北约 1100 千米的地方，是日本北海道的最北端——宗谷岬。

这是关于五年级小学生的例子，其他每个年级的小学生也都能排到宗谷岬那么远的地方去，真让人吃惊啊。

问题又来了：如果将日本全体小学生集合起来，从东京站往东排成一条看不见的直线。同样，每两位学生也相隔 1 米。那么，最后一名学生会排到哪儿去呢？

因为全体小学生约为 650 万人，所以队伍的长度大概是 6500 千米。距离东京站向东约 6500 千米的地方，是太平洋上的夏威夷（当然，实际上大海是站不了人的……）。

迷你便签

当数字变得巨大的时候，如何更形象地描述成了难题。此时，将数字转换为具体事物是一个好方法。

计算器诞生之前的机械计算器

大分县　大分市立大在西小学
二宫孝明 老师撰写

计算器出现之前的时代

在现在的日常生活中，我们拿着计算器进行计算，是一件寻常事。但在电子计算器诞生之前，人们使用的还是机械计算器。这是一种非常精密的仪器，它有着许多齿轮，通过齿轮的复杂运行而进行计算。

17世纪，法国数学家布莱士·帕斯卡发明了加法器，这是世界上最早的计算器，为以后的计算器设计提供了基本原理。19世纪后期，随着科技的发展，机械计算器以欧洲为中心被广泛推广使用。由此，各种各样的机械计算器诞生了，并走上了商品化的道路。

其中，就有被誉为"最后的机械计算器"的科塔计算器。与传统机械计算器相比，科塔携带方便，可以说十分袖珍了。

科塔计算器。高约11厘米。
摇动把手进行计算。
摄影／二宫孝明

科塔计算器的诞生秘密

科塔计算器的发明者是奥地利犹太人库特·赫兹斯塔克。他在第二次世界大战期间，被纳粹以莫须有的罪名指控，送到了臭名昭著的布痕瓦德集中营。不过，作为原计算器厂的一把手，库特被任命为集中营里精密仪器工厂的管理者。同时，他拥有权限，能在集中营里继续设计计算器。

1945年二战结束，库特带着3个样机逃回了奥地利。后来，库特在列支敦士登公国成立了公司，生产他的科塔计算器。作为世界第一台手持计算器，科塔计算器一时风光无限。但是，随着电子计算器于20世纪70年代进入市场，科塔逐渐失宠，机械计算器也退出了历史的舞台。

查一查

日本制机械计算器

1902年，发明家矢头良一发明了日本第一台机械计算器。在20世纪70年代电子计算器登场之前，日本最为流行的"虎牌计算器"，销售量达到了50万台。

流行于日本的虎牌计算器。
摄影／二宫孝明

迷你便签

3月20日，是日本的"电子计算器之日"。它由日本事务机械工业会（现在的商务机械·信息系统产业协会）制定，是为了纪念1974年日本电子计算器产量居世界第一。

雷在哪里

3月 21日

2 生活中的数学

东京学艺大学附属小学
高桥丈夫 老师撰写

阅读日期✎　月　日　｜　月　日　｜　月　日

测量雷与我们的距离

电火行空的闪电之后，我们会听到轰隆隆的雷声。那你知道，通过闪电与雷声之间的时间差，可以计算出雷与我们的距离吗？

计算方法又是什么呢？

其实很简单。从电光闪闪到雷声轰轰，记下这之间的时间。可以用秒表，也可以用手表，记下秒数时间即可。将记下的时间除以 3，就是雷与你的距离。这个概数的单位是千米。

假设从看到闪电到听到雷声的时间是 6 秒。6÷3＝2，雷与你的距离大概是 2 千米。

为什么要除以 3 ？

声音 1 秒钟能够传播 340 米，3 秒钟可以传播约 1000 米。

闪电与雷之间的时间（秒）除以 3，就是时间除以 3 秒的意思。

假设电与雷之间的时间是 6 秒，6÷3＝2。答案 2 表示 2 次 3 秒传播的距离，即 1000×2＝2 千米。

雷与你的距离 = 时间(秒)÷3

迷你便签　　关于雷的话题，在 7 月 24 日的"声音为什么延迟听见"中也有涉及。当你看到闪电的时候，不要忘了记下闪电与雷的时间，然后计算一下雷与你的距离。

伽利略是大发明家

数学名人小故事

3月22日

明星大学客座教授
细水保宏老师撰写

阅读日期 月 日 ｜ 月 日 ｜ 月 日

自制望远镜的新发现

今天，我们的主人公是意大利天才科学家伽利略·伽利雷。大家认识他吗？

伽利略创制了天文望远镜，并用来观测天体。他发现月球并不是一个滑溜溜的球体，表面上与地球一样是凹凸不平的。

新发现还不止于此，伽利略观测到金星与月球一样有盈亏现象，木星有 4 颗卫星，太阳存在自转……这些发现开辟了天文学的新时代。

在伽利略年轻的时候，可能很难想象，自己会在天文学上有如此深的研究。

发明创造大成功！

从小时候开始，伽利略就非常喜欢计算和画图。到了青年时期，伽利略在大学任教。

在此期间，伽利略发明了许多东西。如图1所示的计算工具就是伽利略发明的，这和我们现在使用的圆规如出一辙。

使用这个工具，就可以计算出大炮对目标射击的角度，因而大受欢迎。

自制望远镜也是件有趣的事。望远镜的发明者，据说是荷兰的一位眼镜工人，并不是伽利略。听说望远镜可以将远处的物体放大，伽利略虽然未见到实物，但在思考数日后，用风琴管和凸、凹透镜各一片制成了一架望远镜，倍率为3，后又提高到9。

实践与思考，创造与发明，是通往伟大发现的途径。

接下来要发明什么呢……

图1

历史上的意大利名人，常以名字来称呼，而不是姓氏。此外，伽利略·伽利雷（Galileo Galilei）的拉丁语写作 Gaililevs Gaililevs。姓与名相同，还挺有趣的。

3月

迷你便签

红绿灯有多大

东京都 丰岛区立高松小学

细萱裕子 老师撰写

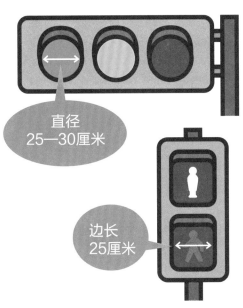

直径
25—30厘米

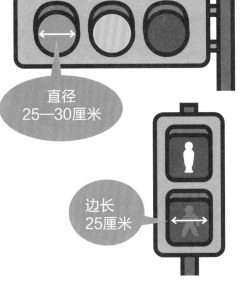

边长
25厘米

30—45厘米

红绿灯比想象中的大

大家都见过红绿灯吧，它的大名是交通信号灯。顾名思义，交通信号灯的作用是维护交通安全，使交通运输畅通无阻，加强交通管理。

红绿灯是国际统一的交通信号灯。绿灯亮，表示"准许通行"；黄灯亮，表示"停在停止线或人行横道线以内，已越过停止线的可以继续通行"；红灯亮，表示"禁止通行"。此外，各国的红绿灯颜色变化方式和亮灯时间都各有区别。

你观察过交通信号灯的大小吗？机动车道的圆形机动车信号灯，直径通常有30厘米。在交通流量大的十字路口以及高速公路上，信号灯可以达到直径45厘米。

在日本东京都以及一些交通流量小的十字路口，信号灯的直径还能有25厘米。

人行横道信号灯，是由红色行人站立图案和绿色行人行走图案组成的一组信号灯。通常是边长25厘米的正方形。

人行横道的斑马线

人行横道上，用白色的道路标线漆画出了斑马线。那么，你知道斑马线上涂色和不涂色部分的宽度吗？

大多数的斑马线，涂色和不涂色部分的宽度都是45厘米。如果是小马路上的斑马线，也可能缩小为30厘米。至于斑马线的条纹数量，则是根据人行横道的长度来设计的。

迷你便签

1930年3月23日，日本第一个交通信号灯被设置在东京日比谷十字路口。这个红绿灯是从美国进口的。

2 生活中的数学

纸里还有这样的秘密

岛根县 饭南町立志志小学
村上幸人 老师撰写

阅读日期 月 日 | 月 日 | 月 日

把纸一分为二

　　如图1所示，折纸用纸和细长的胶带都可以一分为二。"这难道不是很平常的事吗……""这节课是想干吗？"别急别急，请耐心往下看。

　　接下来，请大家将复印纸一分为二。复印纸的 $\frac{1}{2}$，和笔记本的大小差不多。你发现复印纸的特别之处了吗？裁剪后的纸和原来的纸，形状一模一样（长宽比相同）。再进行一分为二的操作，形状也是同样的……（图2）。

　　大家常见的报纸，也具有这样的特征。将

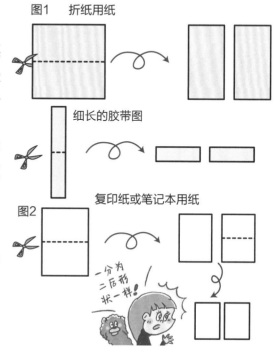

图1　折纸用纸

细长的胶带图

图2　复印纸或笔记本用纸

一分为二后形状一样！

记一记

你知道 A4 和 B5 吗？

　　纸张和笔记本的大小，A4 和 B5 都很常见。将最初的 A0（841毫米×1189毫米）纸张对切4次，得到 A4 纸张。将最初的 B0（1000毫米×1414毫米）纸张对切5次，得到 B5 纸张。生产出 A0、B0 尺寸的纸张，根据对切次数的不同，就可以获得形状相同尺寸不同的纸张。

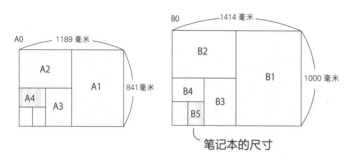

笔记本的尺寸

报纸打开，通常非都市类报纸的纸张大小都是 A1。A1 尺寸的 $\frac{1}{2}$ 是 A2，A2 尺寸的 $\frac{1}{2}$ 是 A3，A3 尺寸的 $\frac{1}{2}$ 是 A4（报纸对折3次）。A4 尺寸，和小学里经常发的练习题的纸张大小差不多。也就是说，如果将练习题纸张一分为二，得到的也是相同的形状。

　　我们的身边，有许多特别的形状具有这样的特征。

迷你便签

　　A0、A4 等纸张尺寸被称为"A组"，这个标准最初是由德国物理化学家奥斯瓦尔德提出的。目前，许多国家使用的是 ISO216 国际标准来定义纸张的尺寸，ISO216 定义了 A、B、C 三组纸张尺寸。

汉字数字是如何产生的

青森县　三户町立三户小学
种市芳丈老师撰写

阅读日期　月　日　｜　月　日　｜　月　日

汉字数字从何而来？

在日常生活中，除了阿拉伯数字，我们对汉字数字也并不陌生。在古诗中，经常出现"三""九"等数字。那么，你有想过汉字数字为什么会长成这种模样吗？

古时候，人们常用手势来表示

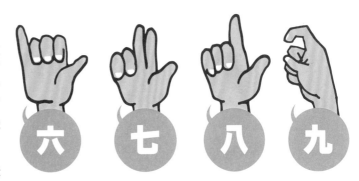

数字。因此有一种说法是，汉字数字就是根据手势的样子形成的。比如，"一""二""三"就是把手指比划数字时的样子横过来。

"六""七""八""九"据说也是从手势中而来（全国各地比法不尽相同）。

"六"，大拇指和小拇指张开，其余各指握于掌心；"七"，大拇指和食指、中指伸出成直角，做英文字母 L 状（另一种常见手势是：大拇指、食指和中指伸出，指尖并拢）；"八"，大拇指和食指伸出成直角，做英文字母 L 状；"九"，拇指与食指成弯勾状，其余各指握于掌心。

来源不只是手势

《说文解字》里记载："十"是数字完备的标志，一表示东西，｜表示南北，一｜相交为十，那么东南西北和中央都完备了。不过，还有一种说法认为，"十"也是从手势而来的。双手合十代表"十"，此时手的形状是｜，为了与一区别，变化之后就成了十。

此外，"四""五""百""千"等汉字数字并不是来自手势。它们或是模拟算筹（一种竹制的计算器具）的形态，或是甲骨文的变形，或是多个汉字的组合。

你知道"苏州码子"吗？

"苏州码子"，产生于苏州，脱胎于算筹，是民间古老的"商业数字"。现在，在香港和澳门地区的街市、旧式茶餐厅及中药房仍然可见。

苏州码子

1	2	3	4	5	6	7	8	9	10
〡	〢	〣	╳	꒒	亠	二	三	夕	十

迷你便签

人类创造了许多数字。同一个数字，在不同的时代和地域，也会有着不同的形态。在本书中，还介绍了玛雅人的数字（见 1 月 15 日）和罗马数字（见 4 月 21 日）。

罐装咖啡为什么用"克"

东京都 杉井区立高井户第三小学
吉田映子老师撰写

阅读日期 ✎ 月 日 | 月 日 | 月 日

3月

与牛奶和水的表述不同？

观察饮料的容器，可以发现在上面标注着容量。比如，玻璃瓶装牛奶的容量是200毫升，盒装牛奶的容量是1升，塑料瓶装饮料的容量是500毫升。

罐装果汁或咖啡的容器上，自然也是标注着容量的。拿着罐装咖啡仔细一瞧，奇怪，上面写的不是190毫升，而是190克。

为什么咖啡这种饮料会用克呢？

1升　　200毫升　　500毫升

用重量单位而非容积单位

毫升和升都是容积单位。

升温时液体体积变大，降温时液体体积变小，咖啡具有这样的特性。

咖啡在90℃左右时进行罐装，这与销售时的温度有所差别。所以，销售时的咖啡液体体积也有了变化。

因此，罐装咖啡并不使用容积单位毫升，而使用质量单位克。

种类：咖啡
净含量：300克
贮存条件：避免日光直接照射
生产商：○×股份有限公司
地址：静冈县○×一××一○

试一试

关注净含量

我们的身边，还有没有用克来表示的饮料？大家找一找，发现数学的乐趣吧。

迷你便签　饮料瓶上到底使用容积单位还是质量单位，具体还是要看计量法的相关规定。

在日本流传的 "无缝拼接图案"

3月 27日

神奈川县　川崎市立土桥小学
山本直老师撰写

阅读日期　　月　日　　月　日　　月　日

自古流传下来的美丽图案

如下图所示,上方的"麻叶"和下方的"七宝"都是日本传统的图案。"麻叶"源自夹竹桃科植物罗布麻的叶子,"七宝"图案是1个环套着4个环。这些图案被称为几何图案,在折纸用纸、包装用纸、坐垫布匹、壁纸等方面应用广泛。在日本家庭中,这些图案随处可见。

麻叶

七宝

由相同图案拼接而成

观察这两个图案,可以发现都是由许许多多个相同图案拼接而成的。

"麻叶"是由无数个相同的等腰三角形组成的。由形状、大小都相同的图案无缝拼接而成的,叫作"无缝拼接图案"。

再看"七宝",如果单纯只有圆的话,是做不到无缝拼接的。"七宝"就是利用了圆与圆的重合,让圆与圆连接。看上去,就是循环往复的巧妙图案了。

试一试

给"麻叶"涂上颜色

我们眼中的"麻叶",除了可以是许多等腰三角形组合,也可以是许多其他的形状。如右侧照片所示,"麻叶"不同的颜色,代表了不同形状。

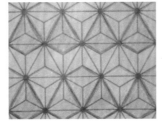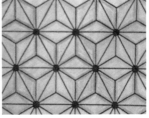

摄影／山本直

迷你便签 利用等腰三角形、等边三角形等三角形和长方形、正方形等四边形,试着创造自己的无缝拼接图案吧。大家做的时候可以想一想,怎样的形状才能进行无缝的拼接呢?

井盖的秘密

2 生活中的数学

3月 **28**日

福冈县 田川郡川崎町立川崎小学
高濑大辅老师撰写

阅读日期   月 日 | 月 日 | 月 日

什么形状容易掉落？

走在人行道上，开车在马路上，或者是在公园里散步，井盖总是随处可见。井盖上的图案可能千差万别，但形状却只有一个，那就是圆形。为什么井盖没有四边形或者三角形的呢？

首先，我们必须要考虑的因素是安全。井盖如果掉入井口，对过往行人和车辆会造成危害，易引起"城市黑洞"事故。那么，哪些形状的井盖容易掉到井里去呢？

在正方形、长方形等四边形中，对角线的长度大于四条边的长度（图1）。如果将井口和井盖设计成四边形，井盖的长和宽小于井口的对角线长度，那么当井盖变换一下方向和角度时，就有可能从井口掉下去。再来看看，设计成圆形的情况。

图1

对角线最长

图2

同一个圆的直径都相等

井盖大多是圆形的

同一个圆的直径都相等，圆内最长的线段一定是直径（图2）。因此，如果井盖和井口设计成圆形，可以保证井盖在任何方向上的尺寸都大于井口。

井盖设计成圆形，还考虑了耐用性因素。三角形或四边形井盖由于受力不均匀，容易碎裂和塌陷。而圆形井盖受力后，会向四周扩散压力，由于扩散均匀，碎裂的几率远小于前者。从耐用性方面考虑，还是圆形井盖更胜一筹。

城市标准排水井盖重达几十千克，搬运时至少需要几个成年男子同时动作。而圆形井盖滚起来就可以动，易于运输和施工。请大家做一个生活的有心人，留意周边井盖的图案、形状和大小，看看还会有哪些收获。

一只手能数到几

御茶水女子大学附属小学
冈田纮子老师撰写

阅读日期　月　日　｜　月　日　｜　月　日

图1

不是只能数到10吗?

你觉得一只手能数到几?有5根手指,所以数到5?马上有小伙伴喊出来了:"能数到10!"这可能也是大部分人心中的答案,一只手最多能数到10。悄悄告诉你,不止哟,其实可以数到31。"什么!5根手指真的可以比划到31吗?"大家别着急,接下来马上就告诉你如何利用手指直与曲的组合,表示出0到31的数字。

如图1所示,大拇指表示1,食指表示2,中指表示4,无名指表示8,小指表示16。数一数竖起的5根指头一共表示多少?使用这种方式,可以用5根指头表示32个数字,从0数到31。

如图2所示,竖起大拇指(1)和食指(2),表示的是1 + 2,也就是3。0—31数字的手势如下方表格所示(图3)。

图2

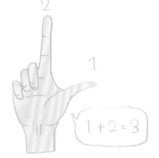

$1 + 2 = 3$

图3

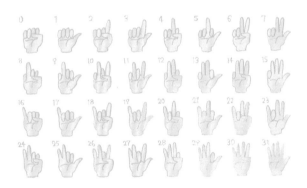

图4

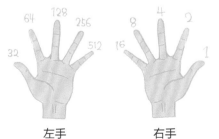

左手　　　右手

如果用两只手呢?

如果用两只手来作手势的话,一共可以表示多少数字?

右手:大拇指表示1,食指表示2,中指表示4,无名指表示8,小指表示16。左手:拇指表示32,食指表示64,中指表示128,无名指表示256,小指表示512(图4)。仅用10根指头,就可以表示数字1023,实在是令人吃惊。

迷你便签　这种用手势表示数字的方法,与二进制有一定的关系。二进制广泛运用于计算机、条形码和盲文中。

2 生活中的数学

可以取完所有的围棋子吗

3月 30日

大分县　大分市立大在西小学
二宫孝明老师撰写

阅读日期　月　日　月　日　月　日

图1

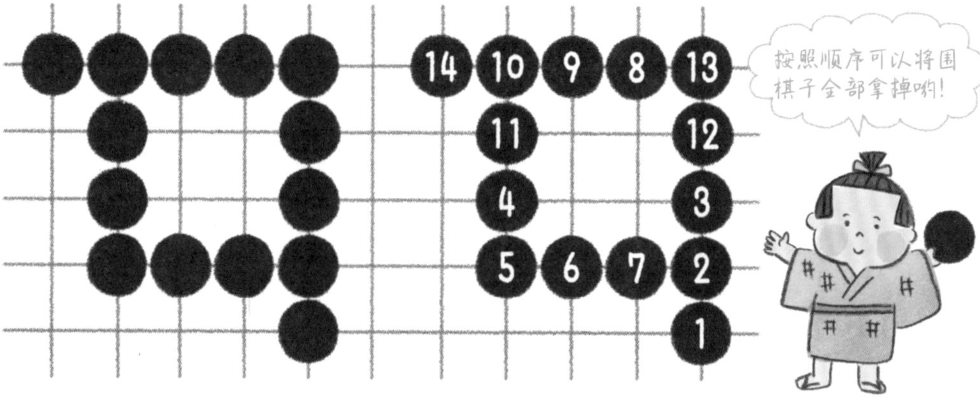
14
10
9
8
13
11
12
4
3
5
6
7
2
1
按照顺序可以将围棋子全部拿掉哟！

围棋子的益智游戏

在一本写于江户时代的书中，记载了“取围棋子”的益智游戏。规则十分简单，准备好一个棋盘和围棋子就可以开始了。我们今天就来体验一下江户人喜欢的游戏。

首先，如图1所示，在棋盘上摆好围棋子。每次取1颗围棋子，取完即为通关。不过，需要遵守以下规则。

①1次可以取任意1颗棋子。②取棋子的方向可横可竖，不可斜。③遇到的棋子都要取。④同一线上棋子相隔交叉点也可以取。⑤只许前进，不能后退。

答案已经标注在图1上了，你明白了吗？

图2

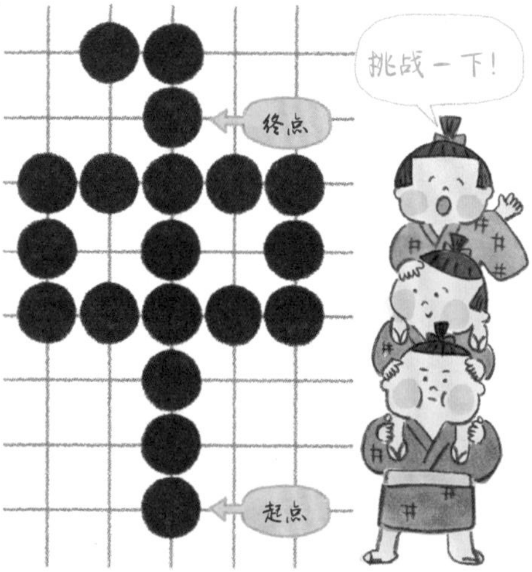
挑战一下！
终点
起点

和朋友一起“杀”一盘

“取围棋子”是可以一个人玩的益智游戏。不过，人多也有人多的乐趣。大家既可以一起合作解决，也可以互相出题考验。“取围棋子”如何出题呢？从最后1次取的棋子开始，按照自己规定的顺序摆放就可以了。如果透露起点和终点，还可以降低游戏的难度哟。

再来体验一次江户人喜欢的游戏吧（图2）。这题的答案就不公布啦，大家动一动脑筋、摆一摆棋子，相信你能行的。

迷你便签　图1的题目像古时候的斗和升，大的斗会有一个把手。图2的题目像箭的箭羽。如果你也出了题目，记得给它取个名字哟。

令人吃惊的印度乘法

东京都　丰岛区立高松小学

细萱裕子老师撰写

你知道大九九吗？

我们在小学二年级，开始学习九九乘法表。可能对于一些人来说，背诵九九乘法表并不是件简单的事。但是，可千万别嫌累，我们通常背诵的九九乘法表只到 9×9，称为小九九（81 组积，45 项口诀）。在印度，学生需要背诵的九九乘法表要到 19×19，称为大九九（361 组积，81 项口诀）。

在生活和学习中，印度学生在努力提高数学计算水平的同时，也掌握了不少快速计算法。接下来，我们就给大家介绍其中的一些方法。

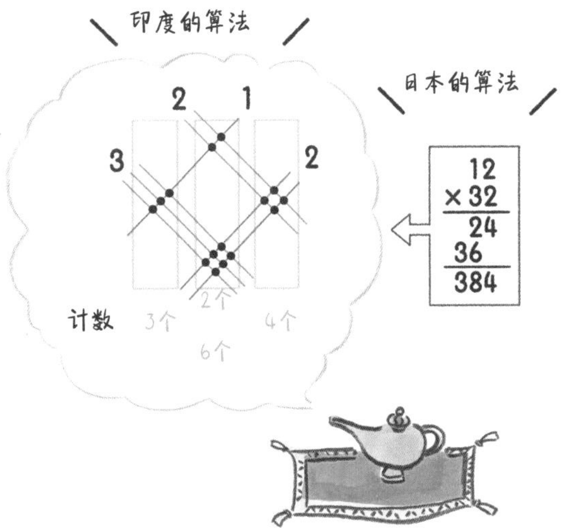

便捷的快速计算法

如图 1 所示，我们来进行 12×32 的运算。印度的方法是，利用点和线进行快速计算。12 表示为 3 条红色斜线，32 表示为 5 条蓝色斜线。红线与蓝线互相交叉，在交叉点上画出圆点。然后，数一数绿色框中的圆点数量。从右至左分别是个位、十位、百位，答案就是 384。

用平常的笔算来验算一下，答案相同。

如图 2 所示，使用印度另一种"快速计算法"来进行 12×32 的运算。12 写在格子上方，32 写在格子右侧。所有的乘积分为十位和个位，写在格子内的左上角与右下角。2×3 = 6，因此在格子左上角写 0，右下角写 6。橙色框里相加的数，就是最后的答案。

图1

图2

这两种快速计算法，仁者见仁，智者见智。我们提倡的，并不是死记硬背某一个快速计算法，而是从中获得寻找适合自己的计算方法的能力。

在这个照相馆里，我们会给大家分享一些与数学相关的、与众不同的照片。带你走进意料之外的数学世界，品味数学之趣、数学之美。

做一做四面体旋转环

反复扭转的四面体真好玩

由 4 个三角形组成的几何体，叫作四面体，也称为三棱锥。6 个四面体可以组成四面体旋转环，这个立体的环能像烟圈一样反复扭转。制作这样的环，可以用纸折，也可以用 5 号信封（220 毫米 ×110 毫米）来。

拿起做好的四面体旋转环，往环的中间用力，看看会发生什么。旋转环的名字果然不是白叫的，一开始的旋转可能有点儿磕磕绊绊，几圈后就很顺畅了。

做法

1 把信封的口封好，用剪刀从中间剪开。用胶带粘好。

用胶带粘好

2 将剪切口打开，这时两面形成了如图所示的三角形，沿虚线折叠，然后将剪切口粘好，与底边组合成"十"字形。

3 这样一来，由 4 个三角形组成的四面体就做好了。再接再厉，一共要做 6 个。

4 用胶带将 6 个四面体连接起来，两个相邻的四面体是靠一条棱彼此相连，其作用就像是铰链。

做好啦！

你注意到了吗，有一些零食的包装袋也是四面体的。如果有它们的话，只用胶带粘一粘，就是一个四面体旋转环了。

◉ 制作／吉田映子

古埃及分数

学习院小学部
大泽隆之 老师撰写

古老的莱因德纸草书

你认识⊏、Ⴔ、𝍐 这些古怪的符号吗？这可不是小孩子画的儿童画，而是4000多年前古埃及人写的分数。

在伦敦大英博物馆保存着一份重要的文献资料——莱因德纸草书，也称阿姆士纸草书。在莱因德纸草书中，人们发现古埃及人用一种特殊的记号来表示分数。符号⊏表示$\frac{1}{2}$，Ⴔ表示$\frac{1}{3}$，其余分子为1的分数都用上面画个长椭圆◯，下面画几个小竖来表示，比如 𝍐表示$\frac{1}{5}$，𝍐表示$\frac{1}{7}$。

人们还发现，古埃及的分数，除了$\frac{2}{3}$之外，其余都以若干个单位分数（指分子为1的分数）之和表示。在莱因德纸草书中，有一张表记载了很多形如$\frac{2}{n}$（其中 n 为奇数）的分数分解为单位分数之和的式子，例如$\frac{2}{5} = \frac{1}{3} + \frac{1}{15}$，$\frac{2}{7} = \frac{1}{4} + \frac{1}{28}$，$\frac{2}{13} = \frac{1}{8} + \frac{1}{52} + \frac{1}{104}$，…

试一试

真分数都能分解成单位分数之和吗？

对于一般的真分数，是否一定可以把它分解成单位分数之和呢？1202年，中世纪的数学家斐波那契给予了肯定的答案，并记载于其名著《算盘书》之中，但是分解的方法并不唯一。例如，$\frac{2}{15}$可以分解成$\frac{1}{8} + \frac{1}{120}$，还可以分解成$\frac{1}{12} + \frac{1}{20}$，也可以分解成$\frac{1}{9} + \frac{1}{72} + \frac{1}{120}$。你也可以试试其他分数哟。

斐波那契

迷你便签　古埃及人为什么如此"偏爱"单位分数？这个问题至今仍是一个谜，尚无确切的定论。

没有数字的日本尺

东京都 杉井区立高井户第三小学
吉田映子 老师撰写

阅读日期 月 日 月 日 月 日

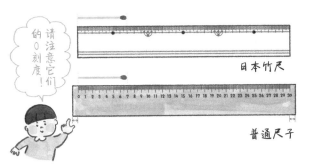

请注意它们的0刻度！

日本竹尺

普通尺子

0 刻度居然不一样

今天要给大家介绍一种有刻度，却没有数字的尺子，叫作日本尺。

一般来说，尺子的定义是：用来画线段（尤其是直的）、测量长度的工具。而在日本，有一种说法是，日本尺主要用来测量长度，而普通尺子主要用来画直线。

为了保证测量的精确性，日本尺常使用不会因温度产生变形的材料。在学校里，通常使用的是日本竹尺。

日本尺和普通尺子的测量方式有些许不同。日本尺上只有刻度，没有标注数字，用不同的点代替数字。同时，日本尺的 0 刻度就在顶端，而普通尺子的 0 刻度前方还有一段空白。因此，两种尺子测量的起点稍有不同。

假设日本尺的刻度是 30 厘米。在测量超过 30 厘米的物品时，记下有几个 30 厘米、又多了多少厘米，相加之后就是答案。在测量小于 30 厘米的物品时，如果觉得日本尺的顶端很难对准，可以对准 5 厘米或 10 厘米的小点，以它们为 0 刻度开始测量。

试一试

画直线还可以更麻烦

尝试了这种画直线的方法后，你肯定不会再嫌弃之前的方法麻烦了。在日本尺没有刻度的一边，有一条沟。拿一根小棒支在沟里，同时手上握一支毛笔。小棒滑动，带动毛笔笔直地画出一条直线来。

日本尺的画线槽

怎么用日本尺画直线

① 对照日本尺的刻度小点，在纸上点出小点。

② 用日本尺没有刻度的一边，将小点连起来。

画一条直线而已，用日本尺会不会太麻烦了点儿呀。就像我们之前说过的：在日本，日本尺主要是用来测量长度的，而普通尺子主要是用来画直线的。

这样的做法，是为了不把日本尺有刻度的一边弄脏。此外，没有刻度的一边相对厚度更大，下笔时更方便，线也画得更好。

迷你便签

除了常见的直尺，还有用来画曲线的云形尺、三角尺等。三角尺分为等腰直角三角尺和细长三角尺。你见过这些尺子吗？

鬼脚图的秘密①

御茶水女子大学附属小学
冈田纮子 老师撰写

画一画鬼脚图

今天要给大家介绍一个有趣的日本游戏——鬼脚图。鬼脚图是一种游戏，也是一种简易决策方法，游戏规则是：在几条平行竖线中，任意画上横线，并选择竖线的一端作为起点向下行走，遇到横线就转弯，看最后会走到哪一个终点。先来一个非常简单的鬼脚图试试看，你认为图1的小兔会吃到心仪的食物吗？

如图1所示，小兔吃到了胡萝卜，小熊吃到了栗子，狐狸吃到了葡萄。如果你的小动物没吃对食物，记得查一查是不是遇到横线都转弯了。

问题又来了，为什么小动物不会吃到其他食物呢？

如图2所示，在遇到横线时，小兔和小熊都转弯了，因而位置互换。横线的作用，就是让小动物们转换行动方向，所以它们只能吃到自己心仪的食物。

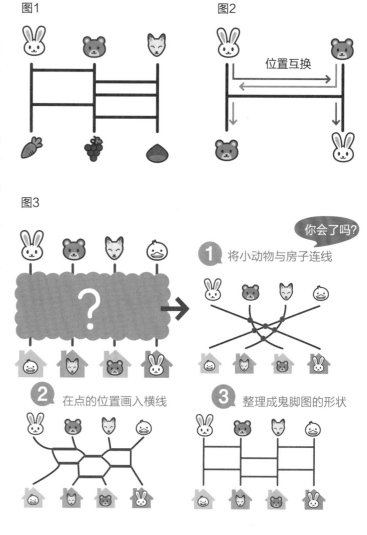

图1

图2

位置互换

图3

你会了吗？

① 将小动物与房子连线

② 在点的位置画入横线　③ 整理成鬼脚图的形状

如图3所示，小兔、小熊、狐狸和小鸭在起点，都等着回到自己的家。首先，将小动物与它们各自的房子连起来。然后，将线与线的交点用横线来替换。最后，整理成鬼脚图的形状。

使用这个方法，不论题干有多少条竖线，都可以做成鬼脚图。

迷你便签　鬼脚图，又称阿弥陀签。据说，古代占卜用的签，形状像阿弥陀佛的背光（佛像背后的光圈式装饰图案），阿弥陀签的名字便由此而来。

计算中的数学

用相同的数字来算数

4月

04日

北海道教育大学附属札幌小学
泷泷平悠史老师撰写

阅读日期 ✎ ┃ 月 日 ┃ 月 日 ┃ 月 日

4个4能算出什么数？

假设我们拥有 4 个数字 4，你可以用它们算出 1—5 吗？

不论是 +、−，还是 ×、÷，都可以自由选择。那么，请试着用 4 个 4 算一算 1 吧。

首先，使用两个 4，4÷4＝1。剩下的两个 4，如法炮制，4÷4＝1。得到这两个 1 后，1÷1＝1。1 就算出来了。

再接再厉算出 2—5

再试着用 4 个 4 算一算 2。与之前的 4÷4 的步骤相同，4 个 4 分别可以得出两个 1，1 + 1 = 2。2 就算出来了。

现在来算一算 3。首先，4 + 4 + 4=12，12 ÷ 4=3。3 就算出来了。

接着来算一算 4。首先，4 − 4 = 0。然后，0×4 = 0。最后，0 + 4 = 4。4 就算出来了。

最后来算一算 5。首先，4×4 = 16。然后，16 + 4 = 20，20÷4 = 5。5 就算出来了。

$(4 \div 4) \div (4 \div 4) = 1$
$4 \div 4 + 4 \div 4 = 2$
$(4 + 4 + 4) \div 4 = 3$
$(4 - 4) \times 4 + 4 = 4$
$(4 \times 4 + 4) \div 4 = 5$

试一试

继续挑战 6—9！

恭喜大家完美解出 1—5。那么，同样是 4 个 4，你可以继续算出 6—9 吗？快来挑战吧。

4 4 4 4 = 6
4 4 4 4 = 7
4 4 4 4 = 8
4 4 4 4 = 9

迷你便签

用 4 个 3，也可以算出 1—9。用 4 个 5 的话，有 1 个数字是算不出来的。具体是哪个数字算不出来，就等你来算一算了。

105

计算中的数学

平均分的结果
——奇妙的因数

熊本县　熊本市立池上小学
藤本邦昭 老师撰写

| 阅读日期 | 月 日 | 月 日 | 月 日 |

4月

分到相同数量的糖果

手里的 6 颗糖果，要分给两位小朋友。怎样分比较好？

6 颗糖果分成 2 颗和 4 颗。哎呀，这样只分到 2 颗糖果的小朋友，岂不是有点儿不高兴了。那么就 2 颗和 2 颗？明明有 6 颗糖果，怎么只分了 4 颗，还剩下 2 颗呢。

还是分成 3 颗和 3 颗吧，两个小朋友都拿到了相同数量的糖果，也不会有剩下的。把物体分成相等的若干份，就是平均分。

假设有 6 颗糖果。

① 2 人分，每人 3 颗。

③ 3 人分，每人 2 颗。

④ 6 人分，每人 1 颗。

⑤ 1 人分，每人 6 颗。

12 颗糖果怎么分？

当手里的糖果增加到 12 颗时，有几种平均分的方法呢？（图 2）

答案是：有 6 种平均分的方法。随着糖果数量的增加，平均分的方法也增加了。

当糖果增加到 17 颗时，又能有几种平均分的方法呢？

图 1

图 2

想一想

只有两种平均分的方法的数

17 颗糖果的平均分方法，一是"1 人分，每人 17 颗"，二是"17 人分，每人 1 颗"。只有两种平均分方法。以 1—20 颗糖果为例，像 17 颗这样只有两种平均分的方法的，还有哪些数量的糖果呢？

迷你便签

如果整数 a 能被整数 b 整除，那么我们就称整数 b 是整数 a 的因数。除了 1 和它本身以外，不再有其他因数，这样的数称为质数（或素数）。20 以内的质数有 2、3、5、7、11、13、17、19。

106

哪辆玩具车的速度快

神奈川县　川崎市立土桥小学
山本直老师撰写

比一比谁的速度快

比一比谁跑得快，方法很简单。大喊"预备，跑！"谁先到达终点，谁就跑得快。不过，如果参加比赛的人很多，可能做不到一齐出发。这个时候，按顺序记录跑相同距离所用的时长，用时短的那个人跑得快。

像有轨电车和汽车等玩具车，各自能跑的距离不同。就算设定

哪辆车更快呢？

5秒跑1米……

20秒跑5米……

一个终点，可能有的车根本跑不到那个长度。这时候，又应该如何比较它们的速度呢？

记一记路程和时间

已知玩具电车 5 秒跑 1 米，玩具汽车 20 秒跑 5 米，你知道哪个玩具车的速度更快吗？

假设玩具电车以相同的速度继续跑完 5 米，所用的时间应该是 5 秒的 5 倍，即 25 秒，那么可知跑完相同的路程，玩具电车比玩具汽车用时要长。再试一试另一种方法：假设玩具汽车以相同速度跑 1 米，所用的时间应该是 20÷5 = 4 秒，可知跑完相同的路程，玩具汽车比玩具电车用时要短。

因此在比较速度的时候，如果路程相同，则用时较短者速度快；如果时间相同，则通过路程较长者速度快。

用卷尺和钟表测量

你好奇玩具车的实际速度是多少吗？拿起身边的卷尺和钟表，测一测玩具车跑 1 米所花费的时间吧。

摄影／山本直

迷你便签

通常我们用时速来表示汽车的速度，时速指物体在 1 小时内所通过的距离。在这个词语中含有的比较速度的方式是：相同时间内比较路程长短。

做一把日历尺

东京都 杉并区立高井户第三小学
吉田映子 老师撰写

日历和尺子的结合物

你听说过日历尺吗？今天我们就来做一把日历尺。

准备的材料有长 33 厘米、宽 5 厘米的硬纸板以及尺子、铅笔、彩色铅笔和日历。首先，用纸板做尺子吧。

①在硬纸板的左端 1 厘米处，做一个刻度标记（0 刻度位于顶端）。

②刻度标记处写上"1"。

③每隔 1 厘米做一个刻度标记，按顺序写上数字 2—30。这把尺子的测量长度是 30 厘米。

图1

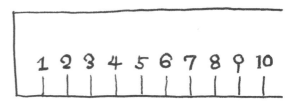

图2

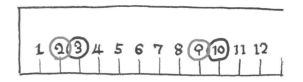

做一把有个性的日历尺

尺子做好了之后，就等着变身为日历尺啦。

①翻开日历，决定要制作的月份，确定周日的日期。

②给周日的日期画上红圈，给周六的日期画上蓝圈。简易日历尺就完成了（图 2）。

接下来，是个性化时间。首先，在空的地方写上月份，再画上与月份对应的图案（图 3）。此外，2 月只有 28 或 29 天，日历尺会短一点儿，而有 31 天的月份的日历尺会长一些。

一把有个性的日历尺，除了选择自己喜欢的月份，也可以选家人和朋友的出生月份。做一把这样的日历尺当作礼物，收到的人想必会非常开心。

图3

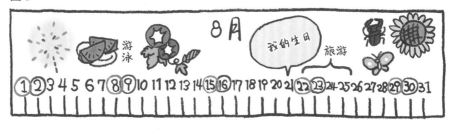

在公历（阳历）中，有 31 天的月份为大月，30 天的月份为小月。1、3、5、7、8、10、12 月是大月，4、6、9、11 月是小月，2 月既不是大月也不是小月。

比兆还大的数字有多少

4月 **08**日

岛根县　饭南町立志志小学
村上幸人 老师撰写

阅读日期　月　日　｜　月　日　｜　月　日

你能读对日本的人口吗？

人口 128226483 人

　　我们生活的地球，居住着许许多多的人。人口这么多，要数清楚真不是件容易的事。以日本为例，统计到的人口数量是 128226483 人（数据来源：日本总务省 2015 年 1 月 1 日居民基本总账人口动态调查）。

　　这个大数字，你会读吗？这是小学四年级的学习内容。首先，在数字中空出空格：128226483，即 1 亿 2822 万 6483。读作一亿两千八百二十二万六千四百八十三。对于大数字，先从个位数开始每四位数空出一格，再读的话就容易多了。

　　许许多多的人居住在我们生活的地球上，你、我、他都是其中之一哟。

亿以上为兆，兆以上是？

　　再来挑战一下比这个还大的数字吧。以日本的财政预算为例，2015 年中央财政预算为 963420 亿日元（数据来源：日本财政部 2015 年 9 月日本财政关系资料）。用数字形式写出来的话，就是 96 3420 0000 0000。读作九十六兆三千四百二十亿。比千亿还大一位的数字单位——万亿为"兆"。

　　那么，比兆还大的数字单位是？ 1 0000 0000 0000 0000。

　　看到这个有着 16 个 0 的数字了吗？可能连家里的大人们，都不一定能读对它。

　　这个数字是 1 京。兆以后的数字在生活中几乎用不到，只见于一些与科学有关的古籍中。不过今天既然学到了这里，大家也可以背一背、记一记这些"神"一样的数字单位。

说一说

数字无量是多少？

　　那么，比京还要大的数字单位是……大家可以参考下面的 1 和好多的 0。

1	0000	0000	0000	0000	0000	0000	0000	0000	0000	0000	0000	0000	0000	0000	0000	0000	0000
无量	不可思议	那由他	阿僧祇	恒河沙	极	载	正	涧	沟	穰	秭	垓	京	兆	亿	万	个

迷你便签

请将 1 无量用数字的形式写出来……哇，1 的右边排有 68 个 0 呢。

巧做折纸足球

东京都　杉并区立高井户第三小学
吉田映子老师撰写

阅读日期　　月　日　｜　月　日　｜　月　日

准备材料
- ▶ 方形纸 20 张　▶ 剪刀
- ▶ 铅笔　　　　　▶ 胶带
- ▶ 尺子

　　你认真地观察过足球吗？足球是由某种相同的形状组合而成的。比赛用球的外壳，是用皮革或其他许可的材料制成。今天，我们将学着用纸来做一个足球。

正六边形20个

正五边形12个

● 足球是由什么形状组成的？

　　首先，让我们仔细观察一下足球。不看不知道，一看才明白，原来足球是由正六边形和正五边形组成的。

● 做一个纸制足球

　　分析了足球的结构，那么赶快行动起来，做一个纸制足球吧。

　①　我们将用 4 个步骤做出 1 个等边三角形。首先，将纸对折，在中间形成折痕。

2 将右下角，折到中间的折痕。沿着红线的位置，用铅笔画线。

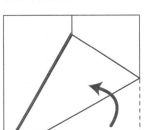

3 展开折纸将左下角折到中间的折痕。沿着红线，同样在红线处用铅笔画线。

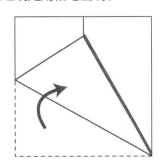

4 展开折纸，用剪刀沿着铅笔线剪开，剪下的就是等边三角形。

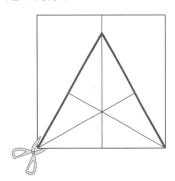

5 接下来，用这个等边三角形做一个正六边形。将等边三角形的三个角向内折叠，在中心的位置相交，用胶带固定。

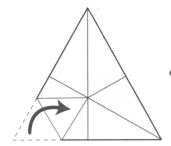
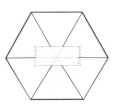

6 两个正六边形为1组，一上一下用胶带粘好，一共做10组。

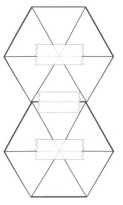

7 将10组正六边形如右图所示连接，用胶带纸粘好。

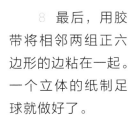
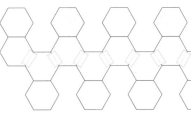

8 最后，用胶带将相邻两组正六边形的边粘在一起。一个立体的纸制足球就做好了。

将相同颜色的边粘在一起

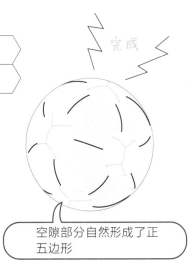

完成

空隙部分自然形成了正五边形

迷你便签

其实，足球门网也是由六边形组成的。与四边形相比，六边形可以更好地吸收冲击力，因此球门网多为六边形。

比一比，动物的身高

测量中的数学

4月 **10** 日

筑波大学附属小学
中田寿幸老师撰写

阅读日期　月　日　　月　日　　月　日

动弹不得……

身高最高的动物是什么？

就算是同一年级的同学，大家的身高也不尽相同，有人长得高，有人长得矮。那么在地球上，哪种动物的身高是最高的呢？

马上出现在大家脑海里的，可能是有着大大身体的大象。成年大象的身高通常会有 3 米，有的大家伙还会有 4 米高。

长颈鹿的舌头也很长！

长颈鹿的舌头居然有 40 厘米，而人的舌头一般是 7 厘米，前者足足是后者的 5～6 倍。长长的舌头可以非常轻松地卷起树叶来吃。

7厘米

吐舌头 40厘米

3 米的高度，差不多就是教室的高度。如果一头大象走进了我们的教室，估计它的脑袋和背部都是紧紧地贴着天花板呢。

像人类这样可以直立行走的动物中，北极熊（短时间直立行走）被认为是最高的，有的还会超过 3 米。

长颈鹿的脖子足有 2 米！

地球上身高最高的动物，是长颈鹿。雄性长颈鹿要比雌性高，通常会超过 5 米。如果你的教室正好在 2 楼，它们可以直接从窗户外探进头来。

虽然雌性长颈鹿会比雄性矮上 1 米左右，不过依旧是大高个儿。而特别高的雄性长颈鹿会长到 5.5 米，从脚到肩就达到了 3 米。如果长颈鹿要进教室，脖子和脑袋都要冲破天花板了。

因为长颈鹿独特的身高优势，它能吃到别的动物够不着的高大树上的叶子。不过，也因为 2 米的长脖子，长颈鹿在喝水时还挺费劲的。还好，树叶里也含有充足的水分，长颈鹿可以通过吃叶子代替喝水。

日本法律规定，学校教室（面积 50 平方米以上）的高度应该超过 3 米。教室是学生格外集中的地方，足够的高度再加上合理的通风，可以保证空气质量。

天使南丁格尔的另一面

明星大学客座教授
细水保宏老师撰写

这位女士喜欢数学

世界上最有名的护士是谁？南丁格尔。人们都知道，她为战场上负伤的士兵提供细致的医疗护理，是护理事业的创始人和现代护理教育的奠基人。不过她的另一面却不太为人所知，南丁格尔喜欢数学，并且善于运用数学。

南丁格尔出生于意大利，是来自英国的一个上流社会家庭，她从小就显示出对数学的天赋，擅长使用图和表格来思考问题。

我的数学也很强哟

试一试

易于理解的图表

右侧是南丁格尔发明的"南丁格尔玫瑰图"，她自己常昵称这类图为鸡冠花图。战地医院季节性死亡率这一复杂的信息，以图表的形式展现出来，让人一目了然。大家可以试着调查一项事物，然后用图表的形式进行说明。

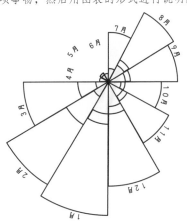

图表的结果直截了当！

19 世纪 50 年代，克里米亚战争爆发，英国的参战士兵死亡率非常高。南丁格尔主动申请担任战地护士，率领 38 名护士抵达前线，服务于战地医院，为伤员解决必需的生活用品和食品，对他们进行认真的护理。

南丁格尔分析过堆积如山的军事档案，指出在克里米亚战争中，英军死亡的主要原因是由于疾病感染。真正死在战场上的人并不多。士兵受伤后，大多死于肮脏的病床和不恰当的护理。

在将这些情况向政府报告时，南丁格尔用图表来呈现数据，向不会阅读统计报告的国会议员，汇报战地医院的医疗条件。

经过多方努力，战地医院的医疗条件大大改善，伤病员的死亡率也大幅下降，南丁格尔被亲切地称为"克里米亚的天使"。看来，有数学知识傍身，也是成为天使的条件呢。

迷你便签

南丁格尔创立了世界上第一所正规护士学校。据说，护士呼唤铃和食品升降机等装置，也是她设计的呢。

三角形的故事

岛根县 饭南町立志志小学
村上幸人 老师撰写

4月

三角形是什么样的形状？

我们身边被各种物品围绕。左一眼，看到电视机、手机、钟表；右一眼，看到桌子、椅子、铅笔、橡皮，等等。

我们身边也被各种形状围绕。圆形的、方形的、三角形的……还有一些很难用语言说明的形状。

在各种形状中，今天我们来谈一谈三角形。三角形是什么样的形状，它又与四边形有什么区别呢？

顾名思义，三角形有 3 个角，也有 3 条边。由 3 条线段围成的图形（每相邻两条线段的端点相交）叫作三角形。

我们身边的三角形

来找一找日常生活中的三角形吧。比如，三角尺、积木、大桥，等等。

交通标志中的警告标志和有些禁令标志是等边三角形。那么，日本的三角饭团算不算三角形呢？因为三角饭团的角带有曲线，所以从严格的数学意义上来说，并不能称为三角形。当然，这并不妨碍我们在制作它的时候，说上一句"将饭团捏成三角形"。

 看一看

夜空中也藏着三角形

春季时分，月色如水，繁星点点，在夜空中藏着一个巨大的三角形。向东南方望去，可以看见 3 颗明亮的星星。将这 3 颗亮星连起来，就会发现一个大大的三角形出现在我们的头顶。这个"春季大三角"，可能是最大的三角形吧。

 迷你便签

连接不在同一条直线的 3 个点，可以画出三角形。"春季大三角"的 3 颗亮星分别是：牧夫座的一等星"大角"，室女座的一等星"角宿一"，狮子座的二等星"五帝座一"。

古埃及的职业 拉绳定界师

大分县　大分市立大在西小学
二宫孝明老师撰写

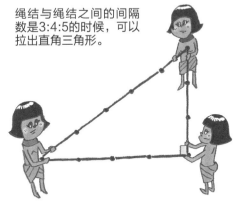

绳结与绳结之间的间隔数是3:4:5的时候，可以拉出直角三角形。

尼罗河洪水引发的争议

尼罗河是一条流经非洲东部与北部的河流，自南向北流经埃及注入地中海。每年7月，尼罗河的洪水到来，会淹没两岸农田，洪水退后，又会留下一层厚厚的淤泥，形成肥沃的土壤。四五千年前，古埃及人就知道了如何掌握洪水的规律和利用两岸肥沃的土地。不过，洪水在带来沃土的同时，也把原来的地界标志给冲毁了。"我的土地，是从这儿到那儿。""不对不对，那边是我的土地才对。"每当洪水退去，这样的争议总是频频发生。为了避免类似的事情发生，发明一种精确丈量土地的方法就很重要了。

因此，在古埃及就诞生了一个有趣的职业——拉绳定界师。拉绳定界师掌握着精确丈量土地的技术，他们用一条普普通通的绳子，就能在土地上画出精确的图形。比如，世界闻名的金字塔，底部就是正方形。那么大的一个正方形，它的直角可一点儿都没歪。

绳子上打出等间隔的绳结

那么，拉绳定界师又是怎样用一条绳子进行工作的呢？我们来举例说明。拉绳定界师使用的绳子上面有许多绳结，绳结与绳结之间的间隔相等。使用绳子拉出一个三角形，并分别以3、4、5个间隔作为三条边的长度，这条绳子组成的三角形就是直角三角形。通过这种方式，就可以精确地画出直角了。

古埃及人就是使用绳子这种简单的工具，把数学的智慧运用到了日常生活中。

插秧的工具

在现代机械普遍使用的今天，我们依旧能够想象得出，古时候的人们是如何辛勤地劳作。以插秧为例，为了在收获时更方便地割稻子，插秧时需要保证秧苗与秧苗之间的距离相等。古代日本的农民使用"插秧网"和"插秧尺"，让秧苗与秧苗之间保持相等的距离。

插秧网

插秧尺

迷你便签

在埃及首都开罗西南的吉萨高地，有3座巨大的金字塔。其中，规模最大的就是胡夫金字塔，建成时它高146米、底面正方形边长230米、倾角52°，约完工于公元前2550年。

巧用圆规画圆

东京都 杉并区立高井户第三小学

吉田映子老师撰写

用小碗描一个圆

如果出一道题："请画出一个漂亮的圆圈。"你会使用什么工具？

"绕着小碗或圆盒奶酪盒描一圈。"

有道理，绕着圆形的物品描一圈，就能画出漂亮的圆圈了。

用圆规画一个圆

圆规是用来画圆的工具。圆规画圆时，用尺子量出圆规两脚之间的距离，记为一定长度。把带有针的一端固定在一个地方，然后让带有铅笔的一端旋转一周，以一定长度为距离旋转一周所形成的封闭曲线，就是圆。

注意事项：

· 一只手慢慢转动圆规。

· 另一只手保持纸或本子不动。

· 绘图时小心针不要刺到手。

· 圆规两脚连接处如果变松了，会影响画圆，需要拧紧。

试一试

做一个简易圆规

①用硬纸板做成宽 1—2 厘米、长 10 厘米的纸条。

②从顶端开始，每隔 1 厘米用图钉钻一个小洞（小心不要刺到手）。

③将图钉插入第一个小洞，钉在本子或纸上，并在其他的小洞插入铅笔，旋转一周就是一个圆了。

迷你便签

圆规的发明最早可追溯至中国夏朝，《史记·夏本记》记载大禹治水"左准绳，右规矩"，公元前 15 世纪的甲骨文中，已有规、矩二字，"规"即今日的圆规。

日本的人口，是多还是少

岩手县 久慈市教育委员会
小森笃老师撰写

阅读日期 月 日 | 月 日 | 月 日

印度人口是日本的10倍

根据《2015世界卫生统计报告》数据显示，全球人口已达到71亿2600万人。

其中，日本人口约为1亿2700万。这个数量，对于世界人口来说，是多，还是少？

表1列举了人口排名前5位的国家。日本并没有挤进前5，而排名第2的印度，人口约是日本的10倍。

10倍的差距有多大？我们用学校的学生数量来打一个比方。

假设某所小学一个班有30人，每个年级有1个班，那么学校的所有学生就是180人。当差距10倍时，意味着另一所学校的全校学生人数达到1800人，学校总班级数是60个，一个年级有10个班，每个年级有学生300人。

日本人口是世界第10

如表2所示，这里是人口排名6—15的国家。

日本人口排名第10。统计数据一共采用了全球194个国家的人口数量，也就是说，日本的人口超过了其中184个国家。

我们来调查一下这1—194个国家的人口中间值。位于排名正中间的国家的人口（中间值）约为790万人。再用日本的人口数量，1亿2700万人来比较一下吧。

不同的比较对象，会让人对同一事物的多或少产生不同的感觉。

表1

顺序	国家	人口（人）
1	中国	约13亿9300万
2	印度	约12亿5200万
3	美国	约3亿2000万
4	印度尼西亚	约2亿5000万
5	巴西	约2亿

数据来源：2015世界卫生统计报告

表2

顺序	国家	人口（人）
6	巴基斯坦	约1亿8200万
7	尼日利亚	约1亿7400万
8	孟加拉国	约1亿5700万
9	俄罗斯	约1亿5700万
10	日本	约1亿2700万
11	墨西哥	约1亿2200万
12	菲律宾	约9800万
13	埃塞俄比亚	约9400万
14	越南	约8800万
15	德国	约8300万

数据来源：2015世界卫生统计报告

迷你便签　参考资料来自世界卫生组织的《2015世界卫生统计报告》，以及《2013世界人口白皮书》。你认为日本的人口与世界其他国家相比，是多，还是少？

除法是怎么回事

东京都　杉并区立高井户第三小学
吉田映子 老师撰写

阅读日期　月　日　｜　月　日　｜　月　日

怎么分比较好？

有 12 个苹果，要分给两位小朋友。有几种分法？

① 10 个和 2 个。12 可以分成 10 和 2。

②分给哥哥 8 个，分给弟弟 4 个。还是别这样吧，他们可能会吵起来的。

③每人分到 6 个。两人拿到的数量相同，这样大家都高兴了。

12 个苹果平均分给 2 人，每人可以分到 6 个。

用算式来表示的话，可以写成 12 ÷ 2 = 6（12 除以 2 等于 6）。除法是怎么回事？

12 个苹果，每 3 个装进 1 个袋子里，一共可以装 4 袋。用算式表达的话，就是 12 ÷ 3 = 4。

这样的计算，就是除法。

什么时候会用到除法呢？当我们想知道总数平均分成几份后，每份数量的多少时；或者知道一份的数量后，计算总数可以被分成几份时。

①10个和2个 图1

②哥哥有8个，弟弟有4个

③每人拿6个

图2

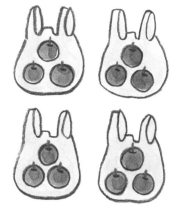

想一想

用乘法口诀求结果

15 个苹果，每 3 个装进 1 个袋子里，一共可以装几袋？用除法算式表达的话，就是 15 ÷ 3。已知苹果有 15 个，1 个袋子可以装 3 个苹果。将袋子数量设为 □ 个，可以用乘法算式表达：3 × □＝15。15 ÷ 3 的答案，可以用乘法口诀计算出来。

迷你便签　当哥哥有 8 个苹果，弟弟有 4 个苹果时，哥哥的苹果是弟弟的 2 倍。这个情况可以用算式，8 ÷ 4 = 2 来表达。想要知道倍数时，可以使用除法。

2 生活中的数学

原来离得这么近？身边的外国单位

4月 17日

东京都 丰岛区立高松小学
细萱裕子 老师撰写

阅读日期 ✎ 月 日 | 月 日 | 月 日

长度单位英寸

在逛家电商城时，各种品牌的电视机让人眼花缭乱。你注意到了吗，电视机的主屏尺寸是用"30 寸""32 寸"等来表示的。它的意思是，电视机主屏的对角线长度是"30 英寸"和"32 英寸"。

英寸，是英美制的长度单位。1 英寸 = 2.54 厘米。因此，30 英寸 = 2.54 × 30 = 76.2 厘米，32 英寸 = 2.54 × 32 = 81.28 厘米。

这是因为，电视机最早是由英国人发明的，英寸这个长度单位也就沿用了下来。

自行车的尺寸也用英寸来表示。在描述自行车轮胎的长度时，除了毫米，也使用英寸。近年来，越来越多的国外品牌出现在我们身边，其中有的鞋类和服装品牌，依旧沿用英寸等长度单位。

重量单位磅和盎司

除了英寸，英尺和码也是比较常见的长度单位。1 英尺 = 12 英寸 = 30.48 厘米，1 码 = 3 英尺 = 91.44 厘米。英尺，常用来表示飞机的飞行高度和保龄球的球道长度，码常用来描述高尔夫和美式橄榄球场地的长度。

磅和盎司则是比较常见的重量单位。1 盎司 = 28.3495231 克，1 磅 = 16 盎司 = 453.59237 克。磅，常使用在保龄球的球重和拳击选手的体重上；盎司，常用来表示零食和钓鱼用拟饵的重量。

即使相同尺寸的显示屏，长宽比不同，显示效果也不同。

车胎尺寸 27 寸，车胎直径 700 毫米，车胎横截面宽度 25 毫米。

迷你便签

你知道吗，以前的电视机屏幕居然是圆形的，屏幕尺寸就是圆的直径。当屏幕从圆形变成矩形后，人们依旧想使用一条直线来表示屏幕的尺寸。于是就形成了现在用矩形对角线描述屏幕尺寸的规则。

在桌子旁坐有多少人

北海道教育大学附属札幌小学
泷泷平悠史 老师撰写

阅读日期 ✐ 月 日 | 月 日 | 月 日

图1

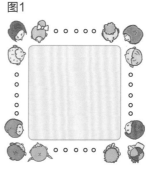

图2

围着桌子坐一圈

有一张大大的正方形桌子。如图1所示，小朋友们围着桌子坐了一圈。

假设这张正方形桌子像图1这样每边坐 10 人，那么总共有多少人？

从简单开始考虑

一下子让我们回答这道题，还真是有点儿复杂，令人毫无头绪。那么，让我们先从每边坐 4 人的简单情况开始考虑吧。

每边坐 4 人，正方形桌子有 4 边，$4 \times 4 = 16$，答案脱口而出，一共是 16 人。

不过，如果按图 2 所示，这样的情况下明明只有 12 人。大家想一想，为什么比一开始得出的答案要少 4 人呢？

将每边坐好的 4 个小朋友用口围起来（图 3）。发现了吗，坐在 4 个角的 4 位小朋友都被方框围了 2 次。也就是说，他们的人数重复计算了 1 次，因此 16 应该减去重复计算的人数，即 $4 \times 4 - 4 = 12$。每边坐 4 人，一共是 12 人。

图3

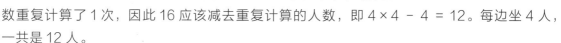

现在再来考虑 10 人的情况，就简单了。先计算出 $10 \times 4 = 40$，再减去 4 个角重复计算的 4 人，$40 - 4 = 36$。每边坐 10 人，一共是 36 人（图 4）。

图4

试一试

如果继续增加每边人数

如果每边继续增加到 11 人、12 人、13 人……总人数每次会增加多少？

每边11人？

迷你便签

觉得数字复杂、思绪不明的时候，可以先从小一些的数字开始思考。同时，作图也是一个助于解题的好方法。

2 最小的数字居然不是 0

生活中的数学

福冈县　田川郡川崎町立川崎小学
高濑大辅 老师撰写

阅读日期　月　日　｜　月　日　｜　月　日

海拔负 140 米的车站

一次考试后，小 A 很郁闷："考试拿了零蛋！这是最差的分数了！"明明已经努力去学了，结果还是 0 分，还能有比这更令人不甘心的事吗？不过，在这里找个茬：小 A 口中的 0 分真是"最差"的分数吗？比 0 分还低的分数存在吗？

我们脚下的土地，高出海平面的垂直距离就是海拔，通常写作"海拔□米"。假如大家居住的地方高出海平面 140 米，就称这个地方是"海拔 140 米"。

在我们的地球上，有许多低于海平面的地方，称为负海拔地区。这些地方的海拔，写作"海拔负□米"。因为有连接青森县与北海道的青函海底隧道，所以看到"海拔负 140 米"处的车站也不奇怪了。"海拔 140 米"和"海拔负 140 米"，两者与海平面的高度差都是 140 米，位置却大不相同。

海拔的起点叫海拔零点，通常以平均海平面为标准来计算。以海平面为 0，可以表示为"+（正）140 米"和"-（负）140 米"。看到 + 和 - 的符号，你认为一定是加法和减法吗？其实不一定哟，+ 和 - 符号在运算之外，也有广泛的应用。

气温也有负数

寒冷的季节，大家可能在天气预报里收听到"气温零下 10 度"的信息。以 0 摄氏度为基准，0 摄氏度以下的温度前也可以加上"-"。

以此类推，以某个标准为基准，在基准之上的为"+"，在基准之下的为"-"。这样的表达方式，在日常生活中随处可见。

再说回得了 0 分的小 A，如果他忘了在卷子上写好自己的名字，可能还会扣分哟。你猜那时候的分数，会不会比 0 分还低呢？

迷你便签　棋盘游戏双陆里也有"+"和"-"。棋子前进 6 格记为"+6"，后退 6 格记为"-6"。此外，零花钱的增加、减少，上、下楼梯等事情都可以用"+"和"-"来表示。

根据使用目的，画一画地图

神奈川县　川崎市立土桥小学
山本直老师撰

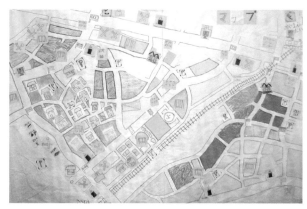

2008年土桥小学三年级学生作品

学校周边的地图

地图的类型很多，有的会呈现所有细节，有的只画出主要道路。我们使用地图的目的，大部分是为了出行的方便，确定目的地的方向和地点。

在日本小学三年级的教学中，特别是在社会学科的学习中，会让学生画一幅学校周边的地图。左上角照片中的地图，就是出自三年级学生之手。观察这样一幅地图，我们可以知道学校周边有哪些商店和设施。当我们要将现状与从前比较、分析未来时，就需要这样的一幅地图了。

使用目的决定地图类型

地图的详略情况，取决于它的使用目的。

打个比方，汽车上的导航系统能显示出所有道路的方向和长度，与实际几乎分毫不差。而如果是从家到学校的线路图、邀请朋友或亲戚到家里做客时的指引图，就不需要一股脑儿把所有的道路、建筑全都塞进去。寥寥几笔，画出主要信息就可以了。

根据使用目的，可以将地图分为参考图、教学图、交通图、旅游图等类型。弄清楚使用的目的，我们就可以画出具有实用性的地图了。

从学校或车站到家的地图

学校和车站，是我们经常去的地方。给回家的路添点儿趣味，画一幅线路地图吧。不用画出所有的道路，只要选择主要的道路和标志建筑即可。此外，为了让地图容易看懂，实际上弯弯的路可以画成直线，十字路口的直角也要画好。

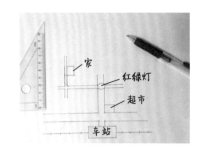

本页供图者：山本直

一条线与另一条线相交成直角，这两条直线就互相垂直。在同一个平面内两条直线不相交，则称它们互相平行。

罗马数字的记数方法

青森县　三户町立三户小学
种市芳丈老师撰写

阅读日期　月　日　｜　月　日　｜　月　日

图1

在时钟上发现罗马数字！

你见过像图1这样的钟表吗？表盘上并不是常见的阿拉伯数字，而是Ⅱ、Ⅴ这样奇怪的符号。这些符号叫作罗马数字。

目光从表盘上移动到图2，这里清楚地列出了1—12的罗马数字。我们再来看一下罗马数字的记数方法。

①小数字在大数字的右边，表示这些数字相加的和。

②相同数字连写，表示这些数字的和。但相同数字不能重复出现4次。

图2

数字	罗马数字	数字	罗马数字
1	Ⅰ	7	Ⅶ
2	Ⅱ	8	Ⅷ
3	Ⅲ	9	Ⅸ
4	Ⅳ	10	Ⅹ
5	Ⅴ	11	Ⅺ
6	Ⅵ	12	Ⅻ

图3

③小数字（仅限Ⅰ、Ⅹ、C）在大数字的左边，表示大数减小数的差。如 4 = 5 - 1 = Ⅳ，9 = 10 - 1 = Ⅸ。

根据这样的记数方法，18可以表示为ⅩⅤⅢ，22可以表示为ⅩⅩⅡ。

什么？"相同数字不能重复出现4次"，难道不就意味着，40以上的数字无法表示了吗？这时，就必须出现新的数字了。罗马数字采用7个基本字符，除了之前看到的Ⅰ（1）、Ⅴ（5）、Ⅹ（10），还有L（50）、C（100）、D（500）、M（1000）。掌握了这些，大部分的罗马数字你就都认识了。趁热打铁，快来进行罗马数字大挑战吧。

A ⅩⅤ　　B ⅩⅨ　　C LⅢ
D ⅩCⅡ　　E MMⅩⅥ

答案分别是：A15、B19、C53、D92、E2016。罗马数字的记数方法，不是在每一个数位上写一个数字，所以很像在解一串密码。罗马数字因书写复杂，所以现在应用较少。

迷你便签

罗马数字虽然有10和100，却不存在0。尽管相同数字不能重复出现4次，但有一个例外，由于Ⅳ是古罗马神话主神朱庇特的首字母，因此有时用ⅢⅠ代替Ⅳ。

日本硬币的大小和重量

岩手县　久慈市教育委员会

小森笃 老师撰写

阅读日期　　月　日　｜　月　日　｜　月　日

给硬币的大小排个队

　　在日本，除了某些特殊发行的硬币，日常流通的硬币面值分别有 500 日元、100 日元、50 日元、10 日元、5 日元、1 日元。那么，如果给这些硬币按照个头大小（直径）来排排队，会是怎样呢？

　　和大家想象的一样，个头最大的就是面值最大的 500 日元，长得最娇小的是 1 日元硬币。难度升级，剩下的 4 种硬币大小又该怎样排呢？

　　首先，来看一看有圆孔的 50 日元和 5 日元硬币，到底谁的小孔大？

　　5 日元硬币的小孔直径为 5 毫米。这个 5，是凑巧还是有意为之，就不得而知了。

50 日元硬币的小孔直径为 4 毫米

5 日元硬币的小孔直径为 5 毫米

给硬币的重量排个队

　　可能有人会这么想："5 日元硬币的小孔直径是 5 毫米，重量不会刚好也是 5 克吧？"有想法，就去大胆验证，给硬币的重量排个队吧。

　　非常遗憾，5 日元硬币的重量并不是 5 克。而且，和其他硬币相比，它的重量也显得有点儿不"干脆"。这其实与日本古时候的重量单位"匁（日本汉字，读音为"monme"）"有关（见 6 月 26 日）。

　　1 匁 = 3.75 克

　　再来看看 50 日元硬币，4 克的重量令人赏心悦目。50 日元和 1 日元硬币的大小差距很小，重量却是 1 日元的 4 倍，这是由于制作材料的不同导致的。

硬币的大小和重量

硬币面值	500	100	50	10	5	1
直径（毫米）	26.5	22.6	21	23.5	22	20
重量（克）	7	4.8	4	4.5	3.75	1

迷你便签

　　1 日元硬币是一个挺"美"的硬币，它的重量为 1 克、半径 1 厘米（直径 2 厘米）。大家也和家人一起，给你们的硬币量量身高与体重吧。

计算中的数学

分数的起源：古埃及人的面包

学习院小学部
大泽隆之老师撰写

阅读日期 ✎ 月 日 ┃ 月 日 ┃ 月 日

分面包时的分数

距今 3000 年以前，古埃及人发明了分数。

2 片面包怎么分给 3 个人？古埃及人是这样做的：首先，每人分到 1 片面包的一半，即 $\frac{1}{2}$ 片。这时，剩下的面包也是 $\frac{1}{2}$ 片。3 个人平均分 $\frac{1}{2}$ 片面包，每人再分到 $\frac{1}{6}$ 片。

也就是说，每人可以分到 "$\frac{1}{2}$ 片和 $\frac{1}{6}$ 片" 面包。古埃及人认为，分数的分子一定要是 1。

更令人愉悦的分法

古埃及人的这种分法，是先给每人尽量分出一个大的部分，然后对剩下的部分继续平分。面包这么分，稍微显得有点儿混乱。

而现代的计算方法，通常如图 2 所示。

每人分到 "$\frac{1}{3}$ 片和 $\frac{1}{3}$ 片" 面包，即每人分到 $\frac{2}{3}$ 片面包。现代的计算方法更加简便。

图1

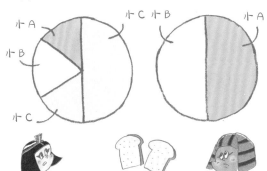

图2

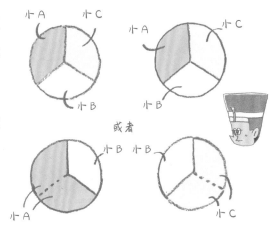

或者

想一想

2 片面包分给 5 个人

做一天古埃及人，试着将 2 片面包分给 5 个人吧。

因为每人分 $\frac{1}{2}$ 片的话，面包是不够分的，所以考虑每人分 $\frac{1}{3}$ 片。每人分走 $\frac{1}{3}$ 片后，剩下的面包继续平分给 5 人。那么，这小小的部分经过平分后，每人再能分到几分之一呢？

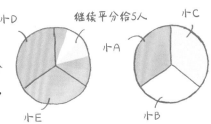

继续平分给5人

迷你便签

在古埃及，通常使用像 "几分之一" 这样的分子是 1 的分数。分子是 2 的分数，只出现了 $\frac{2}{3}$（三分之二）。

125

2 生活中的数学

仙鹤和乌龟各有多少只？神奇的“龟鹤算”

4月24日

北海道教育大学附属札幌小学
泷泷平悠史老师撰写

阅读日期 月 日 月 日 月 日

日本古代的数学趣题

鸡兔同笼，是中国古代的数学名题之一，记载于《孙子算经》之中。在日本，也有一道与之异曲同工的数学趣题，叫作“龟鹤算”。

笼子里的龟和鹤共有 5 只，加起来有 14 只脚，请问龟、鹤各有几只？

已知动物总数和它们脚的总数，求各个动物的数量，就是“龟鹤算”问题。

龟鹤各有几只？

下面我们就来揭开“龟鹤算”问题的面纱，看看笼中各有多少只龟和鹤。乌龟有 4 只脚，仙鹤有 2 只脚。首先，假设笼子里都是乌龟。

如果笼子里都是乌龟，而图 1 中脚的总数应该是 20 只，也就超出已知条件中的 14 只了。再来看看 4 只乌龟和 1 只仙鹤的情况，如图 2 所示，脚的总数是 18 只，还是多了点儿。而图 3 中，3 只乌龟和 2 只仙鹤的情况，脚的总数是 16 只。根据前 3 次的计算，我们可以发现，每当将 1 只乌龟替换为仙鹤的时候，脚的总数也随之减少了 2 只。因此可以知道，再将 1 只乌龟替换为仙鹤，就是所求的答案了。也就是说，2 只乌龟，3 只鹤。

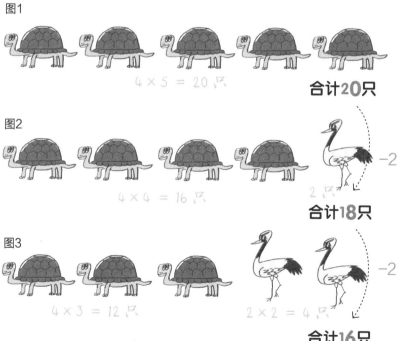

图1

4 × 5 = 20 只
合计20只

图2

−2
4 × 4 = 16 只
2 只
合计18只

图3

−2
4 × 3 = 12 只
2 × 2 = 4 只
合计16只

迷你便签 和算，是日本江户时代发展起来的数学，其成就包括一些很好的行列式和微积分成果。当时爱好数学的人们，热衷于互相出题解题。“龟鹤算”就是和算中的一道数学趣题。

需要几根小棒

岛根县　饭南町立志志小学
村上幸人 老师撰写

阅读日期　月　日　｜　月　日　｜　月　日

用小棒摆出正方形

用长度相等的小棒摆出正方形。一共需要几根小棒？如图 1 所示，需要 4 根小棒。

在这个正方形的基础上，继续摆出如图 2 所示的正方形。这下需要多少根小棒呢？1、2……你数对了吗？正确答案是 12 根。

还不能松懈，边长是 3 根小棒的正方形等着你摆呢。一共需要多少根小棒（图 3）？这根数过了，那根还没数过，到底是多少呀？正确答案是 24 根。

用表格整理出规律

继续、继续……边长是 5 根小棒的正方形，一共需要多少根？呜呜，别说数小棒了，画图也好麻烦啊。有没有简便的方法呢？先整理个表格吧（图 4）。

我们想通过表格知道小棒增加的规律是什么，可惜在图 4 中，还不能发现什么。

别泄气，再试着在表格中增加一行"增加的小棒数量"（图 5）。九九乘法表中与 4 有关的数字出来了！没错，通过研究小棒增加的数量，我们获得了小棒增加的规律。根据规律，边长是 4 根小棒的正方形，增加的小棒数量是 16。已知边长是 3 根小棒的正方形，需要的小棒总数是 24。16 与 24 相加，把 40 填入对应的空格中（图 6）。

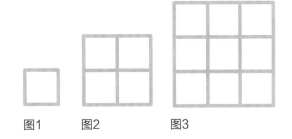

图1　　图2　　图3

图4

边长的小棒数量	1	2	3	4	5
需要小棒总数	4	12	24		?

图5

边长的小棒数量	1	2	3	4	5
需要小棒总数	4	12	24		?
增加的小棒数量	(4)	8	12		

图6

边长的小棒数量	1	2	3	4	5
需要小棒总数	4	12	24	40	?
增加的小棒数量	(4)	8	12	16	

图7

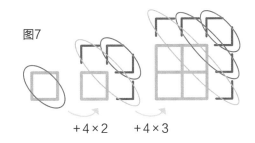

+4×2　　+4×3

迷你便签 为什么每次增加的小棒数量是 4 的倍数？图 7 是对这一规律的思路演示。边长是 5 根小棒的正方形，一共需要多少根？答案是 60 根，你答对了吗？

改变视角，你怎么看

御茶水女子大学附属小学
久下谷明老师撰写

阅读日期　　月　日　｜　月　日　｜　月　日

有各种视角的存在

请大家思考一个问题：当我们从不同的视角，观察身边的事物时，会发生什么？

比如，我们看到桌上的咖啡杯，可能是如图1所示的效果。

那么，当观察的视角变为俯视、正视时，我们眼中的杯子又会有什么变化呢？想象一下，然后与图2做一个对比。

如图3所示，观察对象换成了铅笔。视角不同，铅笔的样子也不同了。快来猜一猜，铅笔的俯视图长什么样？（答案在"想一想"里。）

想象不同视角的世界

想象有这么一双"眼睛"，从上面和正面，观察着我们身边的事物。当你拥有这样的"眼睛"时，可以把观察到的记录下来，在现实中确认答案。

图1　图2

俯视

图3

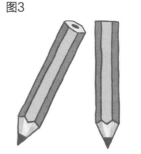

正视

想一想

从哪里看的呢？

不同的视角之下，物体也呈现出不同的姿态。右图显示的就是从铅笔上方向下看到的样子。

图4　这是什么？

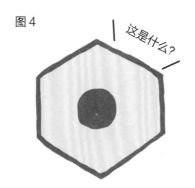

可能有一些事物，我们很难去确认想象的对错。比如，东京塔、大阪通天阁的俯视图等等。不过，想象效果的过程，也是体味数学趣味的时刻。

迷你便签　从物体上方观察，得到"俯视图"。从物体正面观察，得到"正视图"。它们都是物体在某个投影面上的正投影，也叫作"投影图"。更多视角变化的趣事，请见5月8日、6月1日。

亲近和算的江户人

大分县　大分市立大在西小学
二宫孝明 老师撰写

阅读日期　月　日　｜　月　日　｜　月　日

日本独有的数学

在现代的书店里，与数学相关的书籍比比皆是。在日常生活中，数学也是不可或缺的一门学科。

从古至今，世界上有许多人沉醉于数学的魅力之中。学习数学，解开题目，是他们的兴趣所在。日本数学在江户时代，进入了日新月异、独立发展的阶段。当时人们爱不释手的数学书，是由吉田光由撰写的和算开山之作——《尘劫记》。

江户时代的畅销书

《尘劫记》，是吉田光由在中国元代朱世杰《算学启蒙》和明代程大位《算法统宗》的基础上撰写而成的。书中涉及了生活中的各种数学，如算盘的使用方法，大数字、小数字的表达方式，面积、体积的计算方法等等，一经推出便广受欢迎。

同时，书中也记载了许多数学趣题，除了前面学习的"龟鹤算"，还有"鼠算遗题"等等。

搭配着丰富的插画，这本数学书变得有趣易读，一再增印。它是江户时代当之无愧的畅销经典。有意思的是，书里的难题并没有附上答案，这是给读者们下的一封挑战书。成功解开问题的人，又会想出新的数学问题，变成读者们的又一道数学大餐。如此循环往复，优秀的数学题层出不穷，和算也因此得到快速发展。

行动起来，和小伙伴互相出题考考对方吧。

试一试

算额绘马

每当想出了一道好题目，或是破解了一道数学难题时，江户时代的日本人便会向神佛表示感谢。这份谢意通过和算"算额"，悬挂在神社、寺庙廊檐或"绘马堂"中。和算"算额"，是记录数学问题的木制匾额，也是一种特殊类型的数学传播载体。

迷你便签

江户时代的和算家关孝和（1642？—1708年），改进元代数学家朱世杰《算学启蒙》中的天元术算法，开创了和算独有的笔算（见2月26日）。

将卫生纸纸芯剪开后

青森县 三户町立三户小学
种市芳丈老师撰写

阅读日期 📝　月　日　｜　月　日　｜　月　日

4月

剪开有惊喜哟

　　将筒状的物品剪开铺平后，可以得到长方形。

　　仔细观察卫生纸纸芯，可以看到筒状的表面有一条斜线。沿着这条线剪开，会发生什么？我们得到了一个平行四边形（图1）。

　　剪开带来惊喜的除了卫生纸纸芯，还有某些牛奶的包装——三角盒。沿着纸盒的连接处剪开，会发生什么？

　　我们可以得到长方形或平行四边形（图2）。

将筒状物品的剪开后……

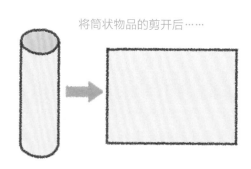

图1

剪开……

平行四边形比较环保？

　　为什么卫生纸纸芯和三角盒剪开后，都是长方形或平行四边形呢？

　　这是因为要将包装纸物尽其用。长方形是包装纸最基础的形状，而平行四边形，也可以由长方形无缝斜切而成，不会造成浪费。为了环保，人们也是煞费苦心呀。

图2

剪开……

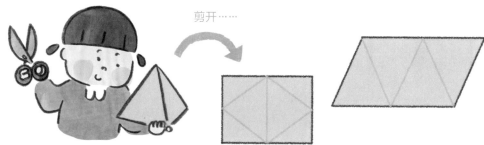

迷你便签

保鲜膜纸芯剪开后，是一个细长的平行四边形。

游戏中的数学

"魔方阵"上的数字游戏

北海道教育大学附属札幌小学
泷泷平悠史 老师撰写

阅读日期📖　　月　日　｜　月　日　｜　月　日

每个方向相加都相同

　　如图1所示，这个3×3的表格叫作"魔方阵"，也叫作"幻方"（魔方阵详见10月06日）。

　　在这个魔方阵上，每行、每列，以及对角线上的和都相等，都是15。现在，请来挑战一下图2的魔方阵吧。

　　应该从哪里开始着手呢？

　　首先，请观察图3红色框里的数字。这一行的数字8、1、9之和是18。根据魔方阵的性质，我们可以知道每行、每列，以及对角线上的3个数字，它们的和都将是18。

　　接着，请看蓝色框里的数字。$4 + \square + 9 = 18$，可得□里的数字是5。

　　有头绪了吗？解题的关键就是在行、列和对角线上，找到"只剩一个□"的。

　　请看绿色框里的数字。$4 + \square + 8 = 18$，可得□里的数字是6。如图4所示，只剩下A、B、C 3个□了。

　　任务就交给你咯。

　　改变每行、每列，以及对角线上的和，就可以创造出新的魔方阵。

　　（答案）A = 11、B = 3、C = 7。

图1

8	3	4
1	5	9
6	7	2

图2

		4
8	1	9

图3

图4

B	A	4
C	6	5
8	1	9

迷你便签

　　3×3并不是"魔方阵"的既定格式，像4×4、5×5等也都很常见。随着数量的增加，魔方阵的难度也不断提高。

如何计算参加祭典的人数

福冈县　田川郡川崎町立川崎小学
高濑大辅 老师撰写

数不清的人数

日本有许许多多的节日祭典，各地还有各自的特色祭典。人们载歌载舞，度过祭典的美妙时间。那么，该如何计算参加祭典的人数呢？

像东京迪士尼乐园这样的主题公园，只需要统计一下卖出的门票数量，就可以清楚地知道游玩人数。

但是，祭典可不卖门票，有谁会去数一数参加的人数呢？

其实，警察或祭典的组织者是会统计参加人数的。当然，一个一个地数并不现实。他们通常是用一个公式，来推算参加的人数：（每平方米人数）×（祭典场地的大小）。

其实，是可以算出来的

每平方米人数，实际上也不是一个一个数出来的，而是按照下面的标准进行推算。

· 大家可以随意走动，3 人。

· 与周围人摩肩接踵，6—7 人。

· 像在挤满人的公共汽车上，10 人。

博多海港节（福冈市）
约 200 万人
（数据来源：2015 年福冈市民祭典振兴会）

青森佞（níng）武多节（青森市）
约 269 万人
（数据来源：2015 年青森佞武多节执行委员会）

札幌冰雪节（札幌市）
约 240 万人
（数据来源：2014 年札幌冰雪节执行委员会）

不过，祭典上的人们并不会总是停留在某一处。这时候，就要统计出人们在祭典场内的平均步行时间，以及人们进场出场的次数，然后再进行下一步的计算。

像这样的大致推算，叫作估算。通过估算，一是可以做好祭典的计划，二是可以确定派遣警察的数量，以确保会场的秩序和安全。

想一想

牛蛙的卵有多少颗？

大家请用估算的方法，来思考一下这个问题。初春时节，小河与池塘中经常可以见到牛蛙们的卵。据说，牛蛙是最会产卵的一种蛙。这么多卵，一颗颗地数，是要数到天荒地老的节奏。所以，你有什么好办法吗？

迷你便签

牛蛙一次产卵的数量大约在 1 万—2 万个。体格小一些的蟾蜍，一次产卵量也可以达到 2000—8000 个。蛙科的研究者们，肯定是下了大工夫去计算呀。

5月

鬼脚图的秘密②

御茶水女子大学附属小学
冈田纮子 老师撰写

鬼脚图的横线有几条？

如图1所示，这是一个未完成的鬼脚图，标注着5条竖线、5个出发点、5个终点。如果想要A、B、C、D、E从出发点回到各自对应的终点，最少需要几条横线？我们将给大家介绍两种计算方法。

① 4条竖线开始。

如图2所示，这是一个4条竖线的鬼脚图，一共有6条横线。将这个鬼脚图向右挪动一格，就成了5条竖线的鬼脚图。A向右移动一格，横线增加1条。B、C、D经过同样移动，横

图1

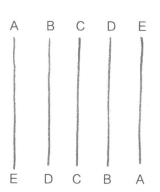

图2

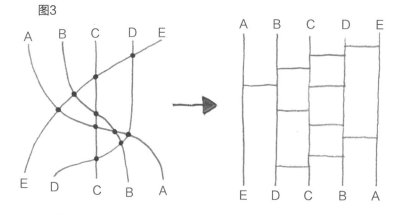

线各增加1条。6 + 4 = 10，5条竖线的鬼脚图一共需要10条横线。

② 用线与线的交点。

在4月3日的"鬼脚图的秘密①"中，我们学习了做鬼脚图的方法。按照这个方法，将起点的字母与终点对应的字母连接起来，线与线的交点用横线来替换。

10个交点替换成10条横线，因此5条竖线的鬼脚图一共需要10条横线（图3）。

图3

迷你便签 难度加深，10条竖线的鬼脚图一共需要多少条横线？答案是45条。请用上面的方法来确认一下吧。

计算中的数学

关于**小数**的那些事

5月
02日

岛根县 饭南町立志志小学
村上幸人老师撰写

阅读日期　　月　日　|　月　日　|　月　日

你会读小数吗?

在进行测量和计算时,不能正好得到整数结果时,你会怎么办?大家听说过"小数"这个词吗?它经常被使用在测量身高和体重上,比如,135.6 厘米或是 31.2 千克等。

它们分别被读作"一百三十五点六"和"三十一点二"。

再试试 2.17539,它的读法是"二点一七五三九"。不少小伙伴已经发觉:"咦,它和整数的读法不一样!"

读整数时,需要留意数位的变化,而小数点后的小数部分只需要按顺序读出数字即可。有时候,你也不知道自己读到了哪个数位。

```
                          模糊  须臾  弹指  六德  清净
                           |    |    |    |    |
0.0000000000000000000000
  |  |  |  |  |  |  |  |  |  |    |    |    |    |
  分 厘 毫 丝 忽 微 纤 沙 尘 埃 渺 漠 逡巡 瞬息 刹那 虚空
```

古时候的小数

未引入西方的小数点前,汉字也有一套小数单位表示小数。

如上图所示,从大到小分别是"分、厘、毫、丝、忽、微、纤、沙、尘、埃、渺、漠、模糊、逡巡、须臾、瞬息、弹指、刹那、六德、虚空、清净"。

之前的数字 2.17539,可以表示为"二又一分七厘五毫三丝九忽"。"差之毫厘,谬以千里""饭要吃到八分饱",在各种成语、俗语中,都有汉字小数的身影。属于汉字文化圈的日本,也有"一寸虫有五分魂(匹夫不可夺志,弱小者不可辱)""九分九厘(毫无疑问)"等俗语。

记一记

成数的表达方式

成数,表示一个数是另一个数的十分之几,它被广泛应用于各行各业的发展变化情况。假设在棒球比赛中,打击手的棒球安打对全部击球数的比率是 0.28,可以表示为:安打数是全部击球数的二成八。那么,小数、成数的区别是什么?将标准量看作 1 的是小数,将标准量看作 10 的是成数。

公元 3 世纪,数学家刘徽提出把整数个位以下无法标出名称的部分称为微数。公元 13 世纪,元代数学家朱世杰提出了小数的名称。汉字小数在和算名作《尘劫记》(吉田光由 著)中也有记载。

135

该抽哪个抽奖箱？
容易中奖的方法

神奈川县　川崎市立土桥小学
山本直老师撰写

中奖签的数量不同

以前，小卖部或是文具店里的神秘抽奖箱，是吸引我们掏出零花钱的一大利器。现在，在便利店和超市里，有时也会看到写着"买满□元抽1次！"的抽奖箱。

如右图所示，有A、B、C 3个抽奖箱。箱子中的中奖签个数分别是：A箱子1个，B箱子5个、C箱子10个。所以，你会抽哪个抽奖箱？只能抽1次哟。

试一试

抽2次就能中1次吗？

还是在A箱子中抽奖，不过抽取条件略作修改，规定每次抽出的签都需要放回。在这样的情况下，中奖的概率将如何改变呢？这样，可不是抽2次就中1次了，连续3次中奖，或是连续5次不中，都有可能出现。不过，在重复抽取100次、1000次甚至更多之后，中奖的概率将趋向于抽2次中1次（抽奖次数的一半）。如果你有时间的话，就来试一试抽奖，验证一下吧。

哪个箱子容易中奖？

当然是中奖签多的箱子容易中，那就选择C箱子吧。先别急着确定，中奖签多可并不代表中奖容易。中奖的关键是，箱子里还有多少个"谢谢惠顾"签。

假设A箱子里一共有2个签，1个中奖签，1个未中签。在这样的情况下，抽2次就能中1次奖。

假设C箱子里一共有100个签，10个中奖签，90个未中签。在这样的情况下，平均抽10次可以中1次奖。

因此大家要注意，中奖签数量越多，并不代表越容易中奖。

迷你便签
当你在琢磨"抽几次能中1次"的问题时，就是在思考概率的问题。在天气预报中，我们也经常可以听到"降水概率是百分之多少"的描述。

日本最高的建筑是什么

筑波大学附属小学
中田寿幸老师撰写

电视塔为什么那么高？

通常来说，2 层的教学楼高度是 8 米，3 层的高度是 12 米，4 层的高度是 16 米。出了校门，比学校教学楼高的建筑比比皆是。

目前，日本最高的建筑是东京晴空塔，高度为 634 米。而最终高度确定为 634 米，是因为"634"在日语中的发音，与东京都在古时候所属的武藏国发音相近。

东京晴空塔在 350 米及 450 米处各设一座观景台。单是站在这两个观景台上，就已经可以俯瞰日本第二高建筑东京塔（332.6 米）了。

为什么要建造这么高的电视塔呢？这是因为东京都内高楼林立，对电波传输造成了一定的障碍。为改善通信品质，从 2013 年起，东京晴空塔取代了东京塔，承担起电视信号发射功能。

东京晴空塔的横截面

如果有一把无形之刃，横着切向东京晴空塔，可以发现横截面的形状在慢慢变化。

0 米处的基部为等边三角形，往上逐渐变圆，到了 300 米处就是圆形了。

比一比日本建筑的高度

截至 2016 年 2 月，东京第一高楼的名号属于中城大厦，楼高 54 层，248 米。

此外，还有 247 米的虎之门之丘、243 米的东京都厅等高楼。东京都内超过 200 米的高楼共有 20 座。

但是，东京第一高楼并不是日本第一。截至 2016 年 1 月，日本第一高楼的名号属于大阪的阿倍野海阔天空大厦，楼高 60 层，300 米。日本第二高楼是神奈川县的横滨地标大厦，楼高 70 层，296 米。

迷你便签

东京晴空塔位于东京都墨田区。因为塔的基部是等边三角形，所以从高空俯视它的话，看到的就是等边三角形。

猜一猜小伙伴
喜欢的水果

东京都 杉并区立高井户第三小学
吉田映子 老师撰

阅读日期 月 日 | 月 日 | 月 日

这是一个猜水果的游戏。首先，在 15 种水果卡牌中，请小伙伴在心中选好喜欢的水果。然后，你分别以 4 张水果牌进行提问，就可以猜中小伙伴喜欢的水果啦。

● **选择喜欢的水果**

请从下面的 15 种水果里，选择你喜欢的 1 种水果。

● **进行 4 次提问**

依次向小伙伴展示 A—D 组合的 4 张水果牌，并提问："你喜欢的水果在这张卡牌中吗？"

"你喜欢的水果在这张卡牌中吗？"　　　　　　"你喜欢的水果在这张卡牌中吗？"

A

B

"你喜欢的水果在这张卡牌中吗？"

C

"你喜欢的水果在这张卡牌中吗？"

D

假如小伙伴喜欢的水果是西瓜。

那么，对于 A—D 的提问，他会回答："A = 在，B = 在，C = 在，D = 不在"。通过这样的推算，就可以猜中小伙伴喜欢的水果了。

水果牌的总分，可以表示水果哟

4 张水果牌，内有大乾坤。设定 A 组水果 1 分，B 组水果 2 分，C 组水果 4 分，D 组水果 8 分。因为西瓜是"A = 在，B = 在，C = 在，D = 不在"，所以"A = 1 分，B = 2 分，C = 4 分，D = 0 分"，得 7 分。

如下图所示，15 种水果分别被标注 1—15 的号码。看一看得分是 7 分的西瓜，刚好就是 7 号水果。某个水果在 A—D 水果牌中获得的总分，就表示了水果的号码。

再试试其他水果吧。因为苹果是"A = 不在，B = 在，C = 不在，D = 在"，所以"A = 0 分，B = 2 分，C = 0 分，D = 8 分"，得 10 分。找一找 10 号水果……果然就是苹果。

请使用这 4 张水果牌，猜一猜小伙伴喜欢的水果吧。

A	B	C	D		
1	+ 0	+ 0	+ 0	= 1	
0	+ 2	+ 0	+ 0	= 2	
1	+ 2	+ 0	+ 0	= 3	
0	+ 0	+ 4	+ 0	= 4	
1	+ 0	+ 4	+ 0	= 5	
0	+ 2	+ 4	+ 0	= 6	
1	+ 2	+ 4	+ 0	= 7	
0	+ 0	+ 0	+ 8	= 8	
1	+ 0	+ 0	+ 8	= 9	
0	+ 2	+ 0	+ 8	= 10	
1	+ 2	+ 0	+ 8	= 11	
0	+ 0	+ 4	+ 8	= 12	
1	+ 0	+ 4	+ 8	= 13	
0	+ 2	+ 4	+ 8	= 14	
1	+ 2	+ 4	+ 8	= 15	

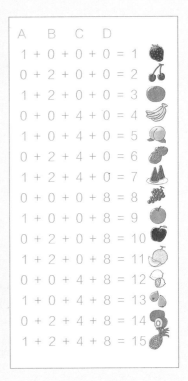

游戏的谜底在于，使用 1、2、4、8，可以组成 1—15 的所有数字。

139

正方形大变身！
关于分割的益智游戏

神奈川县　川崎市立土桥小学
山本直老师撰写

阅读日期　月　日　月　日　月　日

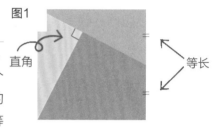

图1

直角　等长

将正方形分割成3个部分

请大家试着分割一个正方形，让它变身成其他的形状吧。

如图1所示，正方形被分成了3个部分。仅仅通过3个部分，就可以组成其他的形状吗？如图2所示，经过巧妙的摆放，正方形可以变身为直角三角形、平行四边形、梯形等形状哟。

图2

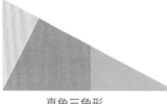
直角三角形

平行四边形

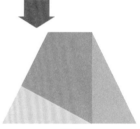
梯形

正方形变身为长方形和三角形

能够组成很多形状的秘密，是因为最初分割的3个部分都拥有直角。2个直角进行组合，就可以形成一条直线，从而能够变身为直角三角形和平行四边形。此外，有一个分割点位于正方形边长的中心，这也给正方形的变身提供了许多便利。总之，一定数量的直角和等长的边，让分割益智游戏充满趣味。

试一试

摆放方法是关键！

经过巧妙的摆放，正方形成功变身了。在转动、翻转时，要注意考虑方向。

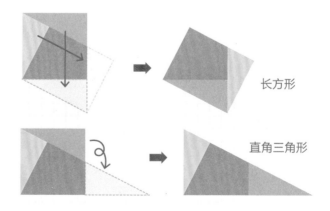

长方形

直角三角形

迷你便签

无论多复杂的形状，也逃不开"移动""转动""翻转"这3种基本摆放方法。万变不离其宗，大家来试试吧。

柔道级别**的秘密**

御茶水女子大学附属小学
冈田纮子老师撰写

阅读日期　月　日　｜　月　日　｜　月　日

图1

你知道柔道的级别吗？

你看过柔道比赛吗？比赛中会根据参赛选手的体重，进行分级。体重相近的人，参加同一体重级别的比赛。设定不同的级别，是为了在一定程度上消除体重带来的压制。在这种规则之下，可以保证比赛的公平性。

在柔道比赛中，女子组可分为 48 公斤级、52 公斤级、57 公斤级、63 公斤级、70 公斤级、78 公斤级、78 公斤以上级 7 个级别。打个比方，体重为 50 公斤的人，参加的就是 52 公斤级的比赛。体重 48.01—52 公斤的人，都可以参加 52 公斤级的比赛。

男子组也可以分为 60 公斤级、66 公斤级、73 公斤级、81 公斤级、90 公斤级、100 公斤级、100 公斤以上级 7 个级别。

每个级别增加多少公斤？

柔道各个级别并不是 5 公斤、10 公斤这样均等地增加。请观察图 2 中柔道女子组的各个级别，看看体重是如何增加的。

48 公斤级到 52 公斤级增加 4 公斤，52 公斤级到 57 公斤级增加 5 公斤，57 公斤级到 63 公斤级增加 6 公斤，63 公斤级到 70 公斤级增加 7 公斤，70 公斤级到 78 公斤级增加 8 公斤。也就是说，各个级别增加的体重是 4 公斤、5 公斤、6 公斤、7 公斤、8 公斤，每一项与它的前一项的差都等于 1 公斤。

再看男子组，各个级别增加的体重是 6 公斤、7 公斤、8 公斤、9 公斤、10 公斤，每一项与它的前一项的差也等于 1 公斤。虽然各个级别每次增加的体重不同，但增加重量都比前一次多 1 公斤，这是巧合还是有意为之呢？

图2

48公斤　52公斤　57公斤　63公斤　70公斤　78公斤　78公斤以上

+4公斤　+5公斤　+6公斤　+7公斤　+8公斤

除了柔道，摔跤、拳击等运动也会根据体重进行分级。

从上往下看，立体图形的俯视图

熊本县　熊本市立池上小学
藤本邦昭老师撰写

阅读日期📝　　月　日　｜　月　日　｜　月　日

你看见了什么？

如图1所示，这是由5个骰子形状的小正方体所组成的。

改变图1的视角，从上往下看的话，就成了图2的样子。

从上往下观察一个立体图形，可以得到它的俯视图。生活中常见的地图，就是一张大的俯视图。

给小正方体整整队形，重新摆放。当我们从上往下观察，得到的是图3所示的俯视图，问小正方体是如何摆放的？

俯视图中只有4个正方形，5个小正方体中还有一个藏到哪里去了？啊，原来是藏到二楼去了（图4）。只知道一个方向的视图，是不能精确还原它的立体图形的。

再来看看图5，你知道它是由哪些立体图形摆出的俯视图吗？知道一个方向的视图，可以摆出多种立体图形（图6）。

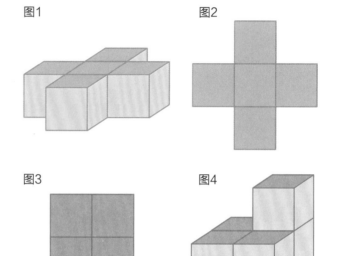

图1　图2

图3　图4

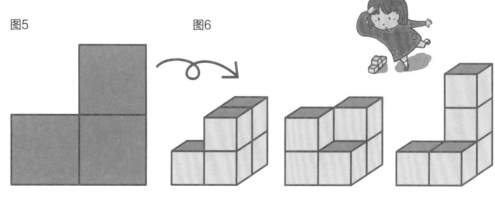

图5　图6

迷你便签

用积木摆一摆、画一画，就可以体验到"俯视图还原立体图形""立体图形变作俯视图"的乐趣了。

10 日元、100 日元……
钱包里各种面值的硬币有多少

北海道教育大学附属札幌小学
泷泷平悠史 老师撰写

阅读日期 ✎ | 月 日 | 月 日 | 月 日

钱包里的钢镚儿

你有自己的钱包吗？钱包里是不是放着零花钱？

现在，钱包里有 119 日元硬币。假设这堆硬币一共有 7 枚，那么可能有哪些面值，又各有多少枚呢？

从面值大的开始

在日本，日常流通的硬币面值分别有 1 日元、5 日

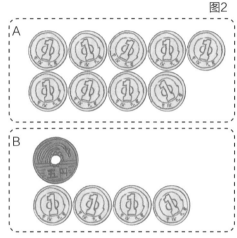

图1

图2

A

B

元、10 日元、50 日元、100 日元、500 日元 6 种（图 1）。

从面值大的硬币开始看起。因为 500 日元硬币已经超过 119 日元了，所以它肯定不在钱包里。

再来是 100 日元硬币。119 日元里最多只可能出现 1 枚 100 日元硬币。

当钱包里有 1 枚 100 日元硬币时，剩下的 19 日元中，就不可能出现 50 日元硬币了。10 日元硬币的话，最多能出现 1 枚。1 枚 100 日元硬币、1 枚 10 日元硬币，加起来一共是 110 日元。也就是说，剩下的 5 枚硬币面值等于 9 日元。

使用 1 日元硬币或 5 日元硬币可以组成 9 日元。如图 2 所示，有两种方法。显而易见，使用 1 枚 5 日元硬币、4 枚 1 日元硬币的方法 B 是所求的答案。

试一试

还有其他的组合方式吗？

当前提条件换成"硬币总数不是 7 枚"的时候，这堆硬币可能有哪些面值，又各有多少枚？

500 日元硬币 ➡ ×
100 日元硬币 ➡ ? 枚
50 日元硬币 ➡ ? 枚
10 日元硬币 ➡ ? 枚
5 日元硬币 ➡ ? 枚
1 日元硬币 ➡ ? 枚
} 119 日元

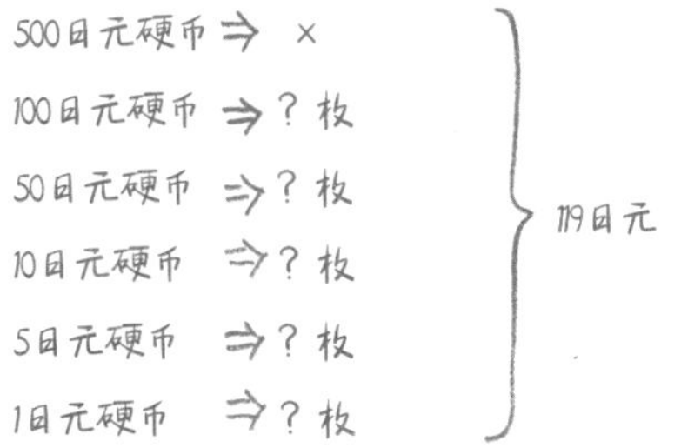

迷你便签

在购物时，想一想付钱的纸币、硬币组合是件有趣的事。以 110 日元为例，就有许多种硬币的组合方式。

现在还在使用！
古代的体积单位

东京都　丰岛区立高松小学
细萱裕子老师撰写

阅读日期　月　日　|　月　日　|　月　日

为什么大米的单位是1合、2合？

日本人的主食是大米。店里卖的袋装大米，有5千克的、10千克的等，标注的是重量单位"千克"；而在煮饭时，日本的大米量杯上标注的是"1合""2合"，使用的是"合"这个单位。日本在描述电饭煲的容量时，用的也是"合"。

合，是古代流传下来的计量单位。古时官府制定了测量容量的器具，叫作"一升枡"，计量得到的体积称作一升。"一升枡"的大小，随着在日本全国统一使用而固定下来。现在可知，1升 = 1.804立方分米；十合为一升，1合 = 0.1804立方分米 ≈ 180立方厘米。以大米量杯为例，1杯 = 180立方厘米 = 1合。

十升为一斗

十升为一斗，十斗为一石。在日语中，还有一升瓶、一斗桶这样的词汇。一升瓶，形容的是容量为1.8升的玻璃瓶，常用来装酱油、甜料酒、料酒等调味品，或是日本酒、红酒等酒类。一斗桶，指的是容量为18升的长方体金属桶，常用来装调味品、食用油、油漆、石蜡等。

图1　日本全国统一使用的"一升枡"

日本家庭中常见的一升瓶

日本古时的长度单位

日本古时的长度单位

1寸 ≈ 3.03厘米　　1分 ≈ 0.303厘米

"一升枡"的长和宽

4寸9分 = 3.03 × 4 + 0.303 × 9 = 14.847厘米

"一升枡"的高

2寸7分 = 3.03 × 2 + 0.303 × 7 = 8.181厘米

长 × 宽 × 高 =

14.847 × 14.847 × 8.181 = 1803.36……立方厘米

1合大米的重量，约为150—160克。1升大米的重量约为1.5—1.6千克，1斗大米约为15—16千克，1石大米约为150—160千克。古装剧里，经常出现某某粮食一百万石的字眼，这里的重量大约是15万—16万吨。合、升、斗、石也是中国古代计量单位（与日本对应的重量不同），不过它们在我们生活中几乎已经无影无踪了。

运算的窍门①——无中生有

东京都 杉并区立高井户第三小学
吉田映子 老师撰写

99 + 99 等于多少？

99 + 99 等于几？请用笔算来算一算吧。

$$\begin{array}{r} 99 \\ +99 \\ \hline 198 \end{array}$$

笔算过程如上所示，注意有两次进位。其实，这个运算还有简便的窍门。已知，99加上 1 等于 100。首先，计算100 + 100，答案是 200。

图1

试一试

999 + 999 怎么做？

同样是"无中生有"1，把 999 当成 1000 来运算。

1000 + 1000 = 2000

$$\begin{array}{ccc} \uparrow+1 & \uparrow+1 & \downarrow-2 \end{array}$$

999 + 999 = 2000 − 2

答案 1998，马上就算出来了。

1000 个　　　　1000 个

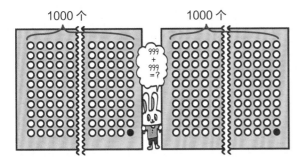

刚才的运算中，将 99 看作 100来进行计算。多加了两次 1，所以200 中要减去 2，答案是 198。

$$\begin{array}{ccc} 100 + 100 & = & 200 \\ \uparrow+1 \quad \uparrow+1 & \downarrow-2 & \\ 99 + 99 & = & 200-2 \end{array}$$

如图1所示，来看一张直观的说明图。

计算图1中的〇。● 原本代表不存在，"无中生有"之后，可以当成全部有 200 个〇。不过两个 ● 不存在的事实，最后还是被发现了。所以 200减去 2，得 198。

用牙签摆一摆等边三角形

5月 12 日

神奈川县 川崎市立土桥小学

山本直 老师撰写

阅读日期 ✐ 月 日 | 月 日 | 月 日

等边三角形有几条边？

由 3 条线段围成的图形（每相邻两条线段的端点相连）叫作三角形，这些线段叫作三角形的边。3 条边都相等的三角形，叫作等边三角形。

用牙签摆一摆等边三角形，很简单吧。摆 1 个等边三角形需要 3 根牙签，那么摆两个等边三角形，又需要几根牙签？

3×2 = 6，那就是需要 6 根牙签喽。不对呀，实际上用不了那么多。如图 1 所示，两个等边三角形共用 1 条边，所以只需要 5 根牙签。

图1

图2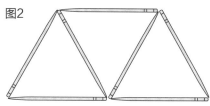

图3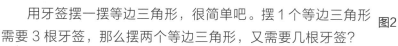

3 个、4 个等边三角形呢？

等边三角形继续增加，仔细观察牙签的数量又是怎样变化的呢。如图 2、图 3 所示，3 个等边三角形需要 7 根牙签，4 个等边三角形需要 9 根牙签，牙签每次增加 2 根。再来摆一摆 5 个、6 个等边三角形。哎呀，还出现了增加 1 根牙签就增加 1 个等边三角形的情况（图 4）。

牙签摆放的方法不同，等边三角形出现的个数也不同。此外，随着等边三角形的增加，各种各样的图案也出来了。还有哪些摆放的方法，快来试一试吧。

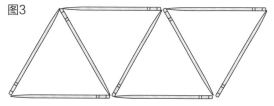

图4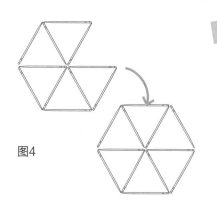

试一试

6 根牙签组成 4 个等边三角形？

你知道吗，只用 6 根牙签就可以组成 4 个等边三角形啦。如右图所示，原来摆出来是个立体图形。冲破平面的思考，真是有意思。

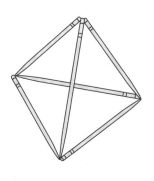

在等边三角形变身六边形的过程中，等边三角形从 5 个增加到 6 个时，只需要增加 1 根牙签（图 4）。

在富士山山顶远眺

2 生活中的数学

5月 13日

岩手县　久慈市教育委员会
小森笃老师撰写

阅读日期　月　日　月　日　月　日

从山顶可以望多远？

登高远眺，天公作美时视野极佳，远处的景致尽收眼底。如果登上日本第一高山富士山，最远可以看到多远的地方？

能看到多远这个问题，用一个三角形就可以解决了（图1）。

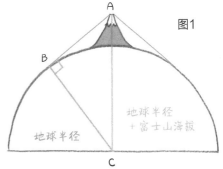

图1

如图1所示，可以看见一个直角三角形ABC。橙色的边AB，就是从富士山山顶远眺的距离。

· 地球半径（边BC）：约6378千米

· 富士山海拔：3.776千米

· 地球半径+富士山海拔（边AC）=6381.776千米

根据已知条件，可以求得橙色的边AB约为220千米（具体计算方法将在初中时学习）。

不愧是富士山

如图2所示，这是一个以富士山为中心、半径为220千米的圆。

西到滋贺县，北至福岛县，都可以尽收眼底，不愧是日本第一高山富士山。从古至今，有许多利用富士山海拔进行的观测活动。

图2

运用相同的计算方法，可以知道登上东京第一高塔晴空塔（见5月4日）的第二展望台（450米）后，能够看到76千米远的地方。

147

林荫道的长度是多少？
神奇的植树问题

北海道教育大学附属札幌小学
泷泷平悠史老师撰写

阅读日期 ✐ 月 日 | 月 日 | 月 日

植树问题是什么？

植树问题是一道经典的趣味数学问题，今天我们就来看一看它。植树问题中的树，指的是行道树，它们通常种在道路两旁及分车带，是为车辆和行人遮阴并构成街景的树种。所以说，植树问题是一道非常生活化的数学问题呢。

请看看这道数学应用题。

林荫道每隔 8 米种植 1 棵树，且两端都要植树。已知林荫道共植 5 棵树，问道路长度是多少米？

已知树木棵数与树木间隔长度，求林荫道长度，是植树问题的一种类型。

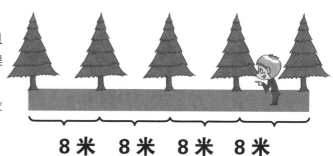

8米　8米　8米　8米

林荫道有多长？

貌似是一道简单的乘法题目，带着这样的想法就做了起来：树木间隔长度为 8 米，一共有 5 棵数，因此是 8×5 = 40 米。真的这么简单吗？来画一画图，确认一下。

通过这幅图，可以发现之前计算中疏漏的地方了。树木虽然有 5 棵，但树与树的间隔（8 米）可不是 5 个。也就说是，8×5 这个算式并不成立。

树木间隔长度为 8 米，间隔的数量比 5 少 1，是 4 个。可知，林荫道全长是 8×（5 - 1）= 32 米。

植树问题需要留意的地方，就是树木数量不一定等于树与树的间隔数量。

绕着池塘的林荫道

如右图所示，当林荫道不再是笔直的道路，而是围着池塘绕一圈时，植树问题又有了新情况。同样是每隔 8 米种植 1 棵树，一共植 5 棵树，林荫道长度是多少呢？请思考树木数量与间隔数量的关系。

迷你便签　当人们排成一列长队时，人与人的间隔数量，也比总人数要少 1 个。

厘升这个单位去哪儿了

测量中的
数学

御茶水女子大学附属小学
久下谷明老师撰写

阅读日期 📝　　月　日　｜　月　日　｜　月　日

各种单位排一排

　　盛水的容器有大有小，能盛的水就有多有少。计量液体容积，比较常见的单位有升（L）、分升（dL）、毫升（mL）。它们之间的大小换算，如图1所示。测量物体长度，比较常见的单位有米（m）、厘米（cm）、毫米（mm）。它们之间的大小关系，如图2所示。

图1

1L　1dL　1cL　1mL
　　10倍　　100倍

图2

1m　1dm　1cm　1mm
　　100倍　　10倍

这些单位知不知

　　你也发现了，是吗？有两个用橙色字标注的单位落单了。厘升和分米，它们的身影在生活中似乎不太常见。不过，这两个单位确确实实是存在的。

　　正是因为不常使用，所以显得十分陌生。但使劲找一找，还是可以发现它们的踪迹的。

　　以厘升为例，常用来描述液体药剂和进口饮料的容量。有兴趣的话，大家可以确认一下哟。

想一想

1L 还是 1l？

　　升的单位符号，有人写成大写字母 L 或者小写字母 l。升的符号名称并非来源于人名，在国际上原本使用小写字母 l，但是由于 l 易与阿拉伯数字 1 发生混淆，因此 1979 年第 16 届国际计量大会决议：作为一个例外，允许两个符号 l 和 L 作为升的符号。

迷你
便签

　　单位符号的字母一般小写，若单位名称来源于人名，则其符号的第一个字母大写。比如，力学单位牛顿，简称牛。因为它是以科学家艾萨克·牛顿（Isaac Newton）的名字命名，所以符号为 N。

有几张小贴纸？
图里推出的算式

明星大学客座教授
细水保宏老师撰写

阅读日期　　月　日　　月　日　　月　日

小贴纸有几张？

如图1所示，请数一数一共有几张圆形小贴纸。

数好之后，让我们合上书本。回想一下这幅图，把它复原到笔记本上。

像一座金字塔，从最高层到最低层，共有5层，每层的小贴纸分别是1、3、5、7、9张。

慢慢数完之后，可以知道小贴纸一共有25张。

如果有人觉得一张一张数太麻烦的话，接下来马上就呈上简便方法。从图里推导出算式，你就马上能说出答案了。

从图里推出算式

图和算式可以互相推导，当它们结合在一起时，数学会变得更有趣。

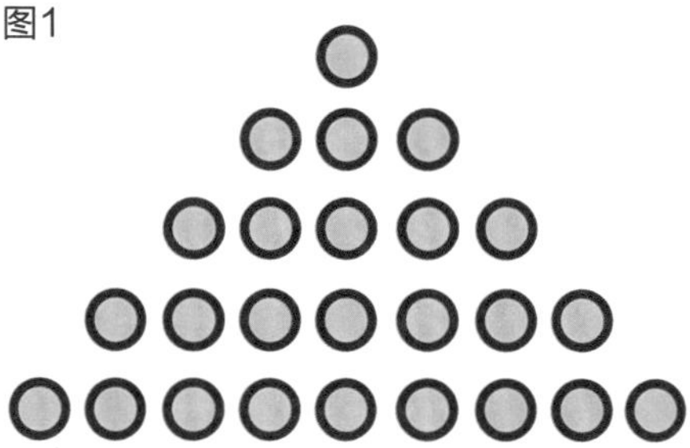

如图2所示，从金字塔的小贴纸可以推出 $1+3+5+7+9=25$ 的算式。

图1

图2

算式里推出的图

解读以下算式，找出与之相对应的图。

① $1+2+3+4+5+4+3+2+1=25$

② $(1+9)\times5\div2=25$

③ $5\times5=25$

（答案在"迷你便签"中）

图3

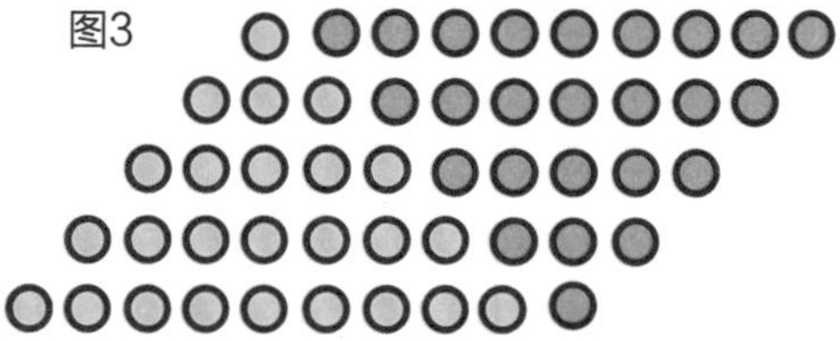

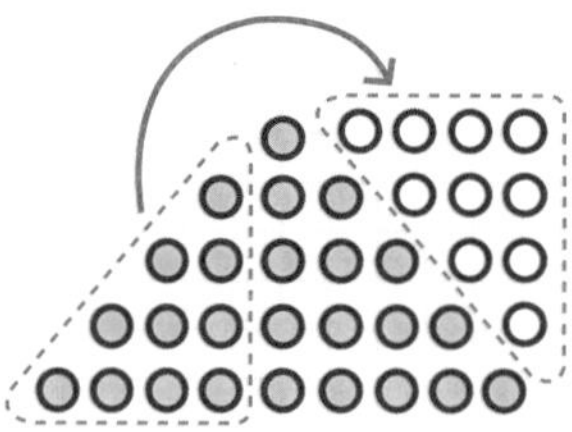

图4

图5

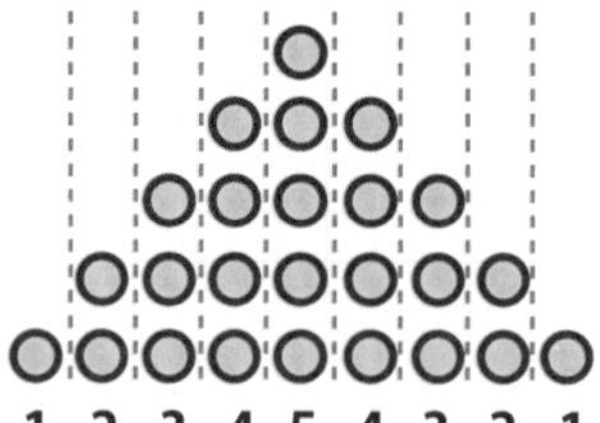

1 2 3 4 5 4 3 2 1

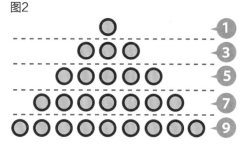

$1+3=4=2\times2$，$1+3+5=9=3\times3$，$1+3+5+7=16=4\times4$。几个连续奇数的和，等于奇数数量的平方。"试一试"的答案：①→图5，②→图3，③→图4。

机器人保安警戒中……
周长与面积

学习院小学部
大泽隆之 老师撰写

阅读日期　月　日　｜　月　日　｜　月　日

它会发现小偷蚂蚁吗？

嘟嘟嘟，嘟嘟嘟，机器人保安警戒中。它们要保护的宝贝方糖，正是小偷蚂蚁的目标（图1）。

机器人保安会自动绕着方糖四周巡逻。一圈下来，如果感知到线路长度相同，就会做出"一切正常"的判断。

小偷蚂蚁偷偷搬走了1颗方糖，机器人保安能够及时察觉吗？

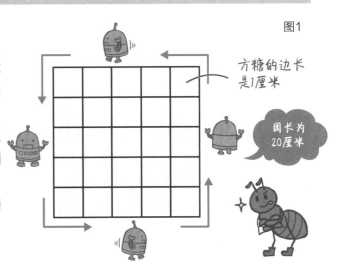

图1

方糖的边长是1厘米

周长为20厘米

图2

周长还是20厘米

GET!!

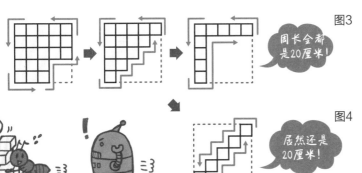

图3

周长全都是20厘米！

图4

居然还是20厘米！

哎呀，这蚂蚁还挺聪明。因为线路长度相同，机器人保安居然没有发现异常（图2）。

周长真的没有变吗？我们来确认一下。虽然小偷蚂蚁搬走了1颗、2颗、3颗、4颗……但周长和之前正方形的周长是一样的（图3）。

如图4所示，小偷蚂蚁说它搬累了，给机器人保安留下5颗方糖吧。这时的周长还是20厘米。

迷你便签

周长相等的形状，面积不一定相等。这个只会测量行走线路长度（周长）的机器人保安，应该被就地解雇！

使用数字 1 到 5 的魔术加法

青森县 三户町立三户小学

种市芳丈 老师撰写

阅读日期 ✎ 月 日 | 月 日 | 月 日

好神奇！都能被 3 整除

数字 1—5，按顺序排排站。保持站位不动，然后用组成的数进行加法运算吧。比如，1 + 2 + 3 + 4 + 5 = 15，12 + 34 + 5 = 51。请想出 3 个算式，并进行加法运算。

然后，把几个数相加的和除以 3。除了 15 和 51 能被 3 整除，我敢肯定你的 3 个算式的和，也可以被 3 整除。

是偶然，还是必然？话不多说，我们把所有的数字组合都列举出来，看看是不是都能被 3 整除。

注意除法的余数

一个数能否被 3 整除，有一个迅速判断的诀窍——各数位上的数字相加之和是 3 的倍数，那么这个数就能被 3 整除。

利用这个判断方法，可以进行两种形式的验证。一是将数的各数位数字相加，和可以被 3 整除，所以这个数能被 3 整除。二是将数字回推算式，算式中每个数字的各数位数字相加就是 1 + 2 + 3 + 4 + 5 = 15，所以这个数能被 3 整除（图 2）。

被除数、除数、商、余数是除法的 4 个名词，余数比除数小。

图1

● 全部是一位数

1 + 2 + 3 + 4 + 5 = 15

● 两位数 + 两位数 + 一位数

12 + 34 + 5 = 51
12 + 3 + 45 = 60
1 + 23 + 45 = 69

● 三位数 + 两位数

123 + 45 = 168
12 + 345 = 357

● 五位数

12345

● 两位数 + 一位数 + 一位数 + 一位数

12 + 3 + 4 + 5 = 24
1 + 23 + 4 + 5 = 33
1 + 2 + 34 + 5 = 42
1 + 2 + 3 + 45 = 51

● 三位数 + 一位数 + 一位数

123 + 4 + 5 = 132
1 + 234 + 5 = 240
1 + 2 + 345 = 348

● 四位数 + 一位数

1234 + 5 = 1239
1 + 2345 = 2346

图2

例

12 + 34 + 5 = 51
(1 + 2 + 3 + 4 + 5) ÷ 3 = 5

1234 + 5 = 1239
(1 + 2 + 3 + 4 + 5) ÷ 3 = 5

12345
(1 + 2 + 3 + 4 + 5) ÷ 3 = 5

迷你便签 在日本的高中数学课本中，涉及同余运算。用"19 ≡ 1（mod3）"表示 19 和 1 除以 3 的余数相同。

北海道和香川县
面积的秘密

筑波大学附属小学
盛山隆雄 老师撰写

北海道是日本的几分之一？

你知道北海道占日本国土面积的比重吗？ 请从以下选项中选择。

① $\frac{1}{5}$。

② 约 $\frac{1}{8}$。

③ 约 $\frac{1}{10}$。

其实，北海道（约 8 万平方千米）大概是日本国土面积（约 38 万平方千米）的五分之一。北海道还真是挺大的。

想一想

四国和岩手县谁大？

日本的四国地区，按照行政区划包括德岛县、香川县、爱媛县和高知县。这 4 县与日本东北地区的岩手县相比，谁的面积大？

① 四国地区。

② 岩手县。

③ 不相上下。

（答案见"迷你便签"。）

香川县是日本的几分之一？

再来看一看香川县，它是日本 47 个都道府县中最小的县。香川县是日本国土面积的几分之一？请从以下选项中选择。

① 约 $\frac{1}{50}$。

② 约 $\frac{1}{100}$。

③ 约 $\frac{1}{200}$。

香川县只有 1876 平方千米，约为日本国土面积的 $\frac{1}{200}$。在 47 个都道府县中，只占了 $\frac{1}{200}$，实在是够小的了。

迷你便签

"想一想"的答案是①四国地区。四国地区的四县总面积约为 19000 平方千米，岩手县的面积约为 15000 平方千米。不过，如果将四国地区和岩手县重叠起来，看上去大小是差不多的。

我在第几层？
不同国家对楼层的不同表达

山本直 老师撰写

阅读日期　　月　日　　月　日　　月　日

正门在第1层吗？

从大道走进大楼的大门，我要提一个问题：这大门是在大楼的1层吧？可别说是明知故问，在某些国家大门就是在 G 层。G 层之上，才是1层。也就是说，我们口中的2层，到了那些国家就变成1层了。G，是英语 Ground floor 的缩写，它指的是紧贴地面的那个楼层。

不使用不吉利的数字

在某个国家，人们认为 4 是不吉利的数。因

消失的两个数字

假设我们又到了另一个国家，那里的人们认为 4 和 9 都是不吉利的数字，那么"50层"又该如何表示呢？到 50 层，消失的楼层一共有 18 层。而 51 层到 70 层之间，有 4 层楼是不存在的。消失的两个数字，带来了消失的 22 个楼层。因此，实际上的 50 层，在这个国家是"72层"。

1~10	4和9
11~20	14和19
21~30	24和29
31~40	34、39和40
41~50	50以外全部（9个楼层）
继续	
51~60	54和59
61~70	64和69

此在建筑中，4 消失得彻彻底底。在我们口中的 10 层，到了那个国家是几层？首先，1 层被 G 层所取代，因此楼层要少说一层。但是，因为 4 层的消失，楼层数又与我们一致了。10 层，还是 10 层。

那么 20 层和 50 层又是什么情况？通常来说，10 层往上增加 10 层，就是 20 层。但是在那个国家，没有 14 层。因此，增加 10 层后是"21层"。数到 30 层时，同样也没有 24 层，所以在那个国家称为"32层"。

50 层的情况就比较复杂了。消失的除了 34 层，还有 40 层到 49 层，整整差了 13 个楼层。所以答案是 63 层吗？别急，54 层和 64 层也是不存在的。也就是说，实际上的 50 层，到了那个国家居然就成了"65层"。

在进行特殊规律的计数时，要注意做到不重不漏。

1.0 和 0.1，视力表的小数记录法

2 生活中的数学

东京学艺大学附属小学
高桥丈夫老师撰写

5月 **21** 日

阅读日期 ✐ 月 日 | 月 日 | 月 日

图1

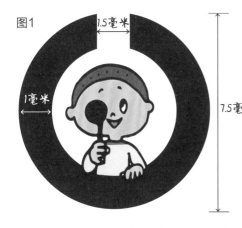

1.5毫米

1毫米

7.5毫米

你见过 C 视力表吗？

你见过测量视力时大大的 E 吗？相对于 E 视力表来说，可能大家对 C 视力表有些陌生。C 视力表也是用于测量视力图表的一种，通常称 C 字表，又称兰氏环形视力表，主要用来检测飞行员等对视力有高度要求职业的人员。在日本，人们通常使用的就是 C 视力表。

如图 1 所示，这是 C 视力表中的一个 C 字形环：边长 7.5 毫米的正方形中，有一个 1 毫米宽度的环，环上还有一个 1.5 毫米宽的缺口。如果你在距离 5 米的地方看清了它，就可以证明视力达到 1.0。如果在距离 10 米的地方，你还能够看清这个 C 字环，可以证明视力达到了 2.0。反之，如果在距离 2.5 米的地方，你才能够看清这个 C 字环，证明视力达到 0.5。当然，在实际操作中，不可能让测试者来回变换距离，同时也是为了减少检查中的人为误差，于是采取人不变，C 变的方法。改变 C 字环的大小和方向，从而形成了视力表。

视力 5.0 也可以检测出来

也就是说，视力 2.0 的 C 字环是视力 1.0 的 $\frac{1}{2}$，而视力 0.5 的 C 字环是视力 1.0 的 2 倍。

假设你连视力表上最大的 C（视力 0.1）都看不清，那么尝试从距离 5 米移动到 4 米，如果这时看清的话，你的视力是 0.08。

因此通过视力表，检查出 5.0 的视力也不在话下哟。原来在视力检查中，还藏着数学知识呀。

字环越来越小

上

小数记录法下 5.0 的视力，是指在距离 25 米的地方看清视力 1.0 的 C 字环。中国现行的标准对数视力表是 E 视力表，采取 5 分记录法（5.0 为标准），和今天介绍的小数记录法（1.0 为标准）可以换算。文中出现的视力也可换算为 5 分记录法：2.0（5.3），1.0（5.0）、0.5（4.7），0.1（4.0），0.08（3.9）。

速你便签

如何画一个正方体

学习院小学部
大泽隆之 老师撰写

阅读日期 📖 　月　日　｜　月　日　｜　月　日

正方体的画法有窍门

你会画正方体吗？今天我们将教大家画一个美美的正方体。

先来第一个方法。画一个正方形，从 3 个顶点向斜后方画出 3 条等长的平行线段，最后依次连接平行线段。这是一个严严实实的正方体，看不到的线条就没有画哟。（图 1）

再来第二个方法。画一个正方形，挪一挪位置，再画一个正方形。把两个正方形对应的顶点连接起来，就是一个可以看到内部线条的正方体了！（图 2）

利用这个方法，当正方形变成长方形或三角形时，你也可以画出对应的长方体和三棱柱。最后，再挑战一下变成圆形的情况吧。

图1　　图2

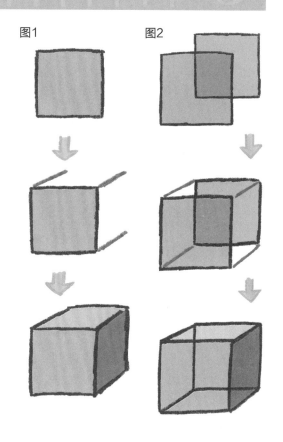

你会画圆柱吗？

如右图所示，这是一种画圆柱的方法。想一想，还有其他画法吗？

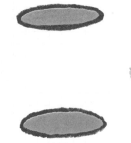

掌握了这个画正方体的方法，还可以应用到日常生活中。来吧，画一画高楼和矮房，画一画圆柱和棱柱，再画一画我们的身体。

两个人分包子

北海道教育大学附属札幌小学
泷泷平悠史 老师撰写

阅读日期✐ 　月　日　｜　月　日　｜　月　日

图1

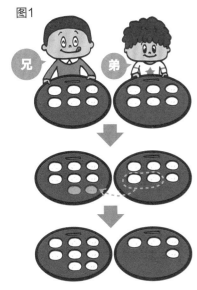

咦，为什么多了 4 个？

现在有 12 个包子，两兄弟打算分着吃。

哥哥个头大，想多吃 2 个。于是，每人各会分到多少个包子？

首先，我们将 12 个包子平分，就是每人分到 6 个包子。然后，因为哥哥要多拿 2 个，所以弟弟就把自己的 2 个包子给了哥哥。于是，兄弟两人的包子是相差了 2 个吗？（图 1）

仔细一看，哥哥的包子居然比弟弟多了 4 个。为什么会这样呢？试着回顾一下分包子的过程。

首先，弟弟把 2 个包子给了哥哥。因此弟弟手上的包子就是 6 - 2=4。也就是说，减少 2 个后，手上只剩下 4 个。

然后，哥哥从弟弟那儿拿到 2 个包子，所以就是 6 + 2=8。哥哥的包子比一开始多了 2 个，变成了 8 个。弟弟减少 2 个，哥哥增加 2 个，结果就导致兄弟俩的包子差了 4 个。

怎样才能差 2 个？

哥哥觉得包子拿多了，于是还了 1 个包子给弟弟（图 2）。

哥哥的包子减少 1 个，弟弟的包子增加 1 个。于是，两人的包子个数正好相差 2 个。

当相差数量发生变化

思考一下这样的情况：兄弟俩手上包子的个数差从 2 个变成 3、4……其实大家只要准备几颗弹珠实际分一下，就很容易得出结论了。怎么样，你能让兄弟俩的包子相差 3 个、4 个吗？

图2

迷你便签

如果兄弟俩的包子相差 2 个，那么包子总数可能是 6 个、8 个、10 个等可以被 2 整除的数。能被 2 整除的整数叫作偶数，不能被 2 整除的整数叫作奇数。在"试一试"中，在 12 个包子的情况下，兄弟俩的包子数可能相差 4 个，不可能相差 3 个。

一张地图只用 4 种颜色就够了吗

东京学艺大学附属小学
高桥丈夫老师撰写

近代三大数学猜想之一

"任何一张地图，你可以只用 4 种颜色就使具有共同边界的国家标记上不同的颜色吗？"

你听说过这个问题吗？它叫四色定理，又称四色猜想，是世界近代三大数学猜想之一。它的历史，可以追溯到 160 多年前。

1852 年，来自伦敦的年轻数学家格斯里（1831—1899 年），在一家科研单位进行地图着色工作时，发现每幅地图都可以只用 4 种颜色着色。于是，他提出了四色猜想：在不引起混淆的情况下，一张地图只需 4 种颜色进行标记。这个现象能不能从数学上加以严格证明呢？

证明已是百年后

如图 1 所示，如果只是要画这样一幅简单的地图，可以很容易证明 4 色可行。但是，想要证明四色猜想能运用于所有地图，其过程十分之困难。

直到 100 年之后的 1976 年，美国数学家阿佩尔与哈肯在伊利诺斯大学的两台电子计算机上，用了 1200 个小时，作了 100 亿个判断，结果没有一张地图是需要 5 种颜色的。猜想得到了证明，被称为四色定理，轰动了世界。借助计算机的发展才得以证明，四色猜想真不愧是世纪性的大难题。

图1

迷你便签

是不是很心动啊？快快准备一张国家或地区空白地图，开始你的四色定理挑战之旅吧。

计算 □5 × □5 不需要笔算

东京学艺大学附属小学
高桥丈夫 老师撰写

阅读日期 ✏ 月 日 | 月 日 | 月 日

个位数是 5 的相同数相乘

仔细观察以下 □5 × □5（个位数是 5 的两个相同数）的运算。你发现什么规律了吗？

首先，我们很快发现乘积的最后两位都是 25。然后根据结果，继续找一找百位数、千位数的规律。

以 25 × 25 为例，可以将算式转化为图形（图1），分别是 1 个大正方形、2 个长方形和 1 个小正方形。图1 经过变形，形成图2，可以看作是 1 个大长方形和 1 个小正方形。大长方形面积等于

15 × 15 = 225
25 × 25 = 625
35 × 35 = 1225
45 × 45 = 2025
55 × 55 = 3025
65 × 65 = 4225
75 × 75 = 5625
85 × 85 = 7225
95 × 95 = 9025

20 ×（20 + 5 + 5），小正方形面积等于 5×5，20 ×（20 + 5 + 5）+ 5×5 = 625。

除此之外，也可以直接进行①②③④的分步计算（图3）。

十位数相同，个位数都是 5 的情况下，还可以推断出如左图所示的规律：前几位是十位数 ×（十位数 +1），最后两位是 25。

计算的意义，用图来表示更清楚。运算的规律，以图作说明更清晰。

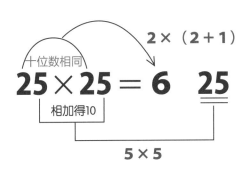

图1
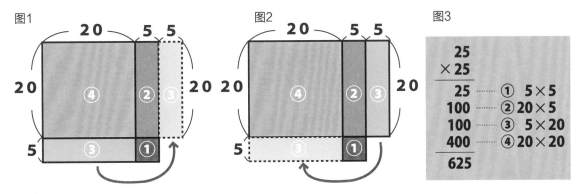

图2

图3

像 □5 × □5 这样的，有固定形式的算式，可能还藏着不少运算规律。有兴趣的话，可以找一找。　159

简单图形打造的花样图案

东京都　杉并区立高井户第三小学
吉田映子老师撰写

阅读日期　　　月　日　　　月　日　　　月　日

组合一下有惊喜

右边这个图案（图1）挺好看的，想画的话该从哪里开始呢？

当然了，画法是有很多种的，并不需要拘泥。今天，要给大家介绍一种利用图形进行组合的方法。

首先，准备两张相同大小的正方形纸。然后，分别对折，形成像 A、B 这样的折痕（图2）。

图1

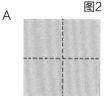

图2

图3

将 A 放在 B 的上面，将折痕一一对应（图3）。

绕着两张纸描画一圈，图案就出来了。想要更精致一些的话，就在交点处画上记号，再用尺子把记号点连起来。

你也来画一画吧。

这是由哪些图形组成的？

猜一猜这两个图案是由哪些图形组成的呢？

（图4）钥匙孔形→（图5）圆形和等腰三角形

（图6）心形→（图7）正方形和 2 个圆形

图4　　　　图5

图6　　　　图7

迷你便签　我们身边有许多含有设计元素的图案，大家可以试着从图形组合入手，来探究它们的形成过程。

不下水也能测量河流的宽度吗

岛根县 饭南町立志志小学
村上幸人 老师撰写

数学的力量，启动

醒目的大树

河流

45°

45°

距离相等

面前有一条河流，我们想在河上搭建一座桥。需要知道河流的宽度，才能准备搭建桥梁相应的材料。

那么，怎样才能测量河流的宽度呢？拽上一条绳子，扑通一声跳下河，游到对岸？这确实是一种方法，不过可是有溺水的危险啊。这时候，让大伙儿见识见识数学的力量吧。

准备一个量角器或等腰直角三角板。这些都没有的话，可以把正方形的纸对折，得到的形状和三角板是一样的。

首先，在对岸选择一棵醒目的大树。正对大树的地方，就是直角的位置。然后，沿着岸边走，找到那个与大树呈 45 度角的地方。

测量一下步行的路程，这就是河流的宽度。

试一试

也可以测量大树的高度哟

利用这个方法，也可以量一量大树的高度。在空旷的地方选棵树试试吧。

关注直角和45度角

为什么不下水，也能测量到河流的宽度？请看一下手中的三角板：两条直角边长相等，两个锐角度数相等（45 度）。

利用这个性质，我们可以发现，在河流上"出现"了一个巨型的三角形。河流的宽度，就等于沿着河岸从直角步行到 45 度角的距离。即使不下水，也可以知道河流的宽度了。

这把三角板有点儿意思。夹角为直角，两条直角边相等的三角形，叫作"等腰直角三角形"。
小小预告一下：7 月 3 日的内容也很有意思哟。

计算中的数学

数字卡片游戏——加法篇

御茶水女子大学附属小学
久下谷明老师撰写

5月28日

阅读日期　　月　日　|　月　日　|　月　日

玩一玩数字卡片

现在有1—4的数字卡片各1张（图1）。今天，我们就要用这4张卡片，玩一玩数字游戏。两个问题已经准备好了，请看题。

【问题1】

把4张卡片分别放入4个格子中，这是一道两位数加两位数的运算。怎样放置卡片，才能取得最大的和呢（图2）？

【问题2】

同理，怎样放置卡片，才能取得最小的和呢（图3）？

大家也可以准备4张卡片，移一移，动一动，答案自然就出来啦。

解一解数字游戏

怎么样，有眉目了吗？这就开始对答案了。

先看问题1，当数字卡片如图4所示摆放时，和最大。

不过，卡片放置的答案并不是唯一的。如果将卡片4和3调换，和还是73。

如果将卡片2和1调换，和不变。因此，有多种卡片摆放的方式。

再来看问题2，当数字卡片如图5所示摆放时，和最小。和问题1相同，卡片摆放的方式也有多种。

图1

图2

怎样放置卡片，才能取得最大的和呢？

图3

怎样放置卡片，才能取得最小的和呢？

图4

图5

试一试

将游戏的范围扩大

在思考了两位数加两位数的问题之后，数字游戏还可以进行多重变身。"如果使用1—6的数字卡片？""如果是三位数加三位数？"问题接踵而来。请使用1—6的数字卡片，解一解三位数加三位数的数字游戏：怎样放置卡片，才能取得最大或最小的和？

162　迷你便签　既然有了加法的玩法，是不是也有减法的玩法呢？没错，减法篇就在6月20日。

抛物面天线的二三事，神奇的反射器

岩手县 久慈市教育委员会
小森笃老师撰写

阅读日期🖋 月 日 ｜ 月 日 ｜ 月 日

图1

如果小球落向反射器？

如图1所示，这样的天线叫作抛物面天线，它有一个像大碗的反射器。在这个反射器上，有意思的事情发生了。

如图2所示，这是小球落向反射器又弹起时的画面。从不同地点垂直下落的小球，居然在反弹后都经过同一个点（焦点）。

如果从同一高度落下？

有意思的事情还有呢，从不同地点、同一高度垂直下落的小球，将在同一时刻通过焦点。以图2为例，6个小球将在同一时刻在焦点处碰撞在一起。

利用这一性质，抛物面天线在接收来自远方的信号时，电波会经过反射器反射，汇聚到位于焦点上的照射器（馈源）上。因此，馈源可接收到最大信号能量。

图2

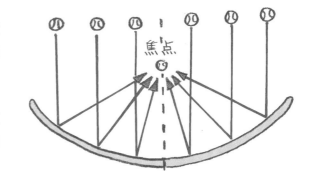

焦点

想一想

扔一扔棒球

当我们投掷一个棒球时，棒球运动的轨迹，和抛物面天线的反射器形状是一样的。这条线就是"抛物线"。

迷你便签

我们在楼顶上常见的卫星天线，就是一种抛物面天线。

快速笔算游戏的秘密

东京学艺大学附属小学
高桥丈夫老师撰写

阅读日期 月 日 | 月 日 | 月 日

比一比，谁算得快

和朋友来玩一个快速笔算游戏吧。

首先，小伙伴说出 3 个三位数，你说出两个三位数。然后，对 5 个三位数进行加法笔算。比一比，谁算得快。

如图1所示，首先，小伙伴说出了346、283两个三位数。接下来轮到你了，注意了，你的数字内有玄机。用 999 减去小伙伴的 283，就是你的数。于是，你说出第 1 个三位数 716。当小伙伴说了第 3 个三位数 472 后，又轮到你说了。同样的，999 减去小伙伴的 472，就是你的第 2 个三位数 527。

看破玄机了吧，你的数加上小伙伴的后两个数，就 等 于 999 + 999 = 1998，也就是 2000 减去 2。因此，5 个三位数的和就是，346 加上 2000 减去 2，得 2344（图 2）。

图2

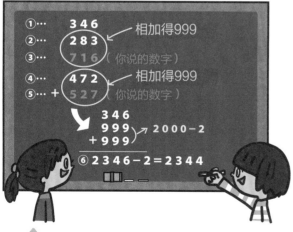

图1

⑥ 计算吧！！

写一写，预言数字

按照这样的方法，除了可以比小伙伴算得快，更可以上演一个预言环节。当小伙伴刚说出第 1 个数字时，结果就已经可以推断出来了。把数字悄悄写在纸上，放进口袋里。

奇迹发生啦，呈现在小伙伴眼前的是，口袋里的数字居然和最后的答案一模一样！

四位数也可以玩这个游戏哟，这样的话，两数相加之和要等于9999。快来挑战一下吧。

找出**藏起来**的四边形

北海道教育大学附属札幌小学
泷泷平悠史老师撰写

阅读日期✎ 月 日 | 月 日 | 月 日

图上有多少个四边形？

　　如图1所示，一个大长方形被平均分成多个小方格。请数一数，图中一共有几个四边形？

　　数清楚了吗？可能你的答案是"6个"。如图2所示，小正方形一个一个地数完，的确是有6个四边形。不过，其实在图中还藏着许许多多的四边形。

图1 图2

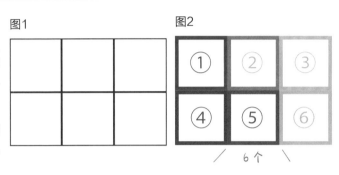

算上重合的图形呢？

　　灵感一闪而过，重新数一数。如图3所示，图中还藏着"竖着的长方形"和"横着的长方形"。如图4所示，还有2个"特别长的长方形"。如图5所示，再来2个大正方形。最后呢，别忘了把整体的大长方形算进去。

　　发现了全部的四边形，我们认真地数一数：小正方形6个；小长方形，竖着的3个，横着的4个，特别长的2个；大正方形2个；大长方形1个。一共是18个。将重合的情况考虑进去，我们眼中的数学世界变得更加宽广。

图3

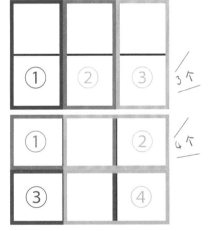

图4

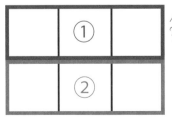

图5

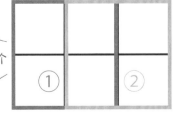 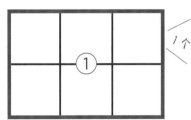

　　组成长方形的小方格，经过增加、组合，又会变化出多种花样。上图的大长方形，长为3个小方格，宽为2个小方格。如果将长和宽都增加1个小方格，四边形的数量又会怎样变化呢？来试试吧。

165

在这个照相馆里，我们会给大家分享一些与数学相关的、与众不同的照片。带你走进意料之外的数学世界，品味数学之趣、数学之美。

◉ 伞　提供／吉田映子　摄影／青柳敏史

你的伞是什么形状？

伞骨的数量增加，伞面的形状会……

照片中展示了各种各样的伞。5 根、6 根等，说的是伞骨的数量。注意到了吗？伞骨数量和伞边的数量是一样的。也就是说，撑开一把 5 骨伞看到的是一个五边形，打开一把 6 骨伞看到的则是一个六边形。

随着伞骨的数量增加，伞面的形状也随之改变，越来越像一个圆。如右图所示，这是一把制作于江户时代的伞，伞骨数居然多达 36 根！如同一个圆似的，妙不可言。

36 根！

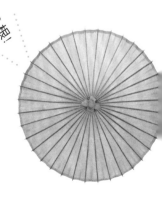

6月

图形中的数学

从正面看？
平面图·立体图形

熊本县　熊本市立池上小学
藤本邦昭老师撰写

6月
01日

阅读日期　　月　日　　月　日　　月　日

你看见了什么？

观察一个球体，你会发现不管是从上往下看，还是从正面看，映入眼帘的都是一个"圆"（图1）。

今天，我们将从俯视和正视的角度，观察一个立体图形。

观察某一个立体图形，从上往下看也是圆，不过从正面看就是三角形（图2）。你能猜出它是什么立体图形吗？

对了，就像一顶尖尖的帽子（图3）。

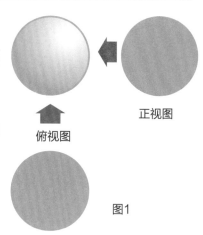

正视图

俯视图

图1

图2

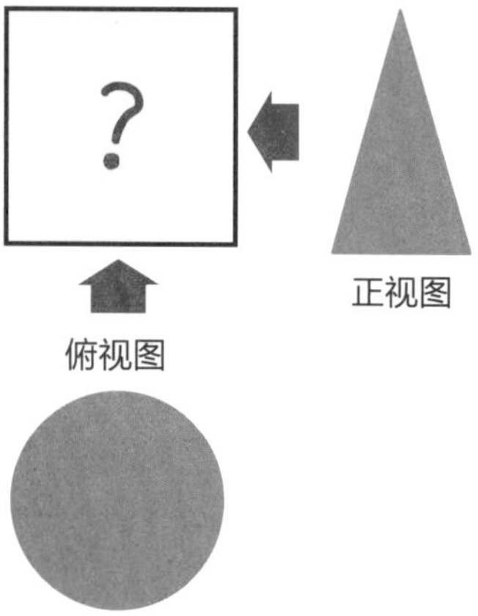

?　←

正视图

俯视图

图3

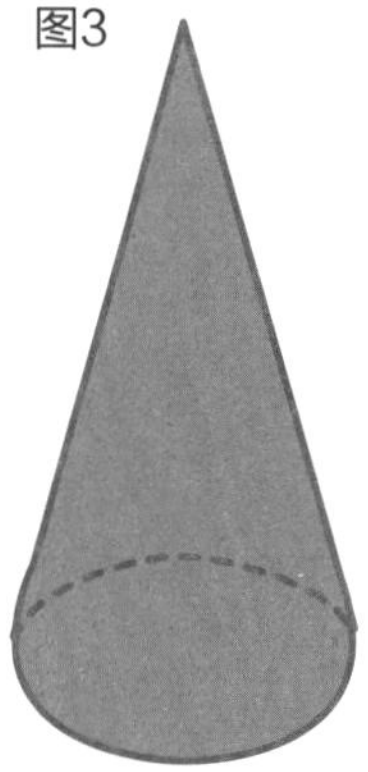

再来观察另一个立体图形，从上往下看是正方形，从正面看是三角形。你能猜出它是什么立体图形吗（图4）？

没错，就是如图5所示的立体图形。

严格来说，依据从一个或两个方向看到的平面图形，其实还不能完全确定立体图形的形状。

不过，在和家人、朋友玩"图形猜猜猜"游戏中，猜出其中有可能的图形，也是完全可以的。

图4

?　←

侧视图

俯视图

图5

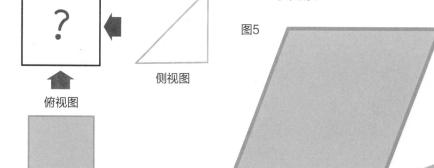

迷你便签

从物体上方观察，得到俯视图。从物体正面观察，得到正视图。更多视角变化的趣事，请见4月26日、5月8日。

伊能忠敬 "走"出了日本地图

明星大学客座教授
细水保宏老师撰写

阅读日期 ✎ 月 日 | 月 日 | 月 日

走啊走啊走……

在江户时代学习天文历法

如何制作一张地图？一拍脑门用机器在空中拍了照片，然后用软件测量距离、分辨地形？这个想法的准确度暂且不论，在没有航空技术的过去，人们又是如何制作地图的呢？

在日本江户时代后期，有一个人徒步走遍日本，对日本地图的绘制工作做了重大贡献。他就是伊能忠敬（1745—1818 年）。50 岁时，伊能忠敬拜入天文学家高桥至时门下，学习西洋历法、测图法，实现了他自小渴望研究天文历法的愿望。

精确度相当高的的伊能图

1800 年，伊能忠敬着手测量虾夷地（现北海道）东南海岸，开始进行第 1 次测量——北海道和本州岛东北部的测量。1 步、2 步，伊能忠敬亲自进行步测，走了 350 万步。遇到拐弯，就使用指南针确认方向。看见高山，就利用望远镜确定高度。

随着第 2 次、第 3 次测量工作的推进，他们使用的道具也越来越多。在道路和海岸上竖起标志棍，使用绳子或铁链测量距离。遇到远离陆地的地方，伊能忠敬会乘坐小船前往调查。

从北海道到九州，伊能忠敬走出了 4000 万步，完成了日本全国的测量。

从 1800 年到 1816 年，伊能忠敬走出了 4 万公里，差不多等于地球的周长。

1818 年，伊能忠敬与世长辞，终年 74 岁。但是他的地图并没有完成，地图的制作工作由他的家人和门人继续完成。3 年后的 1822 年，高桥至时的儿子高桥景保完成了《大日本沿海舆地全图（伊能图）》。

如果你有机会看一看伊能图，就会惊讶地发现这份制作于 200 年前的地图，与现在的日本地图相比，精确度相当之高。

试一试

大家都能做的步测

首先，测量一下自己的步幅（1 步的长度）。然后，数着 1 步、2 步开始步行。步幅乘以步数，就是距离。如果在户外进行测量，请注意安全哟。

迷你便签

伊能图分为大、中、小三种尺寸。其中，最大的伊能图将日本全域分为 69 张小图，全部组合在一起，足有 500 块榻榻米的大小。

小人儿的身高

东京都　杉并区立高井户第三小学
吉田映子老师撰写

阅读日期　　月　日　　月　日　　月　日

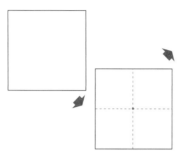

①首先，进行两次对折，形成两条折线。

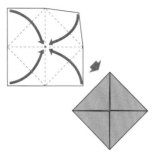

②将4个角沿折线向箭头方向折叠。

折一折，量一量

折纸中，小人儿的折法有很多，今天我们来介绍其中的一种。折法很简单。很快就把小人儿折好了。

在折纸中，"将4个角沿折线向箭头方向折叠"，一共进行了3次。因此，我们手中的正方形也越折越小了。

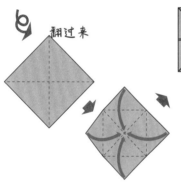

③翻过来，将4个角沿折线向箭头方向折叠。

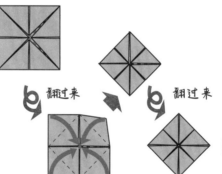

④再翻过来，将4个角沿折线向箭头方向折叠。

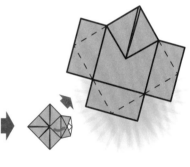

⑤最后翻1次，将其中3个角分别向外推并压平，折出小人儿的手和脚。

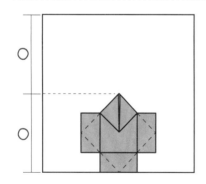

来比一比，小人儿的身高恰好是方形纸边长的一半。这是为什么呢？

仔细观察折纸过程，可以发现，在第一次"将4个角沿折线向箭头方向折叠"后，正方形对角线等于方形纸的边长；第二次后，正方形边长等于方形纸边长的一半。第三次后，正方形对角线等于方形纸边长的一半。因此，小人儿的身高恰好缩水了一半。

把方形纸裁成4块小正方形。小正方形的面积是方形纸的 $\frac{1}{4}$，边长和周长是方形纸的 $\frac{1}{2}$。

身边的**正多边形**

图形中的数学

6月 **04**日

御茶水女子大学附属小学
冈田纮子老师撰写

阅读日期 月 日 月 日 月 日

正多边形是什么？

多边形，是指由3条或3条以上的线段首尾顺次连接所组成的平面图形。其中，有一种多边形特别美。它的各边相等，各角也相等，叫作正多边形。在日常生活中，我们可以经常见到漂亮的正多边形。一起来找一找吧。

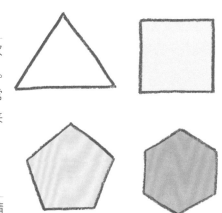

身边的正多边形

首先，在大自然中找寻一番。蜂巢里的蜂房、蜻蜓和苍蝇的眼睛、乌龟的背甲都是正六边形。

然后，再来看一看生活中的正多边形。日本武道馆的屋顶，是正八边形的，据说是为了让各个方向的观众都尽可能地看清舞台。

足球门网多是由正六边形组成的，因为正六边形可以更好地吸收冲击力。说完足球门网，也说说足球，它是由正六边形和正五边形组成的。而我们常使用的铅笔，横截面是正六边形或正三角形的。

我们身边还有许多的正多边形，比如盘子、时钟等。快来找一找吧。

关于正多边形，还有更多更有趣的内容，详见8月1日。由全等的正多边形组成的立体图形，叫作正多面体。关于正多面体，详见9月22页。

171

运算的窍门② —— 乾坤挪移

东京都　杉并区立高井户第三小学
吉田映子 老师撰写

阅读日期　　月　日　　月　日　　月　日

一个小小的窍门

来算一算这道加法题。45 + 20 =？

你一定会说："这也太简单了吧。答案是 65。"

再来算一算这道题。45 + 38 =？

涉及到进位运算，稍微得想一想了。

这时，使用一点儿小小的窍门，就可以让运算更加简便。如果加数是几十的形式，那就很简单了。而 38 加上 2 就是 40，所以先让加数 38 变身为 40。

45 + 40 = 85

算出答案之后，减去多加的 2，正确答案就出来啦。85 − 2 = 83

是不是一个很实用、很简单的小窍门呢？

6月

小窍门的变形

之前在计算 45 + 38 时，先把 38 加上 2，以 40 来进行计算，最后减去 2。那么，我们可以让减去 2 的步骤，在最开始就同步进行吗？这当然是可以的（图1）。

最后的和是相同的。（45 + 38 = 43 + 40）

它们的答案都是 83，所以中间用 "=" 连接起来。

在加法中，一个加数减去某数，另一个加数加上某数，和不变。利用这个乾坤挪移的方法你也来试一试 29 + 67 吧。

图1

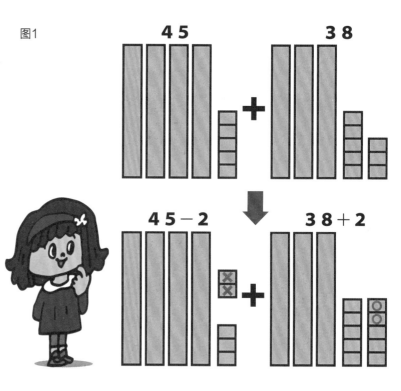

减法也有运算的小窍门吗？那是当然的。详见 7 月 4 日的"运算的窍门③——人有我有"。

你知道吗？日本古代的单位（长度）

东京都　丰岛区立高松小学
细萱裕子老师撰写

阅读日期　月　日　月　日　月　日

尺

"尺八"名字的由来

你听说过"尺八"这个乐器吗？它是日本传统的木管乐器之一。据记载，尺八是作为演奏雅乐的乐器，在唐代从中国传入日本的。尺八，以管长1尺8寸（约54厘米）而得名，其音色苍凉辽阔，又能表现空灵、恬静的意境。

尺与寸，都是中国和日本古代使用的长度单位。日本的1尺约为30.3厘米，1寸是$\frac{1}{10}$尺，约为3厘米。也就是说，1尺 ≈ 30厘米，8寸 ≈ 3×8 = 24厘米，合计约54厘米就是尺八的长度。

大佛有多大？

你见过大佛吗？在日本，最古老的大佛是奈良飞鸟寺的飞鸟大佛，为铜造释迦如来坐像。

大佛，指的是巨大佛像。这个巨大，具体又是多大呢？虽然没有一个明确的规定，但人们通常把1丈6尺以上的巨大佛像称为大佛，也作大像。1丈6尺约为4.85米。佛像的姿态，有立像（站姿之佛像）、坐像（坐姿之佛像）等，它们达到大佛的评判标准也不同。一般来说，1丈6尺（约4.85米）以上立像、8尺（约2.4米）以上坐像，都叫作大佛。

飞鸟大佛为8尺以上坐像，因此称为大佛。在我们的身边，还有许多地方留着古代单位的痕迹。

查一查

日本古代的长度单位！

从小到大，这些都是日本古代的长度单位。

$1 分 = \frac{1}{10} 寸 ≈ 0.303 厘米$

$1 寸 = \frac{1}{10} 尺 ≈ 3.03 厘米$

1尺 = 10寸 ≈ 30.3厘米

1间 = 6尺 ≈ 1.8米

1丈 = 10尺 ≈ 3米

1町 = 360尺 ≈ 110米

这就是榻榻米长边的长度哟

1间 = 6尺 ≈ 1.8米

日本的1尺≈30.3厘米，是木匠使用的"曲尺"的长度。日本旧时的布尺"鲸尺"，和服店还在使用，它的长度是1尺≈38厘米。中国古代的寸、尺、丈在不同朝代其长度各不相同。现代，1尺约为33.33厘米。

包装着怎样的盒子？
折痕寻踪

神奈川县　川崎市立土桥小学
山本直老师撰写

阅读日期　月　日　月　日　月　日

开始包装纸的折痕寻踪

在商店购物或者赠送礼物给亲朋好友的时候，常用纸来进行包装。更多的情况是，先把物品放入盒子，再用包装纸进行包装。店员们包装得又快又漂亮，自己上手的话，想要包得好看其实没有那么容易。

话说回来，如果将用过的包装纸展开，得到的当然是一张满是折痕的纸。如图1所示，这是一张用过的包装纸。今天，我们就要循着包装纸的折痕，发现其中隐藏的信息。

判断盒子的大小与形状

仔细观察，可以发现在盒子的6个面中，有4个面原封不动地展示在包装纸上（图2的黄色部分）。那么，剩下的两个面又藏在哪里呢？这两个面经过斜折，形状已经有了变化，它们其实藏在图3的红色部分。

用纸来包盒子，方法有很多。即使包同一个盒子，不同的方法留下的折痕也不同。还有一种常用的包装方法，是将盒子斜着放在包装纸上，这时又将留下怎样的折痕呢？

图1

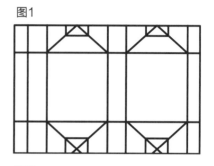

图2

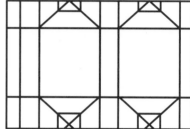

图3

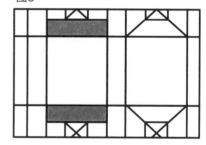

打开一张包装纸

找到身边用纸包好的盒子或物品，打开看一看，留下了怎样的折痕。通过折痕寻踪，从线（边）、面的信息中，可以推断出盒子的大小与形状。最后，还可以根据折痕复原包装。

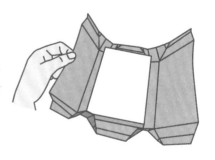

通过边、面、顶点、角等信息，可以判断出图形的特征。在包装纸的折痕里，隐藏着这些信息。

计算中的数学

为什么叫 "商"

6月08日

青森县　三户町立三户小学
种市芳丈老师撰写

阅读日期　月　日　｜　月　日　｜　月　日

除法的结果是 "商"

　　加法的结果是 "和"，减法的结果是 "差"，乘法的结果是 "积"，除法的结果是 "商"。"和" 与 "差" 除了数学运算，在日常生活中也常被使用，意思理解起来并不难。而 "积" 本义为谷物堆积，引申出聚集、累积的含义，与乘法的结果也是不谋而合。不过，如果让我们从 "商" 联想到除法，似乎有些困难。为什么我们叫除法的结果为 "商" 呢？

　　中国古代的数学经典著作《九章算术》中，出现了 "商功" 这个词语。第 5 卷商功篇收集的问题大都来源于营造城垣、开凿沟渠、修造仓窖等实际工程，其中的运算就涉及除法。商的本义是指计算、估量，因此就将除法的结果称为 "商"。

江户时代也有根源

　　在江户时代，人们使用算筹（一种竹制的计算器具）和算盘进行运算。后来，在算盘上引申出现了 "商" 这个字，慢慢地它就运用在了除法的结果当中。

　　将除法的结果称作 "商"，还有各种各样的说法。我们使用着的，是带有历史温度的数学名词。你知，或者不知，它就在那里，不悲不喜。

我知道商是多少了！

噼里啪啦

　　"加减乘除" 是基本的四则运算，在没有括号的情况下，运算顺序为先乘除，后加减。关于 "商" 的由来，还有一种说法是源自古代铜壶滴漏漏箭上的刻度（每一刻度的长度叫作商）。

175

用正三角形做立体图形

岛根县 饭南町立志志小学
村上幸人 老师撰写

阅读日期 📝 月 日 月 日 月 日

使用 4 个正三角形，就可以做出一个立体图形。当正三角形增加到 8 个、20 个时，更为复杂的立体图形就在我们手中诞生了。

准备材料
▶ 折纸用纸
▶ 剪刀
▶ 透明胶带

● 做一个正四面体

首先，准备4个大小相同的正三角形。

正三角形的做法，可参见4月9日。

如图所示，将正三角形用透明胶带粘贴起来……

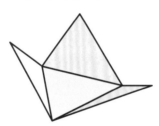

这样就做好了。由4个正三角形组成的立体图形，叫作正四面体。

在 4 个正三角形上写上数字1—4，这个正四面体还可以当作骰子。

● 将正四面体展开……

然后，用剪刀小心剪开正四面体，会呈现什么形状呢?

如下图所示，展开后的形状会是其中的一种。也就是说，正四面体有2种展开图。

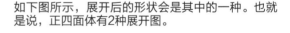

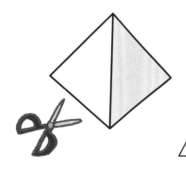

把这两个展开图再用胶带纸粘好，组成的是同样的正四面体。

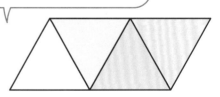

● 做一个正八面体

做完正四面体，难度升级，再来挑战一下正八面体吧。正八面体是由8个正三角形组成的立体图形。首先，准备8个大小相同的正三角形。

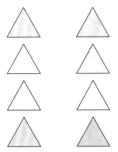

如下图所示，每4个正三角形用透明胶带粘好，一共做2组。

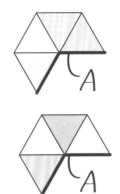

每组都沿着A线段粘好，形成一个没有底的四棱锥。

 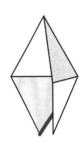

将两个立体图形粘在一起……

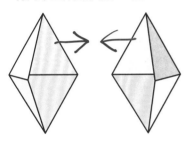

正八面体就完成了。

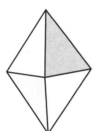

● 正八面体的展开图是什么?

使用相同的方法，将正八面体剪开。看一看它的展开图会是怎样的形状。

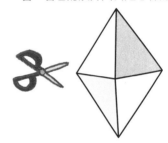

正八面体有11种展开图呢。

如下图所示，猜一猜展开后的形状是哪种? 答案是，全选。其实除此之外，正八面体的展开图还有7种。

 试一试

由20个正三角形组成的立体图形，叫作正二十面体。它的展开图如下所示。使用这个展开图，来做一个正二十面体吧。

展开图

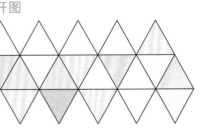

完成

正三角形可以做出正四面体、正八面体、正二十面体。同理可知，正方形可以做出正六面体（正方体），正五边形可以做出正十二面体。

时钟是怎样诞生的

2 生活中的数学

6月 **10** 日

岛根县　饭南町立志志小学
村上幸人 老师撰写

阅读日期　月　日　　月　日　　月　日

古人的智慧日晷

"现在几点了？"当我们听到这样的话，如果带着手表，或是身边有钟表，就可以马上回答。在现代社会，即使没有时钟，人们也可以通过电视和手机，来获取时间。那么，在时钟还未登上历史舞台的时候，人们是如何得知时间的呢？

太阳的运动，给予人们最初的时间概念。一日之长，就是指太阳在白天升到最高点的时候（正午）到第二天的正午。因为人们不能直视耀眼的太阳，所以便利用太阳的投影，制作出了日晷。

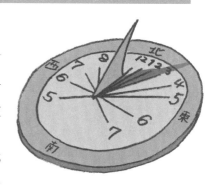

日晷

不过在阴天和雨天，没有了太阳的影子，日晷也就失去了作用。对于时间的探索，人类前进的脚步从未停止。

各种各样的时钟

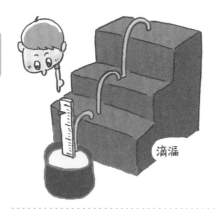

滴漏

一寸光阴一寸金，寸金难买寸光阴。时间以它不变的步伐流逝，而人们也始终想做出一个能精确报时的装置。在过去的年岁中，人们总用物质的匀速流动来计时，比

如滴水计时的滴漏、使用细沙的沙漏，还有利用蜡烛和油灯的燃烧量来计算时间的方法。

1582 年，意大利物理学家、天文学家伽利略发现挂着的物体每次摆动的时间都相等，人们根据他的发现制成了摆钟。

摆钟不会是终点，发明还在继续。1969 年，钟表王国瑞士研制出第一只石英电子钟表。石英钟表以电池作为能量源，由石英晶体提供稳定的脉冲波，通过电动机推动表针运行，每月时间误差被改进到只有几秒钟。

固定的摆动周期

摆钟

电波钟表是继石英电子钟表之后的新一代的高科技产品，它通过接受国家授时中心的无线信号以确保时间准确性。日本的天智天皇（第 38 代天皇）于 671 年 6 月 10 日首次设置了滴水计时的滴漏并敲钟，这一天被定为日本的"时间纪念日"。

迷你便签

如果时钟的指针一样长

御茶水女子大学附属小学
久下谷明老师撰写

6月

11日

阅读日期 ✎ 月 日 | 月 日 | 月 日

如果有这样的钟表

今天，我们继续来谈谈钟表。问题马上来了！图1的时钟是几点？

时针指向7和8之间，分针指向6，也就是30分的地方，因此时钟表示的是7点30分。分别读取钟表时针和分针的信息后，就可以知道此时的时间。我们知道，时针短，分针长。如果时针和分针变得一样长，你认为自己还能从钟表上读出时间吗？

假设同样长度的时针和分针，指向了9和12。请想一想，此时的时间是几点（图2）？

图1

图2

图3

怎么样，明白了吗？ 依次思考就能确定时间！再来看看图2。

①假设指向12的是时针，那么，指向9的就是分针，莫非时间是12点45分？

不对，在12点45分时，时针应该指向12和1之间。看上去怪怪的。

②假设指向9的是时针，那么，正好是9点。

通过假设分析，我们可以知道图2的时间是9点。因此，就算时针和分针等长，我们还是可以通过判断知道正确的时间。

再来练习一下吧，图3的时钟表示的是几点？答案请见"迷你便签"。

明白了吗？

图3显示的时间是4点。你也来出出题，考一考小伙伴和家人吧。

179

重量单位"千克"的诞生

岩手县　久慈市教育委员会
小森笃老师撰写

古人以石头或谷物为重量基准

重量单位与我们的生活息息相关。对于古人来说，头等大事之一，就是以某个单位来表示农作物的量。于是在英国，就诞生了等于1粒大麦重量的单位"格令"。从格令，又产生了另一个重量单位"磅"。追寻磅蛋糕的词源，也是因为材料正好是1磅糖、1磅面粉、1磅鸡蛋、1磅黄油。

而在日本，传统的重量单有"贯"。从"贯"，又产生了"斤""两""匁"等重量单位（见6月26日）。现代切片面包的包装上还会使用"斤"。此外，"贯""两""匁"也是江户时代的货币单位。

在标准度量发明之前，古人常以石头或谷物作为重量基准，直到金属砝码的诞生，才终于和不统一的基准告别了。

图1

这些都是江户时代的砝码

采用米制单位之后……

随着时代的发展，国与国之间的贸易越来越兴盛。因为各国长度、重量单位的不同，也给贸易造成了一些不便。

18世纪末，法国开始正式使用米制，并向世界各国推广。随着米制的确定，体积单位、重量单位也相应诞生。其中，重量单位叫作"千克"（图2）。

图2

①通过确定1米，可得10厘米。
②在棱长为10厘米的正方体中注满水。体积为1升。
③体积1升的水的重量，就是1千克。

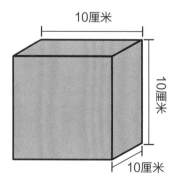

10厘米
10厘米
10厘米

1889年，第1届国际计量大会确定了"1标准米"的"国际米原器"和"1标准千克"的"国际千克原器"。作为国际长度、重量基准，它们被分发到各个国家。由此，单位统一的步伐越来越快了。

伴随着科技的进步，"1标准千克"也越来越精确。

迷你便签　　1891年，日本颁布《度量衡法》，采用尺贯法与公制并行的策略。即，承认公制的合法性，但仍以传统的尺贯制为度量衡单位，并与公制度量衡对应。规定1尺为3.03米，1贯为3.75千克。

发现符号的规律

神奈川县 川崎市立土桥小学
山本直 老师撰

阅读日期 ✎ 月 日 | 月 日 | 月 日

进行怎样的运算？

在进行运算时，我们对数学符号可一点儿也不陌生。加法遇见"+"，减法瞧见"−"，乘法碰到"×"，除法看到"÷"。那么，你能猜出图1中的符号☆，表示的是什么运算吗？为什么这个数学符号没见过呢？哎呀，因为它是作者我的自创呀，我规定"☆表示进行某种运算"。虽然陌生，但也有某种规律，静下心来找一找吧。

图1

$$2 ☆ 2 = 6$$
$$2 ☆ 3 = 7$$
$$3 ☆ 3 = 9$$
$$7 ☆ 5 = 19$$
$$8 ☆ 5 = 21$$
$$9 ☆ 5 = 23$$

图2

$$2 ♡ 1 = 2$$
$$3 ♡ 1 = 4$$
$$10 ♡ 1 = 18$$
$$2 ♡ 2 = 0$$
$$3 ♡ 2 = 2$$
$$10 ♡ 2 = 16$$

发现怎样的规律？

首先寻找具有相同数字的算式。比如，2 ☆ 3 = 7，3 ☆ 3 = 9，可知当☆左侧的数增加1，结果就增加2；7 ☆ 5 = 19，8 ☆ 5 = 21，也是当☆左侧的数增加1，结果就增加2。再来找一对算式。比如，2 ☆ 2 = 6，2 ☆ 3 = 7，可知当☆右侧的数增加1，结果就增加1。

为什么会这样呢？通过比较算式当中的3个数字，可以发现某种规律。试着将答案减去☆右侧的数，看看会发生什么。比如，2 ☆ 3 = 7 减去 3，就是 4；7 ☆ 5 = 19 减去 5，就是14；9 ☆ 5 = 23 减去 5，就是18。它们正好都是☆左侧数字的2倍。揭晓答案，☆表示的就是"左侧数 ×2 + 右侧数"的运算。

再来挑战一下图2的♡运算。试着将♡左侧的数减去右侧的数，看看会发生什么。它们正好都是结果的 $\frac{1}{2}$ 。

☆和♡都是作者一拍脑门的产物。你也可以天马行空一下，创造出属于你的符号。

创造自己的符号规律

决定自己喜欢的符号形状，确定属于自己的运算规律。然后列出一些算式，考验考验小伙伴和家人。你也可以把它看成是一个猜谜游戏，和小伙伴互相出题。如果出的题目很难，记得适时给一点提示哟。

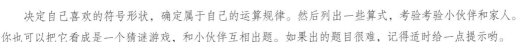
加减乘除是基本的四则运算，"+""-""×""÷"都是数学运算符号。

用计数棒组成的角

青森县 三户町立三户小学
种市芳丈 老师撰写

阅读日期 　月　日 　月　日 　月　日

组成 60 度和 30 度的角

　　没有量角器，只用计数棒也能组成许多的角。

　　首先，摆一摆 60 度的角吧。如图 1 所示，摆好计数棒。

　　为什么这个形状就可以组成 60 度的角呢？因为正三角形的三个内角相等，均为 60 度。

　　然后，再摆一摆 30 度的角吧。如图 2 所示，保持右下的 60 度角不动，仅移动左侧计数棒，使它与下方的计数棒垂直。

　　为什么这个形状就可以组成 30 度的角呢？因为顶端的角正好是正三角形内角的一半。

组成 75 度的角

　　最后，再来挑战一下 75 度的角。如图 3 所示，保持图 2 组成的 30 度角不动，慢慢移动底

图1

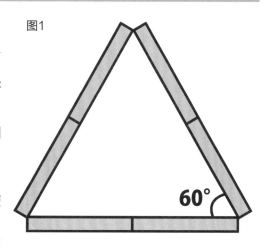

图2

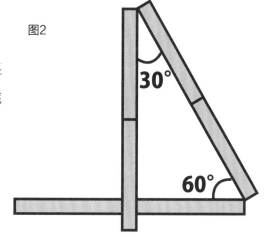

图3

边的计数棒，摆成一个等腰三角形。

　　为什么这个形状就可以组成 75 度的角呢？因为等腰三角形的两个底角度数相等，180 − 30 = 150，150÷2 = 75，底角就是 75 度。

迷你便签 　今天，我们用计数棒摆出角度。过去，古埃及人用绳子拉出角度。掌握这项技术的人，被称为拉绳定界师（见 4 月 13 日）。

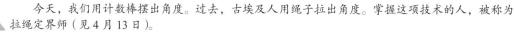

杠杆平衡，举起重物

熊本县　熊本市立池上小学
藤本邦昭 老师撰写

阅读日期✐　月　日　｜　月　日　｜　月　日

举起 100 千克的重物

体重 20 千克的小学生可以举起 100 千克的大砝码吗？（图1）

举起这个大家伙是很有难度的。

不过，如果使用一个像跷跷板的装置，即杠杆和支点，小学生也可以举起 100 千克的砝码。

图1

图3

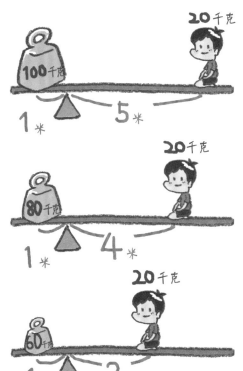

图2

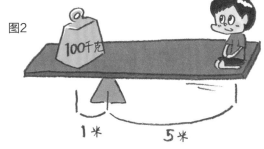

什么时候杠杆平衡？

如图 2 所示，在支点上方有一块长长的木板。在离支点 1 米的地方，放着 100 千克的砝码。在支点另一端，坐着 20 千克的小学生，他离支点的距离是 5 米。这时候，正好实现平衡。也就是说，坐着的小学生以某种力量，成功举起了 100 千克的砝码。这个简单机械就是杠杆。

当砝码变为 80 千克，还要实现平衡的话，小学生离支点的距离随之改为 4 米。60 千克的时候，小学生离支点的距离则应是 3 米（图3）。想一想，其中蕴含着怎样的规律呀？答案请见"迷你便签"。

迷你便签

杠杆的平衡条件是：支点左右两端的重量 × 距离数值且相等，即动力 × 动力臂＝阻力 × 阻力臂。100（千克）×1（米）= 20（千克）×5（米），所以杠杆平衡。同理因 80×1 = 20×4，60×1 = 20×3，可知杠杆平衡。

西方小数诞生的原因

6月 16日

岛根县 饭南町立志志小学
村上幸人 老师撰

阅读日期 ✐ 月 日 ｜ 月 日 ｜ 月 日

分数和小数的思考方式

为什么会诞生小数呢？

古时候，中国和日本都是习惯于以小数来思考的国家。而在西方，人们习惯以分数来思考。这种差异融化在生活中。比如，在形容两者差不多的时候，日本人写作"五分五分（在小数点出现以前，以分、厘、毫等单位表示小数）"，而英语则是"half and half（half 就是一半，即 $\frac{1}{2}$）"。

古埃及人将"1 除以 2"理解成"一个物品分给 2 个人"。因此，在他们的思考中，1 个人可以拿 $\frac{1}{2}$ 个，而不是 0.5 个。分数是先从古希腊传到古埃及，又从古埃及推广到欧洲。

图1

小数之父
西蒙·斯蒂文

图2

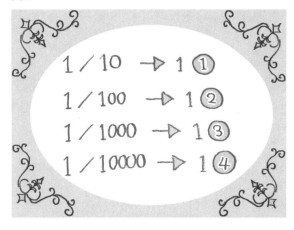

借钱的利息变成了契机

距今约 400 年前，一个曾在军队中任职会计的荷兰人西蒙·斯蒂文（图1），正为计算借贷利息而焦头烂额。

比如，借款 2479 元，年息定为 $\frac{2}{11}$，那么一年利息就等于 $\frac{4958}{11}$。随着借款金额的增大，借款时间 2 年、3 年地增长，分子和分母也越来越大。这下子，计算可就难了。

但是如果分母不是 11 或 12，而是 10、100、1000 这样整齐的数，就可以像图 2 那样表示。比如，用斯蒂文的方式来表示 3.659 的话，写作"36①5②9③"。这就是西方小数的起源。

此后，许多数学家继续钻研小数。他们发现，如果整数与小数之间有了区分方式，也就不需要①②③等符号了，于是便诞生了小数点符号。此外，各个国家的小数点也稍有差别。比如 3.14，有的国家写作 3·14 或 3,14。

算吧！答案绝对是 495

东京学艺大学附属小学
高桥丈夫 老师撰写

阅读日期　　月　日　｜　月　日　｜　月　日

神奇的三位数计算

今天我们将来演示一番神奇的三位数计算——答案都是 495 哟。

首先，请想出一个三位数，当然不能是 3 个数字都相同的三位数（如 111 或 222）。

有两个数字相同的三位数是可以的。假设我们选择了 355 这个数。

然后，将这个三位数各数位上的数转换位置，让最大的数减去最小的数，并重复进行计算。

一旦得到数字 495，便停止计算。即使继续计算，答案也绝对还是 495。耳听为虚，计算为实。将 355 各数位上的数转换位置，最大的是 553，最小的是 355，553 − 355 = 198。198 各数位上的数转换位置，最大的是 981，最小的是 189，981 − 189 = 792。

792 各数位上的数转换位置，最大的是 972，最小的是 279，972 − 279 = 693。

693 各数位上的数转换位置，最大的是 963，最小的是 369，963 − 369 = 594。594 各数位上的数转换位置，最大的是 954，最小的是 459，954 − 459 = 495。

495 各数位上的数再继续转换位置，最大的是 954，小的是 459，954 − 459 = 495，差不变。计算到此为止。只有算一算，才能体验到其中的神奇，快和朋友用各种数字来试一试吧。

好神奇！

在数字的加减运算中，如果觉得发现了什么隐藏的规律，可以用不同的数来验证一番。

一共有几个正三角形

6月 18日

福冈县 田川郡川崎町立川崎小学
高濑大辅老师撰写

阅读日期　　月　日　　月　日　　月　日

找出隐藏的正三角形

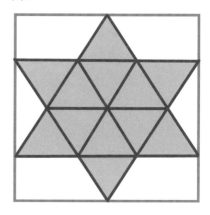

图1

请描出图1中，你看到的所有正三角形。在这个图上，有许多大小不一的三角形。可以猜到，有的人专注描小三角形，有的人则先描了大三角形。那么，图中究竟藏了多少个正三角形呢？

数的方法很多，其中一种是按照三角形的大小，依次数数。

首先，从最小的正三角形开始数。可别忘了数"倒立"的正三角形哟。如图2—图4所示，12 + 6 + 2 = 20。

一共藏着 20 个正三角形。

图2 最小的正三角形

一共12个，
按顺序来数挺简单的。

图3 中等的正三角形

一共6个，
数起来有点儿难了。
用线圈出来，就不会数错了。

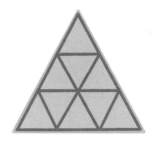

图4 最大的正三角形

一共2个，
用线圈出来，还是挺容易数的。

这幅图里又有几个？

如右图所示，又藏着多少个正三角形呢？在这幅图里，一共有4种正三角形。把它们都找出来，小心不要数漏了。

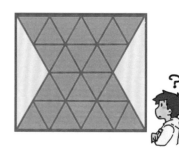

186

用同一种方法，还可以数出藏在图里的四边形。

一定存在相同的人

御茶水女子大学附属小学
冈田纮子老师撰写

阅读日期 🖊 月 日 ｜ 月 日 ｜ 月 日

自然的，也是重要的

在 13 位小朋友中，存在生日月份相同的人吗？答案是："他们之中，至少有两个人的生日月份相同。"因为一年有 12 个月，当 13 位小朋友聚在一起时，肯定有人的生日月份相同。有人可能会觉得，这不是很自然的推断嘛，没什么大不了的。其实，这种思考属于鸽巢原理（也称为抽屉原理），它可是组合数学中一个重要的原理哟。

用起来，鸽巢原理

在生活中，有许多适用于鸽巢原理的事情。

① 5 人及以上，其中一定存在具有相同血型的人。

② 367 人及以上，其中一定存在相同生日的人。

③ 48 人及以上，其中一定存在来自同一都道府县的人（日本一共有 47 个都道府县）。

在鸽巢原理中，只要"鸽子"比"鸟巢"多，就会出现多只"鸽子"占领一个"鸟巢"的现象。

因为鸽子比鸟巢多，所以至少有一个鸟巢里有 2 只鸽子！

A 型　B 型　O 型　AB 型　　　O 型

4 人

1 月 1 日出生　1 月 2 日出生　……　12 月 30 日出生　12 月 31 日出生　　　1 月 2 日出生

366 人（生日包括 2 月 29 日）

北海道　青森县　……　鹿儿岛县　冲绳县　　　鹿儿岛县

47 人

因为鸽子比鸟巢多，所以至少有一个鸟巢里有2只鸽子！

如果你的学校一共有学生 367 人以上（生日包括 2 月 29 日），至少有 2 位小朋友在同一天过生日。

数字卡片游戏——减法篇

御茶水女子大学附属小学
久下谷明 老师撰写

阅读日期 ✎ 月 日 ┃ 月 日 ┃ 月 日

玩一玩数字卡片

在 5 月 28 日，大家一起玩了《数字卡片游戏——加法篇》。是不是还意犹未尽呢？今天我们就接着玩一玩减法的卡片游戏。

现在有 1—4 的数字卡片各 1 张（图 1），用这 4 张卡片动手玩起来吧。

【问题 1】

把 4 张卡片分别放入 4 个格子中，这是一道两位数减两位数的运算。怎样放置卡片，才能取得最大的差呢（图 2）？

【问题 2】

同理，怎样放置卡片，才能取得最小的差呢（图 3）？

和加法篇同样，大家也可以准备 4 张卡片，移一移，动一动，答案自然就出来啦。

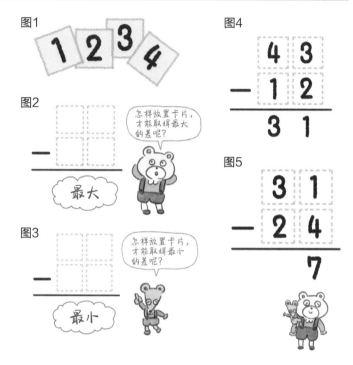

图1

图2 — 最大 怎样放置卡片，才能取得最大的差呢？

图3 — 最小 怎样放置卡片，才能取得最小的差呢？

图4
$$\begin{array}{r} 4\,3 \\ -\ 1\,2 \\ \hline 3\,1 \end{array}$$

图5
$$\begin{array}{r} 3\,1 \\ -\ 2\,4 \\ \hline 7 \end{array}$$

解一解数字游戏

怎么样，有眉目了吗？这就开始对答案了。

先看问题 1，当数字卡片如图 4 所示摆放时，差最大。

想要求得最大的差，就是让"尽可能大的数"减去"尽可能小的数"。

再来看问题 2，当数字卡片如图 5 所示摆放时，差最小。想到退位减法是破解游戏的关键。

如果用三位数减三位数？

在思考了两位数减两位数的问题之后，数字游戏还可以进行多重变身。与加法篇相同，请使用 1—6 的数字卡片，解一解三位数减三位数的数字游戏：怎样放置卡片，才能取得最大或最小的差？

 迷你便签　继续想一想，四位数、五位数时，卡片又该怎么摆。

一共有几种涂色方法

北海道教育大学附属札幌小学
泷泷平悠史老师撰写

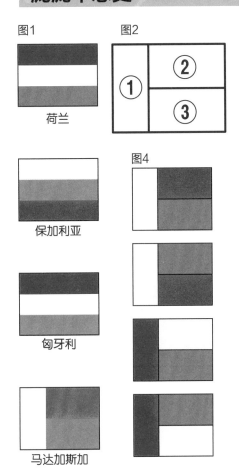

图1
荷兰

图2

图3
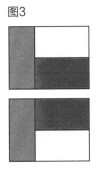

图4

保加利亚

匈牙利

马达加斯加

相似的国旗

你知道图1的画是什么吗？

从上到下，分别是荷兰、保加利亚、匈牙利、马达加斯加的国旗。

其中，保加利亚和匈牙利的国旗只是在颜色顺序上有所不同。世界上，像这样貌似"兄弟"的国旗，还有许多。

现在，根据图2的模板，让我们做一面属于自己的旗帜吧。样子和马达加斯加的国旗很像哟，不过颜色请使用红、蓝、黄三色。颜色的使用顺序自己来决定。

假设①涂蓝色、②涂黄色、③涂红色，可以得到图3上的旗帜。

再换上不同颜色，就可以做出各种旗帜。那么，一共可以涂出多少面旗帜呢？

图5
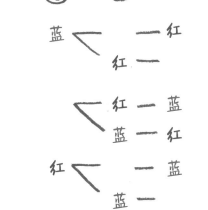

能涂出几面旗帜？

首先，从①涂蓝色的状况开始考虑，分别有②涂黄色、③涂红色，②涂红色、③涂黄色这两种情况。也就是说，①涂蓝色时将产生2面旗帜（图3）。同样，如图4所示，当①涂黄色或红色时，分别会产生2面旗帜。因此，一共可以涂出6面旗帜（图5）。

迷你便签

图5这样表示涂色的方法叫作树形图，看上去就像树枝延伸一样。利用树形图，可以避免遗漏和重复。

堆积数字的加法

东京都 杉井区立高井户第三小学
吉田映子老师撰写

阅读日期　　月　日　　月　日　　月　日

发现了！不可思议的计算

图1

① 1 + 2 = 3
② 4 + 5 + 6 = 7 + 8
③ 9 + 10 + 11 + 12 = 13 + 14 + 15
④ 16 + 17 + 18 + 19 + 20 = 21 + 22 + 23 + 24

1 + 2等于几？答案是3。继续来，4 + 5 + 6等于几？答案是15。

先不急着写出 4 + 5 + 6 = 15，此时的和正好也是 7 + 8 的答案。用等号把结果相同的算式连起来（图1中①②）。

你发现了吗，左边算式的数字从 2 个增加到 3 个，右边算式从 1 个增加到 2 个，像个台阶似的。

数字继续排列堆积，就成了图1中③的样子。左右算式的答案相同吗？请计算验证一下（图2）。

它们的和相同。

图2

持续做！数字堆积成山

数字继续排列堆积，就成了图1中④的样子。左右算式的答案相同吗？计算验证一下看看，它们的和也相同。

完成了 4 层阶梯，看来都符合某种规律。如果再继续制造阶梯，到了第 10 层，会是怎样的情形？我们先来观察一下，左边算式的第一个数。

1、4、9、16……这些数都是两个相同数相乘的积。比如，1×1 = 1，2×2 = 4，3×3 = 9。因此，第 10 层左边算式的第一个数字就是 10 × 10 = 100。

第一个数字是 100，左边算式有 11 个数字，右边算式有 10 个数字。大家还是可以验证一下左右算式的答案是否相同。

2×2 = 4，3×3 = 9，像这样两个相同的数相乘，叫作这个数的平方。可以写成某个整数平方的数，叫作平方数。

2 生活中的数学

使用"枡"来测量

6月
23日

大分县　大分市立大在西小学
二宫孝明老师撰写

阅读日期　月　日　月　日　月　日

日本古代的计量器具

图1

枡

在日本古代，人们使用传统的容量器具枡来测量酒和油。枡，是一个木制的小盒子，从上往下，可以看到一个正方形（图1）。

现在，我们的面前是一个装满水的大水槽。手边，则是一个容量为 6 分升的枡。使用这个枡，将水槽里的水向其他容器里移动。那么，这个枡里可以装多少分升的水呢？

最简单的，当然就是枡装满时的 6 分升了。其他的量又该怎么装？

使用枡的诀窍

如图 2 所示，将装满水的枡缓慢倾斜到这个位置。这时，枡里的水只剩了 6 分升的一半，即 3 分升。继续将枡倾斜到图 3 所示的位置。这时，枡里的水只剩下 1 分升。如果需要 2 分升，那么第 2 次倒出来的水，正好就是这个量。

那么，用枡怎么量出 4 分升和 5 分升的水？首先，将枡装满水。然后，把水倒到剩下 1 分升。可知这时候倒出来的水就是 5 分升。

再一次将枡装满水。首先，把水倒到剩下 3 分升，倒出来的水装入另一容器。

然后，把水倒到剩下 1 分升，也装入另一容器。3 分升加 1 分升就等于 4 分升。

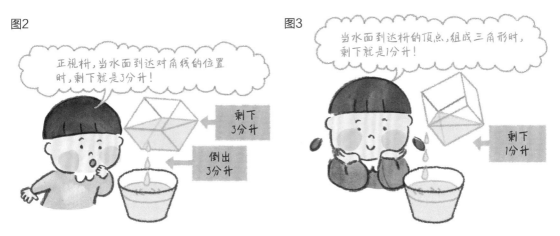

图2

正视枡，当水面到达对角线的位置时，剩下就是3分升！

剩下
3分升

倒出
3分升

图3

当水面到达枡的顶点，组成三角形时，剩下就是1分升！

剩下
1分升

迷你便签

当枡里的水剩下 3 分升时，水的形状是三棱柱。当枡里的水剩下 1 分升时，水的形状是三棱锥。三棱锥的体积是等底等高三棱柱体积的 $\frac{1}{3}$。

191

哪一条是最长的路线

学习院小学部
大泽隆之老师撰写

当一天路线规划员

一辆公交车从新叶电车站开往樱花市政府。最短的路线，应该就是最快的吧。如图1所示，5个"→"所组成的路线，就是最短的路线。当然，最短路线不止一条。

这样的路线虽然很有效率，但不够方便。为了尽可能方便到更多的居民，公交车的路线通常是比较迂回的。接下来，请规划一条最长的公交路线吧。最长的路线，需要几个"→"组成呢（图2）？

规划路线时，可以经过同一个十字路口，但不能重复同一条路。（答案是13个箭头，你找到这条路线了吗？）

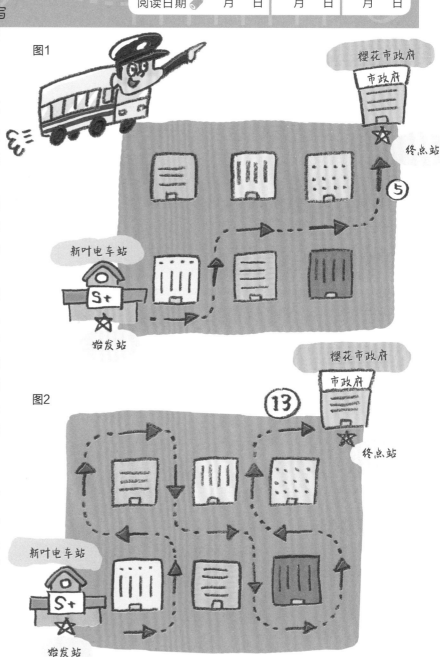

图1

图2

迷你便签

你注意到了吗，当线路从短到长时，箭头的个数从5个增加到7个、9个、11个、13个……每次增加2个。你认为这是为什么呢？因为要到终点站，横3个、竖2个是基础。如果要绕远路，一去一回，必定是以2个箭头为一组进行增加的。

当选至少要得多少票

御茶水女子大学附属小学
冈田纮子 老师撰写

阅读日期 ✐ 　月　日 | 　月　日 | 　月　日

当候选人只有2人时

当当当当，大事情，大事情，动物村要举行村长选举了。目前，动物村的常住动物有 200 人，每人可以投 1 票。首先，来选村长，候选人分别是熊先生和狐狸先生。问题来了，熊先生如果想当选，需要得到多少票呢？

打个比方，如果熊先生获得了 195 票，他自然是当选村长了。不过，票数再少一点点，当选的结果也不会变。那么，至少得到多少票就可以当选了？当熊先生获得 100 票时，狐狸先生也获得 100 票，双方同票。因此，只要比 100 票多上 1 票，获得 101 票就能当选（图 1）。

当候选人是2人以上时

村长选好了，接着还要选出 3 名动物村的干部。候选人有 5 人，分别是兔先生、鸭先生、熊猫女士、猫先生、松鼠女士。问题来了，兔先生如果想当选，只要在 200 票中得到多少票就行了（图 2）？

因为村干部有 3 人，所以兔先生如果想当选，只要进入前 3 名即可。也就是说，需要胜过第 4 名候选人。怎么样才能比第 4 名候选人多 1 票？200 ÷ 4 = 50，50 + 1 = 51。

因此，兔先生只要得到 51 票以上就可以当选村干部（图 3）。

不管有多少村干部候选人，只要比第 4 名的票数多就可以当选，也就是说拿到 51 票就肯定可以当选村干部了。

图1

101票　　　99票

图2

图3

第1名　第2名　第3名　第4名　第5名

×　50票　50票　50票　50票　0票

获得51票就可以当选！

有一种方法，可以不用数投票，就能预测出谁能当选。"出口民意调查"，是在投票站出口处对刚刚走出投票站的选民进行的一项调查，通过直接询问选民投票给谁来预估选举结果。

193

测量中的
数学

你知道吗？日本
古代的单位（重量）

6月

26日

东京都　丰岛区立高松小学
细萱裕子老师撰写

阅读日期　　月　日　　月　日　　月　日

古时候的花论重量卖

"赢了就开心 花一匁♪"

"输了不甘心 花一匁♪"

"花一匁"是日本传统的民间儿童游戏。两组人一边唱着歌，一边玩石头剪子布，赢的队伍可以向对方队伍要一个人。这个游戏既不需要道具，也不需要很大的场地，更不占用许多时间。

游戏"花一匁"中的"匁"，是日本汉字，也是日本古代的重量单位。1匁 = 3.75 克。因此，花一匁指的是花的重量是 3.75 克，看来古时候的花是论重量卖的。

6月

5 日元硬币重 1 匁

虽然现在，匁已经退出历史舞台，但在日本人的身边，还有重量是 1 匁的东西存在，这就是 5 日元硬币。1 枚 5 日元硬币的重量是 3.75 克，正好就是 1 匁。据说，古时会把重量单位作为货币的单位。

如果存钱罐里只有 5 日元硬币，就可以根据总重量，轻松计算出硬币的数量。

假设，存钱罐里的硬币一共是 300 克，300 ÷ 3.75 = 80。因此可知，一共有 80 枚 5 日元硬币。（记得要去掉存钱罐的重量哟！）

这些也是重量单位！

日本古时候的重量单位还有许多，来看看吧。

1 匁 = 3.75 克

1 两 = 10 匁 = 37.5 克

1 斤 = 160 匁 = 600 克

1 贯 = 1000 匁 = 3.75 千克

俺的体重 30 贯，嘿嘿。

鄙人的体重为 13 贯。

在古代日本，人们常把 1000 枚重量为 1 匁的方孔硬币穿在一起，作为 1 贯重量的"砝码"。现在的 5 日元硬币正中有个小孔，可能也是受此影响吧。在中国，两和斤是依旧活跃的传统重量单位，1 两 = 50 克，1 斤 = 500 克。

牛顿站在巨人开普勒的肩膀上

明星大学客座教授
细水保宏老师撰写

支持"日心说"吧

你知道开普勒望远镜吗？这种望远镜的物镜和目镜都是凸透镜。现在，几乎所有的折射式天文望远镜的光学系统均为开普勒式。

设计出开普勒望远镜的，是德国杰出的天文学家、物理学家、数学家约翰尼斯·开普勒（1571—1630 年）。

在开普勒生活的年代，人们对宇宙的认识与现在大不相同。人们认为，地球是宇宙的中心，是静止不动的，而其他的星球都环绕着地球运转。16 世纪中叶，波兰的哥白尼提出了"日心说"，他认为太阳是宇宙的中心，地球和其他星球都环绕着太阳转。

开普勒很快就相信了这一学说，他还给意大利的年轻科学家伽利略·伽利雷写信，希望他也来支持"日心说"。但是，开普勒对于哥白尼的支持，遭受到当时很多科学家的嘲笑。伽利略在十几年后，才认可了"日心说"。

牛顿论证了定律

之后，开普勒前往布拉格（今捷克首都），担任神圣罗马帝国的皇室数学家。在此期间，他获得了大量天体观测的精确数据，这也为开普勒的行星运动研究打下了基础。

每个行星都在一个椭圆形的轨道上绕太阳运转，而不是圆形；行星离太阳越近则运动就越快，越远就越慢；行星距离太阳越远，它的运转周期越长。关于行星运动的三大定律，被称为"开普勒定律"。

艾萨克·牛顿通过计算行星轨道，成功论证

你是谁啊？

了开普勒定律。在开普勒定律以及其他人的研究成果上，牛顿用数学方法导出了著名的"万有引力定律"。当有人询问，为什么会有这样伟大的发现时，牛顿是这么回答的："如果说我比别人看得远些的话，是因为我站在巨人的肩膀上。"哥白尼、伽利略、开普勒等人，无疑就是他所指的巨人。正因为科学家们前赴后继的伟大发现，才有了万有引力的伟大发现。

迷你便签

据说，开普勒写了世界上第一部科幻小说《梦》。小说讲述了一位少年天文爱好者的月球之旅，其中涉及许多当时尖端的科学知识。

超完全的完全数

游戏中的数学 1 2 3

御茶水女子大学　附属小学
久下谷明老师撰写

阅读日期　月　日　｜　月　日　｜　月　日

毕达哥拉斯的名言

今天，我们来谈一谈数。大家知道古希腊数学家、哲学家毕达哥拉斯吗？他本人以发现勾股定理（西方称毕达哥拉斯定理，初中的学习内容）著称于世。

图1

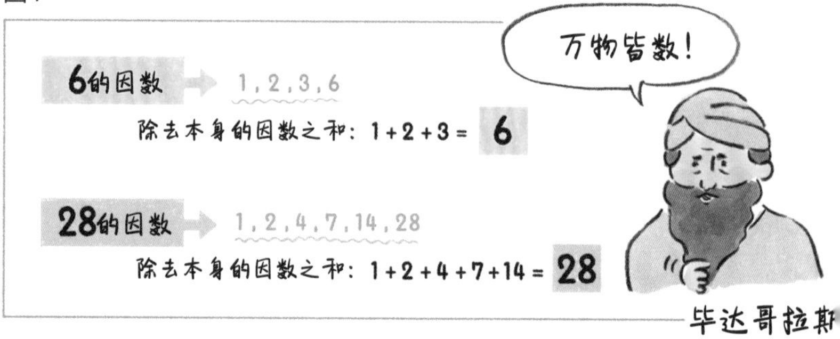

6的因数 → 1, 2, 3, 6

除去本身的因数之和：1 + 2 + 3 = **6**

28的因数 → 1, 2, 4, 7, 14, 28

除去本身的因数之和：1 + 2 + 4 + 7 + 14 = **28**

万物皆数！

毕达哥拉斯

毕达哥拉斯认为"万物皆数""数是万物的本质"，是"存在由之构成的原则"，而整个宇宙是数及其关系的和谐的体系。因此，毕达哥拉斯学派（毕达哥拉斯及其信徒组成的学派）也是最早把数的概念提升到突出地位的学派。该学派发现了6、28等完全数（也称完美数）。那么，这些数又完全在哪里呢？

完全数全在哪里？

如果整数 a 能被整数 b 整除，那么我们称整数 b 是整数 a 的因数。

图2

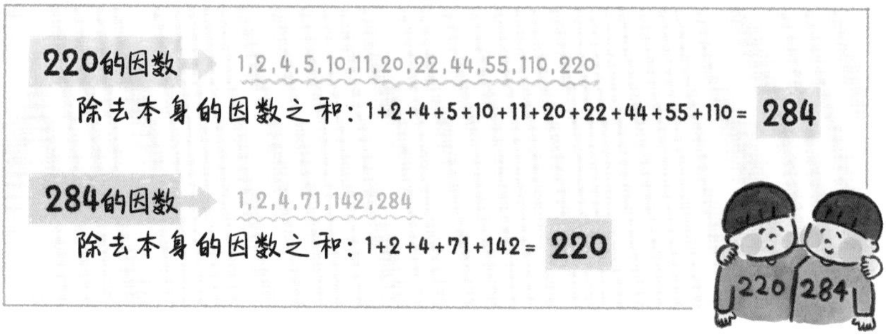

220的因数 → 1, 2, 4, 5, 10, 11, 20, 22, 44, 55, 110, 220

除去本身的因数之和：1 + 2 + 4 + 5 + 10 + 11 + 20 + 22 + 44 + 55 + 110 = **284**

284的因数 → 1, 2, 4, 71, 142, 284

除去本身的因数之和：1 + 2 + 4 + 71 + 142 = **220**

说一说

数字之间也存在友情？

自己不是完全数，却可以互相做对方的完全数……在数字之中，还有这样的一对数字好朋友，它们有一个好听的名字，叫作亲密数。最小的一对亲密数是220和284，这也是毕达哥拉斯时代的产物。

而6和28身上，可以发现这样神奇的规律：除了自身以外的因数之和，恰好等于它本身（图1）。毕达哥拉斯学派将具有这种特征的数，称为完全数。

在6和28之后的完全数是496、8128等。在无穷无尽的自然数里，人们还将继续寻找完全数。

迷你便签

奇怪的是，截至2013年发现的48个完全数都是偶数，会不会有奇数完全数存在呢？至今无人能回答这个问题，完全数身上还有许多未解之谜。

关于**小方块**的二三事

北海道教育大学附属札幌小学
泷泷平悠史老师撰写

阅读日期　　月　日　　月　日　　月　日

多联骨牌是什么？

大家肯定都知道正方形吧，那么由多个大小相同的正方形连成的是什么呢？ 如图1所示，有6个分散的小正方形。如果把它们的边相连接，并组成一个形状，就叫多联骨牌。

多联骨牌的家族很是庞大。其中，就有如图2所示的四联骨牌，由4个小正方形连成的形状。

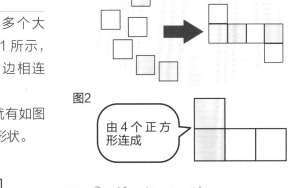

图1

图2

由4个正方形连成

图3

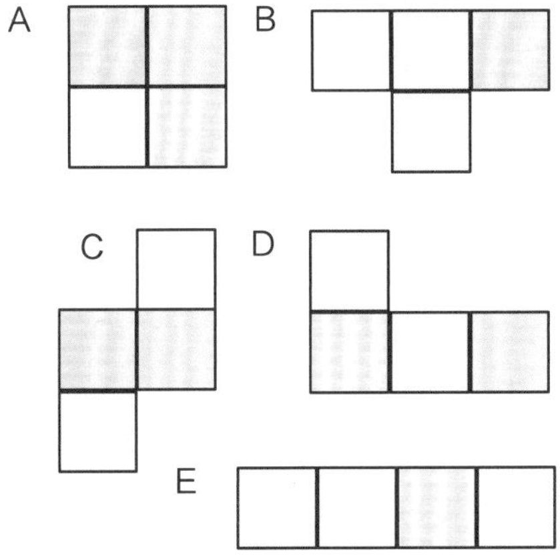

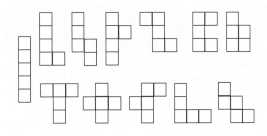

如果将翻转的图形视为同种图形，一共有5种形态。

四联骨牌有几种？

由4个大小相同的正方形连成的四联骨牌，一共有几种形态？让我们动起手来画一画吧。

大家可以画出多少种样子呢？如图3所示，4个正方形不管是像A这样攒在一起，还是像E这样横成一排，都是四联骨牌。

由图3可知，四联骨牌一共有5种形态。如果将C和D的翻转图形视为不同的图形，那么可视为有7种形态。

五联骨牌和六联骨牌

由5个大小相同的正方形连成的是五联骨牌，由6个大小相同的正方形连成的是六联骨牌。与四联骨牌一样，快来找一找它们一共有几种形态吧。

五联骨牌的12种形态

在多联骨牌（polyomino）的词语中，蕴含着"多"和"正方形"的含义。同样，四联骨牌（tetromino）、五联骨牌（pentomino）、六联骨牌（hexomino）中也蕴含着数字4、5、6。

改变方向会发生什么

神奈川县　川崎市立土桥小学
山本直 老师撰写

阅读日期　　月　日　　月　日　　月　日

原来可以重合

请仔细观察图1中的4个三角形。其中存在着大小、形状相同，可以互相重合的三角形。想一想，并把它们找出来。

正确答案是，这4个三角形都可以互相重合。

其实，这4个三角形都可以通过改变方向，变成其他的三角形。假设以A为基准来观察其他三角形。

将A上下翻折，可以得到B；A左右翻折，可以得到C；A向左旋转，可以得到D。

只是改变方向，就好像变成了其他形状，我们需要具备找出它们的火眼金睛。

利用了视错觉……

在图2中，有可以互相重合的图形，快来找一找它们是谁！大概会有很多小伙伴这样猜测：A和C，B和D，可以互相重合。

不过，正确答案是A、C、D都可以互相重合，而B与其他三者不是同样的图形。眼睛看花了没？别急，把书向右旋转90度，看看会发生什么。我们可以很明显地发现，B比其他图形都长。改变看待事物的方向，就会有意想不到的收获哟。

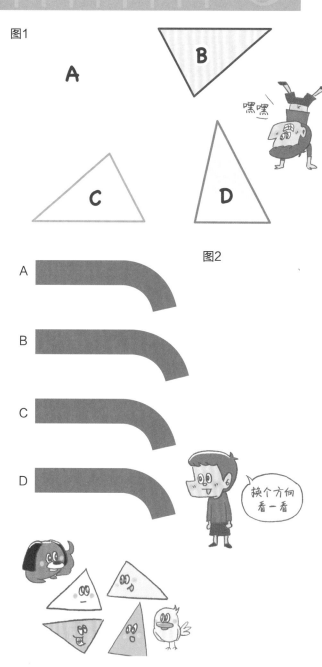

图1

图2

能够完全重合的平面图形，叫作全等图形，是初中的学习内容。一个图形经过平移、旋转、翻折后，所得到的新图形一定与原图形全等。

7 月

礼品套装的装法，数量不一怎样才能成套

神奈川县　川崎市立土桥小学
山本直老师撰写

一共可以装几套？

方便的礼品套装

在日本有送礼的习惯，人们会在夏天的"中元"和年末的"岁暮"，向给予自己照顾的人赠送礼物，以表达感谢之情。在此期间，许多商店会将几种受欢迎的商品进行组合，以礼品套装的形式进行销售。根据商品种类和数量，会有许多组合的方法。

一共可以装几套？

假设在某家商店销售的日用品礼品套装里，共有 3 条毛巾、4 盒纸巾、5 块香皂。调查一下仓库，已知 3 种商品的库存都有 50 件。那么，一共可以装几个礼品套装？

多谢您的照顾！

首先，计算毛巾。每个套装里有 3 条毛巾，50÷3 = 16 余 2，可知装完 16 个礼品套装后，还剩下 2 条毛巾。然后，计算纸巾。每个套装里有 4 盒纸巾，50÷4 = 12 余 2，可知能装 12 个礼品套装。最后，计算香皂。每个套装里有 5 块香皂，50÷5 = 10，可知正好能装 10 个礼品套装。因此，由这 3 种商品组成的礼品套装，一共能装 10 个。

毛巾和纸巾都有剩余，但香皂已经不够了。在礼品套装中，因为香皂的需求量最大，所以应该首先考虑香皂能装的量。

如何把库存用光？

需要如何进货，才能把库存都用完呢？首先，我们已经知道毛巾装完 16 个礼品套装后，还剩下 2 条。那么，就再进货 1 条毛巾，装成 17 个礼品套装。这时，纸巾和香皂的数量也要符合 17 个礼品套装的量。纸巾一共需要 4×17 = 68 盒，香皂一共需要 5×17 = 85 块。减去原库存的 50 件，还需要再进货 18 盒纸巾、35 块香皂。装好了 17 个礼品套装后，仓库里的 3 种商品也都使用完了。

迷你便签　　51 条毛巾、68 盒纸巾、85 块香皂的数量，都可以被 17 整除。

一年最中间的是几月几日

御茶水女子大学附属小学
冈田纮子老师撰写

阅读日期 ✐ 月 日 月 日 月 日

一年最中间的是哪一天？

假设一年有 365 天（闰年 366 天），最中间的是几月几日？一年有 12 个月，所以 6 月 30 日就是最中间的日子吗？我们一起来验证一下，到底哪一天处在一年的最中间。

365 日除以 2，365 ÷ 2 = 182 余 1。因此可知，一年最中间的是第 183 天。那么，一年中的第 183 天是几月几日？

"西向武士"是什么？

从 1 月开始把每个月的天数相加，就可以发现第 183 天了吧。一年之中，有 31 天的"大月"，30 天的"小月"、还有 28 天的 2 月。在日本，人们通过一个双关语，就能简单记住非"大月"的月份。

西向武士

非"大月"的月份

2月 4月 6月 9月 11月

这个双关语就是"西向武士"。日语"西"的读音，代表 2 月和 4 月。日语"向"的读音，代表 6 月和 9 月。那么"武士"又代表哪个月份？原来，武士的"士"可以拆分成十和一，因此就代表 11 月。

好了，请数一数 1 月到 6 月的天数。

31（1月）+ 28（2月）+ 31（3月）+ 30（4月）+ 31（5月）+ 30（6月）= 181

可知 6 月 30 日是一年中的第 181 天，7 月 1 日是第 182 天，7 月 2 日是第 183 天。这样，我们就知道哪一天才是处在一年的最中间。

我们还可以知道，7 月 2 日的中午就是一年最中间的时刻。

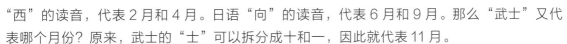

迷你便签 把月份和日期的数字相加，和最小的是 1 月 1 日（1 + 1 = 2）。那么，在月份和日期的数字相加得 20 的前提下，能得到最大和的是几月几日呢？

泰勒斯发现测量金字塔高度的方法

岩手县　久慈市教育委员会
小森笃老师撰写

阅读日期　月　日　月　日　月　日

泰勒斯首次测量了金字塔

金字塔是古埃及国王的陵寝。古埃及人辛勤地搬运、垒石，造就了这一伟大的遗迹。

在金字塔建造之后的 4000 年内，一直没有人能够测量到它的高度。第一个发现测量金字塔高度方法的人，是距今 2500 年前的泰勒斯。

如何测量金字塔的高度？

史料记载，泰勒斯曾利用一根木棒，测出了金字塔的高度。他的方法是：在地面上立一根木棒，当木棒高度和木棒影子长度相同的那一时刻，测量金字塔影子的长度。因为在太阳位置相同的情况下，如果木棒高度和木棒影子长度相同，那么金字塔的高度也会和金字塔影子的长度相同。由此便可测量出金字塔的高度。

泰勒斯的发现，让当时的古埃及法老很是震惊。

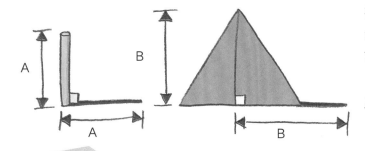

测量建筑和大树的高度

使用泰勒斯的方法，来测一测学校里教学楼和大树的高度吧。需要准备的工具是：50 厘米的木棒、三角板、卷尺。如图所示，和小伙伴一起来挑战一下吧！

当木棒高度和木棒影子长度相同的那一时刻，测量大树影子的长度。

泰勒斯，是古希腊时期的思想家、科学家、哲学家，古希腊七贤之一，他创建了古希腊最早的哲学学派。

运算的窍门③——
人有我有

东京都 杉并区立高井户第三小学
吉田映子 老师撰写

阅读日期✎　月　日　　月　日　　月　日

一个小小的窍门

来算一算这道减法题：67 - 30。

你一定会说："这也太简单了吧。"答案是 37。

再来算一算这道题：72 - 29。

涉及退位运算，稍微得想一想了。

这时，使用一点儿小小的窍门，就可以让运算更加简便。如果减数是几十的形式，那就很简单了。而 29 加上 1 就是 30，所以先让减数 29 变身为 30。

72 - 30 = 42。

算得答案之后，加上多减的 1，正确答案就出来啦。42 + 1 = 43，正确答案就是 43。

是不是一个很实用、很简单的小窍门呢。

小窍门的变形

之前在计算 72 - 29 时，先把 29 加上 1，以 30 来进行计算，最后加上 1。那么，我们可以让加上 1 的步骤，在最开始就同步进行吗？这当然是可以的（图1）。

73 - 30 = 43。最后的差相同，72 - 29 = 73 - 30

它们的答案都是 43，所以中间用"=（等号）"连接起来。再来算一算 54 - 21，被减数和减数都减去 1，差不变。

在减法中，被减数和减数同时加上或减去某数，差不变。使用这个方法，可以让减法变得简单。

利用"人有我有"的方法，你也来试一试 193 - 68 吧。

图1

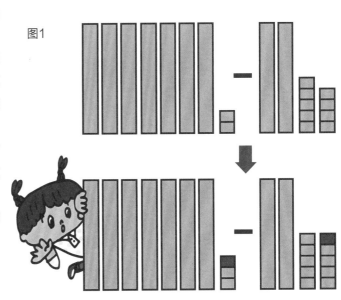

面对复杂数字的减法，可以先将减数化为好算的数（如 30、200 等），再进行运算。如果想复习加法的运算小窍门，请见 6 月 5 日。

单腿跳游戏
的脚印有几个

福冈县　田川郡川崎町立川崎小学
高濑大辅老师撰写

阅读日期　月　日　月　日　月　日

用图来表示脚印

图1

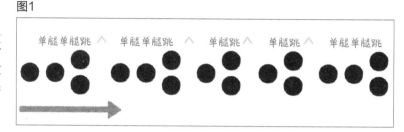

单腿单腿跳 　单腿单腿跳 　单腿跳 　单腿跳 　单腿单腿跳

单腿跳游戏，是日本传统的民间儿童游戏。大家一边唱着歌，一边跟着节拍，单腿跳起来。

"单腿单腿跳，单腿单腿跳，单腿跳，单腿跳，单腿单腿跳。"跟随着节拍，保持好平衡，动起你的脚。

这里有个问题：单腿跳游戏会留下怎样的脚印呢？大家一起拍一拍节奏，好好想一想，答案可能出来了：有人觉得是 13 个脚印，有人觉得有 18 个脚印。

在没有把握的情况下，我们可以画一画图，让抽象的问题变成直观的图形。如图1所示，这就是单腿跳游戏的脚印示意图。要注意的是，示意图中用 ● 来表示脚印，这样画起来方便，看着也清爽。

用算式来表示图

图2

节奏	单腿跳跳，单腿跳跳，单腿跳，单腿跳，单腿跳跳
用图表示	
用算式表示	3+2+3+2+3+3+3+2
	5+5+3+3+5
	5×3+3×2
	4×3+3×2+3

如果用算式来表示图1，会是怎样的算式呢？

$4+4+3+3+4$

$2+2+2+2+3+3+2+2$

$2×6+3×2$

$4×3+3×2$

如上所示，可以用多种算式来表示。同一张示意图，对于 ● 采用不同的归类方法，就会产生不同的算式。

如果我们稍微改变单腿跳游戏的节奏，又会留下怎样的脚印呢？

如图2所示，这是单腿跳游戏的另一种跳法。根据算式，你可以看出它是怎样对 ● 进行归类的吗？好好想一想，用□圈出来吧。

在我们面前，虽然没有实际的脚印，但通过画图和算式，我们可以知道总共有 21 个脚印。

在观察数和图的时候，归类也是一种很有用的方法。

2 生活中的数学

信号灯里有几个 LED 小灯泡

青森县　三户町立三户小学
种市芳丈 老师撰写

阅读日期 　月　日　　月　日　　月　日

仔细观察信号灯……

当信号灯显示红灯时，我们停下脚步。在等待绿灯的过程中，你是否仔细观察过它们呢？如图1所示，在信号灯里聚集着许多 LED 小灯泡。今天，我们就来数一数一共有多少个 LED 小灯泡。

有两种数灯泡的方法

如图1所示，LED 小灯泡按照一定的规律，整齐地排列好。我们可以用不同的方法来数出它们。

方法1：当成烟花

如图2所示，将小灯泡用不同颜色标记，看起来就像烟花绽放一样。从里侧到外侧依次数出灯泡数量并相加：1 + 6 + 12 + 18 + 24 + 30 = 91。除了中心以外，每一圈的灯泡数量都是6与其他数字的乘积。

方法2：分成扇形

留下正中间的一个灯泡，将其余小灯泡组成6个相同大小的扇形（图3）。1个扇形里的灯泡数量：1 + 2 + 3 + 4 + 5 = 15。15×6 + 1 = 91，就是一共的灯泡数量。

图1

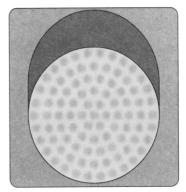

供图／photo library

图2

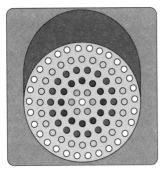

图3

实际的信号灯最外侧是30 + 1个小灯泡，因此一共是92个小灯泡。

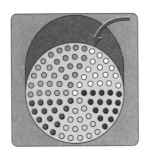

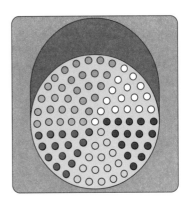

在日本，不同信号灯制造商生产的信号灯，其中的 LED 小灯泡的数量会有不同。除了92个小灯泡的规格，还有191个小灯泡的规格。

205

岛根县　饭南町立志志小学
村上幸人 老师撰写

阅读日期　月　日　│　月　日　│　月　日

仰望夏日的夜空

4月12日，我们一起找到了许多身边的三角形。还记得那时候，一起仰望星空的样子吗？

月色如水，繁星点点，往东南方望去，可以看见3颗明亮的星星。将这3颗亮星连起来，就会发现一个大大的三角形出现在我们的头顶。

今天，同样也是向东南方望去，同样也看见3颗明亮的星星。而这3颗亮星连接起来的大三角形，和春天的似乎有些不一样。3颗星星的亮度、三角形周围星星的样子……没错，我们仰望的星星"换角"了，它们组成的也不是"春季大三角"了。

美好的夏季大三角

这3颗亮星分别是天琴座的一等星"织女一"、天鹰座的一等星"河鼓二"和天鹅座的一等星"天津四"。它们在夏日夜空中，画出了一个大大的"夏季大三角"。

盯着不在同一条直线的3个点，就可以看到一个三角形哟。

七夕夜空闪耀的星星

"夏季大三角"中的织女一和河鼓二有着更为人熟知的俗称，就是"织女星"和"牛郎星"。仰望夜空，只见织女星与牛郎星之间，流淌着银河，它们一个在西岸，一个在东岸，相对遥望。

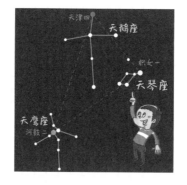

夜空中闪耀的星星看起来像在一个平面上，但其实它们与地球的距离各不相同。

大家的答案都一样

东京学艺大学附属小学
高桥丈夫老师撰写

阅读日期　　月　日　　月　日　　月　日

来玩吧！神奇的游戏

今天，我们要玩一个大家答案都会相同的游戏。请按照图1的规则，一起来试一试吧。

大家的答案，应该都会是3。

玩游戏的人一个一个地报出答案，当意识到这不是偶然的时候，请尽情展露吃惊的表情吧。

如果将步骤3里的加6，变成加上其他的数字，最后的答案也会发生变化哟。快来加入到这场游戏中吧。

神奇的奥秘

马上就来揭晓游戏的秘密。

首先，我们把游戏过程用算式来表现出来：（选择的数×2＋6）÷2－选择的数。

如图2所示，计算这个算式。

从解题过程可以看到，最后的结果与选择的数并没有关系，答案是3。

图1

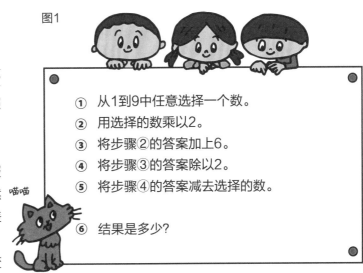

① 从1到9中任意选择一个数。
② 用选择的数乘以2。
③ 将步骤②的答案加上6。
④ 将步骤③的答案除以2。
⑤ 将步骤④的答案减去选择的数。

⑥ 结果是多少？

图2

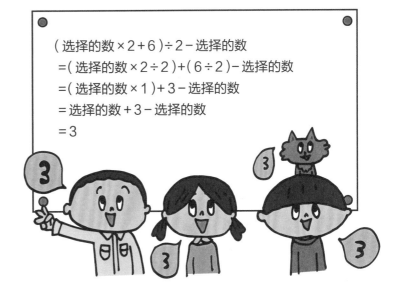

（选择的数×2＋6）÷2－选择的数
＝（选择的数×2÷2）＋（6÷2）－选择的数
＝（选择的数×1）＋3－选择的数
＝选择的数＋3－选择的数
＝3

在计算中，灵活排列数字顺序、巧妙地使用括号，就能创造出有意思的数学游戏。你也来试一试吧。

天才牛顿是数学达人

明星大学客座教授
细水保宏老师撰写

热爱数学的少年

一个苹果从树上坠落，从而让一个人产生了有关万有引力的灵感。你知道他是谁吗？没错，就是大家耳熟能详的英国科学巨匠牛顿。

艾萨克·牛顿（1642—1727 年）出生于英国林肯郡乡下的一个小村落，年少时的他不擅长与人交往，总是一个人看书，一个人用木头做成各种模型。

牛顿 18 岁进入了剑桥大学三一学院。那时，学院教学还只是基于亚里士多德的学说，并没有开设他喜欢的数学课和物理课。在这期间，牛顿大量阅读先进科学与数学的书籍，并开始一个人的研究。他自己做道具，自己做实验，把灵感与疑问记在本上，努力去寻找它们的答案。他的数学本，很快就被图形和算式给淹没了。

发现"万有引力"

1665 年，牛顿获得了学位。就在这时，严重的鼠疫席卷了英国，剑桥大学因此而停课，牛顿回到了家乡伍尔索普村，在家中继续进行研究。

他把所有的热情投入到热爱的数学中。在此期间，牛顿发现了不规则图形面积和曲线长度的计算方法。在那个没有计算器的年代，几十位数的运算在牛顿的大脑中进行。

……为何掉落？

有一天，牛顿目不转睛地看着院子里的苹果树，沉浸在自我的世界里："苹果会从树上落到地上，是因为地球重力的作用。那么，为什么月球不会像苹果这样，落下来呢？地球与月球之间，应该存在一种互相作用的引力，并保持一种平衡。可能就是这种神秘的力量，导致了宇宙万物运动的规律……"

这一灵感的果实，就是后来广为人知的"万有引力定律"。在牛顿返回伍尔索普村的一年半中，诞生了许多至今仍为人称道的大发现。

伍尔索普庄园的"牛顿苹果树"，通过枝条嫁接，在东京的小石川植物园等地生根发芽。虽然牛顿与苹果的故事非常有名，但它的真实性并不可考。

才不要玩不公平**的**投球游戏

福冈县　田川郡川崎町立川崎小学
高濑大辅 老师撰写

怎样才能让大家与目标一样近？

今天，我们来玩投球游戏吧。大家站在划线圈外，往中心位置的目标盒子投球，谁投中的球最多，谁就赢啦（图1）。

奇怪的是，游戏开始后不久，就传来小伙伴们的反对声。

"这不公平！"为什么不公平呢？

"离目标近的人太狡猾啦。""大家的距离应该相同！"

看来，大家对划线圈的形状，都不太满意呀。那好，大家就来讨论讨论用什么形状吧。

"用正方形或三角形吧。"

图1

图2

不公平！

原来，位于正方形4个顶点上的人，比其他人到目标盒子的距离都要远。对于正三角形，也是同样，3个顶点到目标盒子的距离比其他人都要远（图2）。

圆是最温柔的形状？

到底该用什么形状，才能让小伙伴不管在哪里投球，距离都能相等呢？

"圆形看上去不错。"

"不管站在哪里投球，距离都是相等的。"

"这样对大家都公平。"

讨论出了结果，决定好了画圆圈，大家终于可以开开心心地玩投球游戏了。圆，真是一个对大家都很温柔的图形呀。

"不管在哪里投球，距离都应该相等的形状。"

那么，我们采用正方形，再来玩一轮。可是游戏开始后不久，又传来小伙伴们的反对声。

"这还是不公平。"

反对声音最大的是站在哪里的小伙伴呢？

图3

 在一个平面内，以一个固定的点为中心，另一个点围绕它以相同距离旋转一周所形成的封闭曲线，叫作"圆"（详见4月14日）。

从正方形里冒出的各种图形

北海道教育大学附属札幌小学
泷泷平悠史 老师撰写

将正方形的纸经过几次对折成三角形后，剪掉"山顶"，就会出现奇妙的图形。随着对折次数的不同，出现的图形也在变化。下一次又会出现什么图形呢？真让人期待啊！

准备材料
► 折纸用纸
► 剪刀

● 对折、对折、剪掉

首先，将正方形的纸沿对角线折叠，可以获得三角形。再对折 1 次，还是一个三角形。

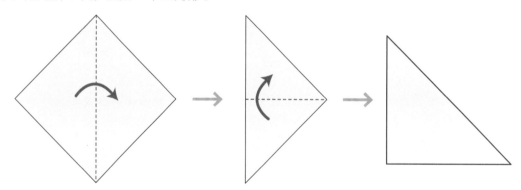

然后，把三角形的"山顶"剪掉。猜一猜，把纸展开后，会是什么图形呢？

剪了之后像富士山

猜一猜

● 将剪完的纸展开

慢慢展开纸，原来是这样的
形状啊。你猜对了吗？

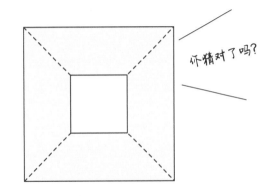

你猜对了吗？

● 对折、对折、对折、剪掉

这次，我们将正方形的纸对折 3 次，获得一个三角形。

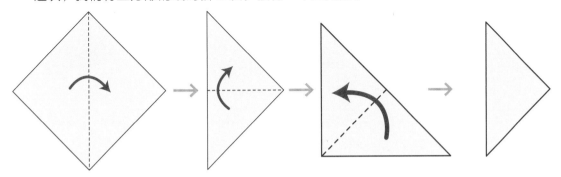

然后，把三角形的"山顶"剪掉。再来猜一猜，把纸展开后会是什么图形呢？

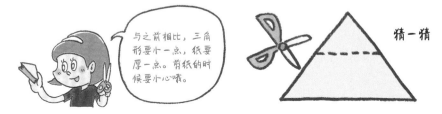

与之前相比，三角形要小一点，纸要厚一点。剪纸的时候要小心哦。

猜一猜

● 答案就在这里面

答案就在这 4 个选项里面，会是哪个图形呢？

A   B

C   D

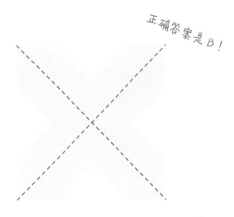

正确答案是 B！

迷你便签

再来挑战一下"对折、对折、对折、对折、剪掉"吧。4 次对折之后，三角形会更小更厚一些，
剪纸的时候可以让家人帮帮忙。

211

表示数字的词缀
tetra、tri、oct

东京都　丰岛区立高松小学
细萱裕子老师撰写

阅读日期　　月　日　　月　日　　月　日

四面体包装和四脚锥体

你见过利乐传统包（tetra pak）吗？它也被称为利乐四面体纸包装，是利乐公司在 1952 年推出的第一种正四面体包装。如图 1 所示，由 4 个正三角形组成的立体图形，叫作正四面体。现在，利乐传统包常用作牛奶和茶包的包装（图 2）。

此外，你听说过四脚锥体构件（tetrapod）吗？它是一种护堤用的混凝土四脚构件，也叫防浪混凝土块。这种构件具有良好的透水性，通常被放置在海岸边，用于减小波浪对海岸的冲刷，提高堤岸的稳定性（图 3）。

图1

正四面体

来自希腊语的词缀

这两个词的相同之处，是词语前缀都是 tetra，它的含义是 4。tetra 源自希腊语，是一个表示数字的词缀。

此外，还有表示 3 的词缀 tri，如三人一组（trio）、三角形（triangle）、铁人三项运动（triathlon）；表示 8 的词缀 octo，如八度音阶（octave）、八脚章鱼（octopus）。

这些表示数字的词缀真是有趣。如果记住了它们，在遇到不认识的词语时，也可能会猜出意思哟。

图2

牛奶 茶

图3

试一试
源自希腊语的词缀

这些表示数字的前缀源自希腊语，在这里我们收集了表示 1—10 的词缀，快来看看吧。

1（mono）单轨铁路（monorail）
2（di）进退两难（dilemma）
3（tri）三角龙（triceratops）
4（tetra）利乐四面体纸包装（Tetra Pak）
5（penta）五边形（pentagon）
6（hexa）六边形（hexagon）
7（hepta）七边形（heptagon）
8（octo）八度音阶（octave）
9（ennea）九边形（enneagon）
10（deca）十边形（decagon）

迷你便签

护堤用的四脚锥体构建诞生自法国。为了在日本进行推广，便成立了日本四脚锥体有限公司（现在的不动四脚有限公司）。不动四脚公司的商标图案就是一个四脚锥体构件。

圆的圆心 如何移动

学习院小学部
大泽隆之老师撰写

阅读日期✐ 月 日 | 月 日 | 月 日

让圆转起来

在卡纸上画一个圆，画好后剪下来，并在圆心戳一个小洞。把铅笔戳进小洞里，带着圆形卡纸绕纸盒转一圈。你猜会画出怎样的线条来（图1）？

特别是在纸盒的转角处，会留下怎样的线条呢，是尖角，还是圆角？赶紧动手画一画吧（图2）。

画好了之后，答案也就出来了——是圆角。圆角的部分，就像是用圆规画出来的一样。

再来试试在纸盒里面绕着转一圈，你猜转角处会画出怎样的线条来，还是圆角吗（图3）？

这一次画出来的样子是左侧的示意图，是尖角。真是有趣啊。

在纸盒内、外都做了实验，你已经满足了吗？还可以在三角形、圆等图形的内外画一画线条呢。

图1

图2

是哪个呢？

图3

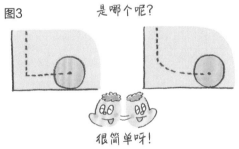

很简单呀！

想一想

在圆形卡纸的不同位置戳出小洞，然后把铅笔戳进小洞，就能画出圆规所画不出来的线条。大家也可以在正三角形或正方形上试试哟。

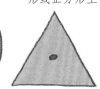

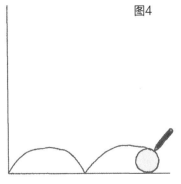
图4

迷你便签

如图4所示，把铅笔固定在圆的边上。当圆沿一条直线运动时，铅笔画出的轨迹叫作"摆线"。

7 的倍数的判断方法

东京学艺大学附属小学
高桥丈夫老师撰写

阅读日期 月 日 月 日 月 日

这是 7 的倍数吗？

今天，我们来教一个关于 7 的倍数的判断方法。判断对象，是超越九九乘法表之外的三位数。

在判断三位数之前，我们先来看一下两位数的 7 的倍数，都有哪些数呢。九九乘法表里已经算到了 63，接下来分别是 70、77、84、91、98，请记好这些数字。

图1

7 的倍数判定法

百位数×2 + 后两位
如果计算结果是7的倍数，那么这个数就是7的倍数

如图 1 所示，这就是三位数中，7 的倍数的判断方法。

用计算来验证吧

假设我们需要判断一下 861 是不是 7 的倍数。861 的百位数是 8，后两位是 61。首先，计算 $8 \times 2 = 16$。16 加上后两位的 61，即 $16 + 61 = 77$。77 是 7 的倍数，通过判断方法我们可知：861 也是 7 的倍数（图2）。

我们再来判断一下 798。先进行"百位数 ×2 + 后两位"的计算，$7 \times 2 + 98 = 14 + 98 = 112$。然后再对这个三位数使用一次判断法，$1 \times 2 + 12 = 14$（图3），是 7 的倍数。

通过计算验证一下：$798 \div 7 = 114$，798 可以被 7 整除。

图2

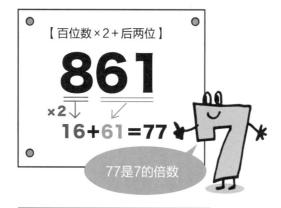

【百位数×2 + 后两位】
861
×2
$16 + 61 = 77$
77是7的倍数

图3

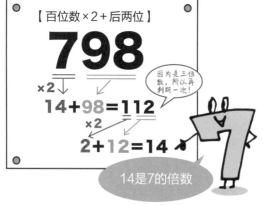

【百位数×2 + 后两位】
798
×2
$14 + 98 = 112$
×2
$2 + 12 = 14$
因为是三位数，所以再判断一次！
14是7的倍数

迷你便签
四位数也可以判断是否为 7 的倍数。前两位 ×2 + 后两位，如果计算结果是 7 的倍数，这个数就是 7 的倍数。

测量中的数学

游击式暴雨
的降雨量有多少

7月
15日

东京学艺大学附属小学
高桥丈夫老师撰写

阅读日期 月 日 月 日 月 日

装满多少个塑料瓶？

对于"暴雨"这个词，想必大家都不会陌生吧。在中国，24 小时降水量在 50 毫米及以上的雨叫作"暴雨"，降雨量在 250 毫米及以上的雨叫作"特大暴雨"。而在日本，人们把短时间内在某一小块地区的大量降水称为"游击式暴雨"，1 小时的降水量可超过 100 毫米。

降水量指的是，在一定时间内，降落在水平地面上的水，未经蒸发、渗透、流失情况下累计的深度。

降水量达到 100 毫米的"游击式暴雨"，究竟有多大呢？如果用 500 毫升的塑料瓶来装边长为 1 米地面上的雨水，一共能装满多少个塑料瓶？

答案是 200 瓶。"游击式暴雨"来势凶猛，在短短几十分钟内就降下瓢泼大雨，怪不得会造成严重的灾害。

降水量 100 毫米等于 100 升的水

雨水能装满 200 瓶又是怎么算出来的？我们来详细说明一下。

想象一下这样的场景：在一个边长为 1 米的正方形透明盆上方，有雨水落下。

1 小时降水量 100 毫米，指的是降落的雨水达到水层深度 100 毫米。也就是说，在这个透明方形盆里积攒了 10 厘米深的水。

边长为 10 厘米的正方体透明小盒，它的容量是 1 升。把 100 个透明方盒整齐摆放，横竖各排列 10 个方盒，此时它们的容量与边长为 1 米的透明方形盆是一样的。1 小时降水量 100 毫米，意味着在 1 平方米面积中降下的雨量达到 100 升。小小的 1 毫米降水量，代表每 1 平方米的雨量却足足有 1 升（见 2 月 10 日）。

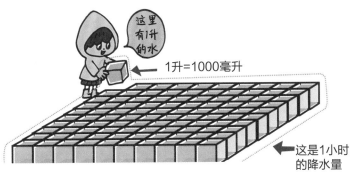

这里有1升的水

1升=1000毫升

这是1小时的降水量

迷你便签

看来，在我们身边看似平常的单位都不简单呢，寻找到它们"不简单"的地方，也是件趣事哟。

215

冰激淋球的搭配

北海道教育大学附属札幌小学
泷泷平悠史 老师撰写

买冰激凌球去喽

夏日炎炎，已经到了吃冰激淋的季节啦。走着，这就去买冰激淋咯。今天就稍稍奢侈一些，买 2 个冰激淋球吧。

冰激淋店里提供了 5 种口味的冰激淋（图 1）。

请你在里面选出 2 种口味的冰激淋，有几种搭配方法呢？

假设已经选择了 1 个草莓冰激淋球。那么除了草莓，还有 4 种口味。因此，草莓和其他 4 种口味的组合，一共有 4 组（图 2）。

同样，如果选择了 1 个香草冰激淋球，那么香草和其他 4 种口味的组合，一共也是 4 组。以此类推，选择巧克力、薄荷、汽水口味后的搭配组合也都是 4 组。4×5 = 20，一共有 20 组搭配（图 3）。

图 1　图 2

草莓
香草
巧克力
薄荷
汽水

注意相同的组合

仔细观察这 20 组冰激淋球的搭配，发现什么奇怪的地方了吗？用□圈出来的冰激淋球，是重复出现的搭配（图 4）。

要从 20 组搭配中减去重复的 10 组，因此，一共是 10 组。和最初的猜想，整整差了一半呢。

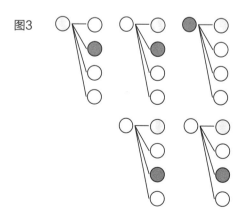

图 3

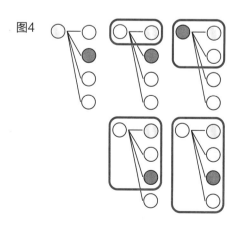

图 4

当冰激淋球不是放在纸盒里，而是放在脆皮筒里出售时，搭配方法又有了变化。巧克力上叠着香草，香草上叠着巧克力，像这样口味相同但顺序不同的情况，就算作是不同的搭配。因此，冰激淋脆皮筒一共可以有 20 种搭配方法。

迷你便签

2 货币的大小和重量

生活中的数学

御茶水女子大学附属小学
久下谷明老师撰写

阅读日期　　月　日　　月　日　　月　日

1日元硬币的直径

你认为1日元硬币的直径是多少厘米（图1）？请从以下三个选项中，选择一个答案。

①1厘米　②2厘米　③3厘米

那么到底是几厘米呢？

既然是1日元硬币，那么大概就是1厘米吧。这个想法很美好，但答案却是②，2厘米。

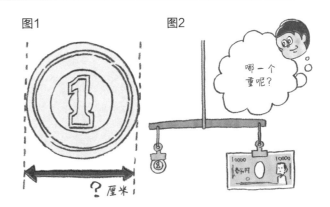

图1　图2

哪一个重呢？

? 厘米

今天的话题，与日本的货币有关，我们一起来看看货币的大小和重量吧。

1万日元纸币的重量

问题又来了，1日元硬币和1万日元纸币，哪一个重（图2）？

不卖关子，答案马上就来："差不多。"1日元硬币和1万日元纸币的重量都约为1克。从货币价值来看，10000个1日元硬币才抵得上1张1万日元纸币。从货币重量来看，它们却拥有差不多的重量，是不是很神奇呀。

再来看看日本纸币的大小，它们的长相同，宽随着面值增大而略有增长（见2月18日）。而反观日本的硬币，则没有这种规律，比如50日元硬币的直径就比10日元、5日元硬币都要小。

想一想

纸币破损了怎么办？

如果遇到纸币残缺、污损需要兑换的情况，可以到银行的营业网点，按照国家有关残缺纸币兑换规定兑换。在日本，会根据纸币票面剩余面积，来进行兑换。

①票面剩余在 $\frac{2}{3}$ 以上，按原面额全额兑换。

②票面剩余在 $\frac{2}{5}$ 以上、$\frac{2}{3}$ 以下，按原面额半数兑换。

③票面剩余在 $\frac{2}{5}$ 以下，不予兑换。

迷你便签

在日本，发行新货币时，会向社会征集设计方案，并从中进行选择。大家可以看到，在各种面值的货币中，只有5日元硬币上标注的是"五"，而不是阿拉伯数字"5"。那是因为在进行5日元硬币的方案评选时，正好选择了没有使用阿拉伯数字的设计方案。

东京都 丰岛区立高松小学
细萱裕子 老师撰写

阅读日期 月 日 月 日 月 日

水桶里的水洒不出来？

水桶里装上水，呼呼呼地转起来。当水桶转到头顶时，里面的水居然纹丝不动，没有洒出来。这是为什么呢？

这是因为"离心力"的作用，它让水牢牢地固定在水桶底部。因此，当水桶转到头顶时，水也不会洒出来。

此外，水桶旋转的速度越大，"离心力"就越大；旋转速度越小，"离心力"就越小。如果你慢慢地转动水桶，有可能会被浇成落汤鸡哟。要想不让水洒出去，一定要快速地转起来，让"离心力"足够大。

神奇的"离心力"

你坐过过山车吗？过山车开起来的时候，会出现爬升、滑落和倒转。当过山车到达回环顶部时，乘客是完全倒转过来的。明明倒挂在高空中，我们却没有掉下来，这和水桶里的水，是一个道理。因为"离心力"的作用，让我们牢牢地固定在座位上，所以不会掉下来。

如果，过山车在进入倒转时速度变慢了……怎么办？你可能有这样的疑虑。不过别担心，过山车的行驶速度是经过精确计算的，已经考虑到高度等各种因素了。

试一试

小水桶转起来

在操场、运动场、游泳池旁等空旷的地方，来进行一个实验吧。准备一个轻便的小水桶，装上一些水，一边转起来一边改变旋转速度，感受这种变化带来的不同吧。小心，你可能会被水泼到哟。

哇啊

迷你使答

离心力是一种惯性力，它使旋转的物体远离旋转中心。当作圆周运动的物体受到的向心力减弱后，它就会脱离原来的轨道向外运动。

关于**秒表**的二三事

岛根县 饭南町立志志小学
村上幸人 老师撰写

秒 的 世 界

起跑，冲刺，50 米短跑真是一个体现快速跑能力和反应能力的项目。"9 秒""10 秒 14""8 秒 87"……按下秒表，从起点到终点所花费的时间，就能表示跑步的成绩。花费时间越少，跑步速度越快。

再看看短跑的成绩，脑中不由得浮现出一个大大的问号。在之前所学的内容里，时间的计算是 60 进制，即 60 分等于 1 小时，60 秒等于 1 分。因此，在表示分和秒的时候，几乎不会出现比 60 大的数字。不过当我们按下秒表，表示比 1 秒还短的时间时，就有可能出现比 60 大的数字。

秒 中 世 界 的 10 进 制

研究一下手机上的秒表吧。按下秒表的启动键，只见分和秒都以 60 进制前进，但比 1 秒还短的时间却是以 10 进制前进。为什么使用的是不同的进制呢？仔细观察机械秒表的表盘刻度（图1），一共有 60 个大刻度，每个大刻度表示 1 秒。而在大刻度里又有 4 个小刻度，每个小刻度表示 $\frac{1}{5}$ 秒。也就是说，在过去只能精确到 1 秒的 $\frac{1}{5}$，表示为"9 秒 2""8 秒 6"等。

在体育盛事中，秒表履行着记录瞬间的任务。人类不断超越自我，秒表也在不断改进。从一开始的 1 秒，到 1 秒 $\frac{1}{5}$、$\frac{1}{10}$，秒表的精度在不断地提高，因此也就采用了 10 进制。

图1

机械秒表
供图／NY-P／Shutterstock.com

图2

电子表秒
供图／ziviani／Shutterstock.com

假如最初开发出了精确到 $\frac{1}{60}$ 秒的秒表，或者说至少能开发出精确到 $\frac{1}{6}$ 秒（而不是 $\frac{1}{5}$ 秒）的秒表，那么现在比 1 秒短的时间可能采用的就是 60 进制了。此外，目前的科技已经能够测量 $\frac{1}{1000}$ 秒。

数字环 的益智游戏

熊本县　熊本市立池上小学
藤本邦昭 老师撰写

阅读日期　月　日　月　日　月　日

从1开始！数字环

如图1所示，把数字1、2、3、4、5绕成一个环。在这个环上剪两刀，然后把相连的数字相加。

假设像图2这样剪两刀。短的部分可以得到3，长的部分数字之和就是12。从1开始，1、2、3、4……通过数字环的剪切，一共可以组成多少个数字呢？

图1

图2

可以得到3

也可以得到12

在哪里剪？要想好

要剪出1、2、3、4、5这几个数字，很简单，只需要把它们各自剪出来就可以了。

5和1紧挨着，所以剪出6也很方便。

那么，7又该如何剪呢？5 + 2虽然等于7，但是在5和2中间，还隔着一个1，只剪两次是剪不出来的。转换一下思路，3和4紧挨着，所以就是它们啦（图3）。

想一想，剪一剪，继续剪出其他数字吧。

图3

可以得到7

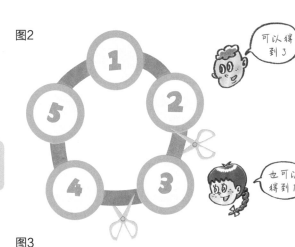

试一试

益智游戏升级！

增加数字环的数字个数，或者变化数字环的数字，就可以得到许多数字环益智游戏的升级版了。

迷你便签

（答案）8 = 5 + 1 + 2，9 = 5 + 4（或2 + 3 + 4），10 = 4 + 5 + 1（或1 + 2 + 3 + 4），11 = 除4之外的数字之和，12 = 除3之外的数字之和……什么都不剪，可以得到15。

会变身的神奇纸环

东京都　杉并区立高井户第三小学
吉田映子 老师撰写

阅读日期　　月　日　　月　日　　月　日

从 2 个纸环的中间剪开

请准备好纸、剪刀和胶水。首先，把纸剪成长条形，并将两端用胶水粘起来。然后，用剪刀从纸环中间剪开（图1）。

我们得到了 2 个纸环。到这一步为止，不神奇，很平常。

图1

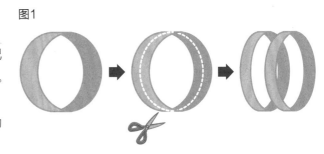

图2

沿着虚线剪开

这 2 个纸环要怎么加工？如图 2 所示，首先，将纸环恢复成 2 个长纸条，并粘贴成十字形。然后，分别将纸条两端用胶水粘起来，于是有了套在一起的 2 个纸环。

从 2 个纸环的中间剪开……

哎呀，怎么变成了 1 个大大的正方形。从圆环到正方形，这一步很神奇吧。

从 3 个纸环的中间剪开

让我们试着再增加一个纸环。首先，按之前的方法做出 2 个套在一起的纸环。然后，在纸环上方再套上 1 个纸环。

那么，从 3 个纸环的中间剪开……

哎呀，这次剪出了 2 个大大的长方形。从 3 个圆环到 2 个长方形，这一步，更加神奇了吧。

图3

如果改变纸条的长度和粘贴角度，剪出来的形状也会不一样。各种各样的长度和角度，等着你来尝试哟。

没有卷尺也可以测量 100 米

青森县　三户町立三户小学
种市芳丈老师撰写

阅读日期✐　　月　日　　月　日　　月　日

你知道自己的步幅吗？

使用卷尺，可以简单地测量出 100 米的长度。不过，当我们身边没有卷尺的时候，还能够测量出长度吗？记住以下的方法，可以举一反三哟。

图1

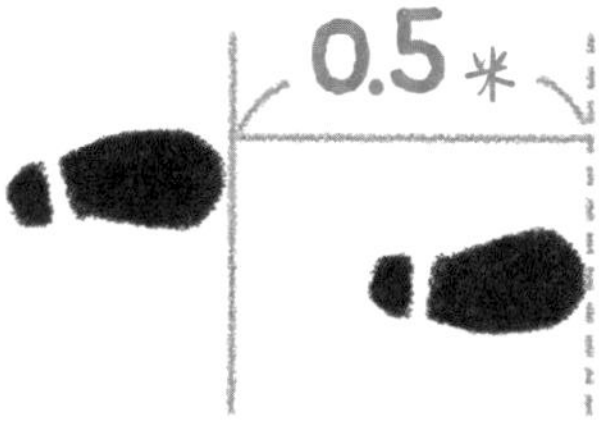

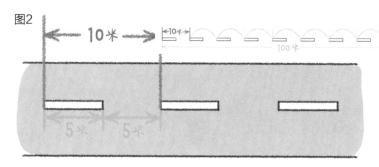

・**步测**

步测是一种简易测量距离的方法，可以根据步数测量行走的距离。在日本的江户时代，伊能忠敬正是利用这个方法，"走"出了日本地图（见 6 月 2 日）。至今，职业高尔夫球手仍利用这个方法来测量距离。

使用步测的方法，首先要知道自己的步幅。行走 10 步，测量到的距离除以 10，就是步幅。假设你的步幅是 0.5 米（图 1），200 步走的距离就是 100 米。

使用电线杆和马路的白线

・**电线杆**

在日本，两根电线杆之间的距离大约是 30 米。因此，4 根电线杆之间的距离会达到 90 米，再用步测测量 10 米的距离，很快就能测量出 100 米。

・**马路的白线**

在马路中间，我们会看到白色的线。在日本，白线的长度是 5 米，白线之间的距离也是 5 米，两者相加等于 10 米。也就是说，从第 1 条白线顶端到第 11 条白线顶端的距离，就是 100 米（图 2）。

图2

10 米

第11条白线

100 米

・**马路的护栏**

在日本，马路中间的护栏大约是 4.3 米。$100 \div 4.3 = 23.25$，因此数完 23 个护栏，距离大约就是 100 米了。

5米　5米

在进行步测时，我们很难保证自己每一步的距离都是相等的，因此会产生误差。为了尽可能减少误差，伊能忠敬进行了步幅训练，使每次的步幅都保持在 69 厘米（见 6 月 2 日）。

纸对折多少次
就可以抵达月球呢

高知大学教育学部附属小学
高桥真老师撰写

阅读日期 月 日 月 日 月 日

对折几次就能抵达月球？

从地球到月球的距离，大约是38万千米。这么遥远的一段距离，如果从地球开车过去，要花多少时间呢？假设以时速100千米的速度昼夜不停地开，需要花5个月以上。关于这段距离，还有一个有趣的表示方法。

首先，准备一张纸。这张纸可以是学校里的复印纸、作文纸，或是其他常见的纸。然后，对

折这张纸，再对折，再对折……像这样将一张纸对折1次、2次、3次……纸是越折越厚了。

那么，你认为将纸对折多少次就能抵达月球？

我们使用的纸的厚度大约是0.08毫米。纸张对折1次后，厚度变为2倍，也就是0.16毫米。对折2次后，厚度变为2倍，也就是0.32毫米。对折3次后，厚度继续变为2倍，也就是0.64毫米。重复对折10次后，厚度将达到8厘米。经过数次对折，纸张的厚度的确增加了不少，不过离抵达月球还差很远吧。

答案是43次！

哎呀呀，对折40次后，厚度居然达到了8.8万千米。对折41次后，厚度大概能达到17万千米。再接着第42次对折，厚度达到35万千米。在第43次对折后，厚度达到了70万千米！此时，已远远超过38万千米。

从地球到月球，是遥远的38万千米。如今这段距离，被一张纸对折43次后的厚度所打破了。数学，真是充满了奇妙。

想一想

厉害的"鼠算遗题"

如果让数字成倍增长，它很快就会变成庞大的数字。数学趣题"鼠算遗题"，就是这样的一道题："正月里，鼠父鼠母生了12只小鼠，大小鼠共14只。二月里，两代鼠全部配成对，每对鼠又各生了12只小鼠。这样下去，每月所有的鼠全部配对，每对鼠各生12只小鼠。12个月后，老鼠的总数是多少？"

迷你便签

当然在现实生活中，我们并不能把一张纸对折43次。但是在数学的世界里，人们能将现实所不能的事物，以数学思维进行思考。

声音为什么来得比较迟

东京都 丰岛区立高松小学
细萱裕子老师撰写

光速和声速

绽放在夜空中的烟花美极了，红、蓝、黄、绿等颜色在黑夜的衬托下，绚丽夺目。伴随着烟花，一声又一声的"嘭"在耳边炸响。

当我们在近处观看时，一看到烟花，马上就能听到"嘭"的一声。而如果站在远处，看到烟花之后要过一会儿，才能听到声响。这种现象，是因为"光传播速度"与"声音传播速度"不同而造成的。

光以每秒约 30 万千米的速度前行，也就是说，光在 1 秒内可以绕地球 7 圈半。速度如此之快，所以我们认为光是瞬间到达的。与此相对，声音在 1 秒内只能前行 0.34 千米，可以理解为前进 1 千米需要耗费 3 秒。假设我们在距离烟花燃放处 1 千米的地方观赏烟花，烟花瞬间就可以看到，而那一声"嘭"则需要等待 3 秒钟。

雷电是远，是近？

闪电过后，我们会听到"轰隆隆"的雷声。你测量过闪电与雷声之间的时间差吗？"电闪"与"雷鸣"之间的秒数越长，雷电离我们的距离也就越远。假设时间差为 10 秒，$0.34 \times 10 = 3.4$，可知此时雷电距离我们 3.4 千米（见 3 月 21 日）。

试一试

体验声音的传播方式

选择一个空旷的场所，大家面向右边，按照相等距离排成一行。最左侧的小伙伴使用鼓或笛子，发出短促的声音，听到声音的人举起手来。这样我们就可以看到声音传播的样子了。

声速因气温的状态而异。在气温 15℃时，声音在 1 秒内前进约 0.34 千米。气温每上升 1℃，声音在 1 秒内便多前进 0.0006 千米（60 厘米），稍微快了点儿呢。

计算中的数学

减法之后是加法吗

7月 **25**日

学习院小学部
大泽隆之 老师撰写

阅读日期 ✐ ┃ 月 日 ┃ 月 日 ┃ 月 日

摆一摆减法卡片

在日本，一年级学生会使用卡片来进行运算的复习。这些卡片正面是算式，背面是答案（图1）。现在，我们将减法运算的卡片翻到背面。猜一猜，答案为2的卡片正面是什么？是"10 - 8""11 - 9"？还是"12 - 10""9 - 7"？

正确答案是"11 - 9"。将这张卡片翻回正面，可以看到算式是黑色的。将其他减法运算的卡片翻回正面，如图2所示摆好。

我们知道，"12 - 10"和"10 - 8"的差也是2，那么它们应该怎么摆放呢？

红色算式的卡片，可以摆放在"11 - 9"的上面或下面。按照这个规律，请把其他卡片也依次摆放好。

加法卡片也出现了！

"11 - 9"的上面一行，依次摆放着"12 - 10""13 - 11""14 - 12"等卡片。下面依次摆放着"10 - 8""9 - 7""8 - 6"……"2 - 0"。那么，还能再继续摆下去吗（图3）？

观察答案为2的卡片左边的数，从上到下是9、8、7……3、2。还能再往下摆吗？其实，这里可以摆上"1 + 1"。再往下？就是"0 + 2"。

请继续补完右侧的算式。减法卡片的下面，居然是加法卡片，为什么呢？答案就在"迷你便签"。

图1

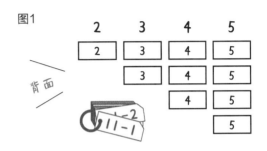

图2

图3

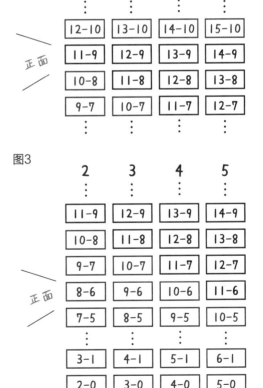

为什么"2-0"的下面是"1 + 1"呢？因为 1 - （-1）= 1 + 1。这属于初中学习的内容。利用这个知识，可以再向下、向左补充表格。

225

图形中的数学

放置照相机的三脚架

福冈县 田川郡川崎町立川崎小学
高濑大辅 老师撰写

阅读日期　月　日　月　日　月　日

照相机下面的架子

在学校拍大合照，或是去照相馆拍照时，摄影师常会在照相机下面支上一个 3 只脚的架子，于是这个道具就叫作"三脚架"。它的主要作用就是稳定照相机，以达到某些摄影效果。

环视教室和家里，桌子、椅子都是 4 只脚的，为什么照相机的架子会是 3 只脚呢？

而且支脚少了，稳定性难道不会变差吗？

在凹凸不平的地方也能用

桌子和椅子一般都放置在平整的地面上。而"三脚架"跟着摄影师东奔西跑，可能会放置在凹凸不平的地方。此时，3 只脚的优势就很明显了（图1）。

为什么 3 只脚不会摇摇晃晃呢？

假设有 4 支长度不同的铅笔。在上面放一张卡纸后，会发现有一支铅笔没有和卡纸接触，造成了摇摇晃晃的现象。

如果换上 3 支长度不同的铅笔，情况就不一样了。卡纸会以倾斜的方式，和 3 支铅笔都来一个亲密接触（图2）。

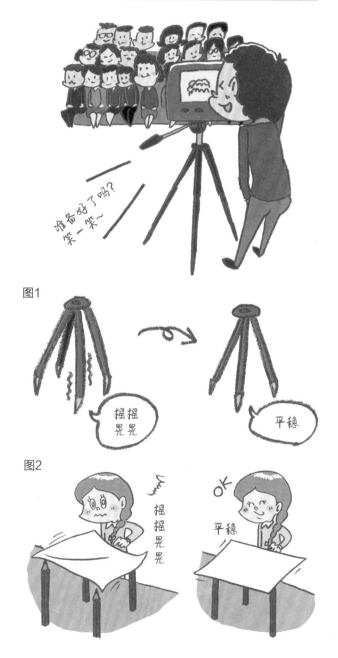

图1

摇摇晃晃

平稳

图2

摇摇晃晃

平稳

OK

迷你便签　除了桌子和椅子，你注意过帐篷、梯子等物品的支脚吗？根据使用场合不同，支脚的数量也不同。仔细观察一下我们身边物品的支脚吧。

在冲绳体重会变轻吗

东京都　丰岛区立高松小学
细萱裕子老师撰写

阅读日期　　　月　日　　　月　日　　　月　日

图1

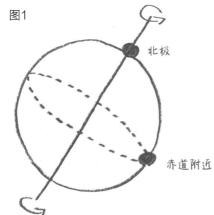

北极

赤道附近

地球自转产生的离心力

大家都有过站在体重秤上，称体重的经历吧。假设我们在北极和赤道附近分别称一次体重，结果可能略有出入哟。那么，又是什么造成了体重的不同呢？

原因是地球自转产生的离心力。离心力让进行圆周运动的物体，远离它的旋转中心（见 7 月 18 日）。旋转的速度越大，离心力就越大。

首先，我们假设地球是一个球体。因此，越靠近赤道，地球的自转速度就越大，受到的离心力也越大（图1）。

南北的重力不一样？

地球上的物体，还受到重力（地球吸引其他物体的力）的作用。在地球不同的地方，重力也会有所变化。离心力越大，重力越小。重力 = 引力 - 离心力（图 2）。

也就是说，物体在赤道附近受到的重力要比北极的小。因此，我们站在赤道附近测量的体重，会发现比在北极的轻一点，而实际上是没有变瘦的。

同样的情况，也发生在狭长的日本。在北海道和冲绳分别称体重，会有一点儿差别。去冲绳旅游的时候，可以称一称体重，变轻了就假装乐一乐吧。

图2

离心力

地球上物体受到的力
重力 = 引力 - 离心力

引力

离心力

在日本，有可以调整地域的体重秤出售。不具备该功能的体重秤，则被分为北海道型、普通型、冲绳型 3 种型号，人们可以根据地区选择相应的体重秤。

227

纸飞机可以飞多久

神奈川县　川崎市立土桥小学
山本直 老师撰写

阅读日期　月　日　│　月　日　│　月　日

纸飞机可以飞几秒

很多小伙伴都折过纸飞机吧，那你们测量过纸飞机能飞多长时间吗？1分钟？30秒？在大多数场合，纸飞机最多只能飞10秒。

10秒，看上去是一个很短的时间，不过对于纸飞机来说，这个飞行时间已经算得上很了不起了。人们对于时间的感知是一件神奇的事，有时觉得时间过得很慢，有时又觉得它过得很快。

一节课还有30秒就结束，那么这30秒就是一瞬间。反过来，如果纸飞机可以飞30秒，那么足以成为世界纪录了。

对于时间长短的感知

人类的感觉，有些捉摸不定，不能断言它就是正确的。例如，有的人只学习了15分钟，却觉得已经度过了30分钟；有的人认真学习了1小时，自己却觉得只过了半小时。因此，在规定时间的考试、运动比赛等场合，我们需要不被感觉所左右的钟表和秒表。

如何训练对时间的感知？

在一整天的活动中，大多数人都会有重复的操作。比如刷牙，可能有人每天会换刷牙的方法，但大部分人的刷牙方式还是重复的。因此，在刷牙上花费的时间也是相同的。早上起床后，洗脸刷牙、上厕所、吃早饭，每天做这些事情花费的时间是差不多的。当这一切成了习惯之后，从起床到出门，每天的时间就固定了。有规律的生活，可能有益于我们对时间的感知。

在每日的工作中重复同样的事情，人们即使不看表，也能大致推测出时间。经验可以训练人们对时间的感知。

你听说过"分油问题"吗

北海道教育大学附属札幌小学
泷泷平悠史 老师撰写

阅读日期 ✐ 月 日 | 月 日 | 月 日

分油问题是什么？

和算，是日本在江户时代发展起来的数学，其成就包括一些很优秀的行列式和微积分的成果。分油问题就是和算中的一道数学趣题。它是什么？该怎样计算？让我们继续往下看吧。

"有一个装满油的 10 升容器，另有 7 升和 3 升两个空容器。怎样才能使用空容器，将 10 升的油，平均分成两份呢？"

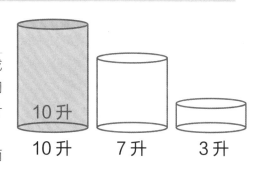

10升 | 10升 | 7升 | 3升

将 10 升的油平均分成两份，也就是说一份等于 5 升。如果有 5 升的容器，那就很方便了。不过，我们必须动动脑子，使用 10 升、7 升、3 升的容器去分 10 升的油。来实际操作一下吧。

动手把油分一分！

首先，用 3 升容器从 10 升容器中取出 3 升油，把它倒入 7 升容器中。重复这个操作。

再一次取出 3 升油倒入 7 升容器，因为此时 7 升容器中已有 6 升油，所以只能再倒入 1 升油。

然后，把 7 升容器中的油全部倒回 10 升容器，把 3 升容器中剩余的 2 升油倒入 7 升容器。

再一次从 10 升容器取出 3 升油，倒入 7 升容器中，这时就将 10 升油平均分成两份了。

① 7升／10升　0升／7升　3升／3升
② 7升／10升　3升／7升　0升／3升
③ 4升／10升　3升／7升　3升／3升
④ 4升／10升　6升／7升　0升／3升
⑤ 1升／10升　6升／7升　3升／3升
⑥ 1升／10升　7升／7升　2升／3升
⑦ 8升／10升　0升／7升　2升／3升
⑧ 8升／10升　2升／7升　0升／3升
⑨ 5升／10升　2升／7升　3升／3升
⑩ 5升／10升　5升／7升　0升／3升

上面这个方法，一共进行了 10 次操作。除此之外，也可以先使用 7 升容器，一共需要 9 次操作。怎么样，来挑战一下吧。

229

在海上更容易漂浮吗

东京都 丰岛区立高松小学
细萱裕子老师撰写

阅读日期 ✐ 月 日 月 日 月 日

人在水中漂浮的原因

在海上更容易漂浮吗？

进入到水中，人们会感觉身体变轻了，这是因为受到了水对身体竖直向上托的力（浮力）。

比起游泳池，人们会觉得在海上更"容易漂浮"，这是因为不同的水，带来的浮力也是不同的。游泳池的水是淡水，海水则是盐水。那么，为什么盐水比淡水浮力大呢？

这其中的奥秘，与水的密度息息相关。密度表示单位体积内物质的质量。1 立方米淡水的质量约为 1000 千克，密度表示为 1000 千克 / 立方米。盐水的密度则是 1030 千克 / 立方米。浮力 = 淡水（或盐水）密度 ×g（重力与质量的比值，数值为 9.8）× 淡水（或盐水）中物体的体积，它的单位是牛顿。

浮力与体积的关系

假设在淡水和盐水中漂浮着物体，物体的体积都是 0.001 立方米。在淡水中受到的浮力是 1000×9.8×0.001 = 9.8 牛顿；在盐水中受到的浮力是，1030×9.8×0.001 = 10.1 牛顿。

虽然水中的物体体积相等，但是我们看到，在密度大的盐水中物体受到的浮力更大。如果在淡水和盐水中漂浮着同一个物体，比较一下它浸在水中的体积，我们可以发现盐水中的物体体积比较小。

也就是说，物体露出盐水水面的部分比较多，所以大家会感觉在海上更容易漂浮。

浮上来？沉下去？

在装满水的水缸中，试着放入各种物品。有的东西很重却能浮在水上，有的东西很轻却沉入了水底。如果物体的密度大于水的密度，它就会沉下去，反之则会浮在水上。快来猜一猜，做一做吧。

迷你便签

在以色列、巴勒斯坦和约旦交界处，有一个叫作"死海"的内陆盐湖。死海的湖水密度达到 1330 千克 / 立方米，据说，所有人都能漂浮在死海上。

等于 100！小町算

御茶水女子大学附属小学
久下谷明老师撰写

阅读日期　月　日　｜　月　日　｜　月　日

有趣的小町算

今天，我们来玩一种叫作"小町算"的数字运算游戏。小町算的规则，如图1所示。

你可以列出几组算式呢？尽可能多找找吧。

找到很多等于100的算式了吗？

除了 + 和 −，也试试 × 和 ÷ 吧，那么你可以组成更多的算式了。

图1

$$1 2 3 4 5 6 7 8 9 = 100$$

将1—9的数字排成一行。每个数字都用上，用 + 和 − 进行运算，结果必须是100。

比方说
$$123+45-67+8-9 =100$$

比方说……
$$1+2+3×4-5-6+7+89$$
$$1+2×3+4×5-6+7+8×9$$

小野小町的传说

小町算在古代日本宫廷女性中很是盛行。它的由来，与小野小町和深草少将之间的传说有关。

小野小町是日本平安初期的女诗人，也是一位绝色美人。她退出宫廷后，住在京都山科区，慕名求爱的男性源源不绝。其中，出身高贵门第的深草少将对她一见钟情，真挚地向她求婚。然而并不想结婚的小野小町，为了拒绝他便提出了一个条件："如果你能够连续100个夜晚来相会，我就接受你的爱。"于是深草少将恪守诺言，风雨无阻每夜都到小野小町的住处来看她。99个夜晚过去了，就在最后1个晚上，深草少将终于因为寒冷和疲累，倒在了小野小町的门前，再也没有醒来。

这真是一个令人悲伤的故事。

迷你便签

在玩小町算的时候，可以改变数字的排列顺序，变成"987654321"；或是改变结果，如规定结果必须是99……这样就可以自己创造趣题，挑战趣题了。

在这个照相馆里，我们会给大家分享一些与数学相关的、与众不同的照片。

带你走进意料之外的数学世界，品味数学之趣、数学之美。

沉入水底的神奇冰块

◉ 图1 摄影／村上幸人

◉ 图2 供图／细水保宏

这个液体不是水？

请观察图1，冰块沉在水杯里。回想一下红茶或果汁加冰的场景，冰块明明都是浮在水面的呀。难道照片上的冰块是特制的？不对，其实水杯中的液体不是水，而是色拉油。

物体有"轻""重"之分，决定这个性质的是物体的密度。水的密度是1克／立方厘米，以此为基准，进行比较。冰块的密度大约是0.92克／立方厘米，小于水。色拉油的密度大约是0.91克／立方厘米，又小于冰块。因此，才会出现照片上的情景。

◆ 因为海水中有盐分，所以密度比淡水要大，而人体受到的浮力也更大。游客们悠闲地仰卧在死海上，一边看画报，一边随波漂浮。

蜂巢为什么是六边形

大分县　大分市立大在西小学
二宫孝明老师撰写

规律的蜂巢形状

你见过蜜蜂的巢穴吗？蜂巢，是工蜂用自身蜡腺所分泌的蜂蜡修筑的。蜂巢里有许多蜂房，用于哺育幼虫和储藏蜂蜜。

当我们观察蜂房时，可以发现它是正六边形的。这些正六边形的小房子整整齐齐地排列起来，展现着一种秩序之美。蜂房为什么会是这种形状？选择正六边形，蜜蜂有它们自己的考量。

高效率的六边形

首先，我们知道用正六边形，可以在平面上组成一幅"无缝拼接图案"。也就是说，这是一个十分节约的形状。不过，正三角形、正四边形也具有相同的性质。

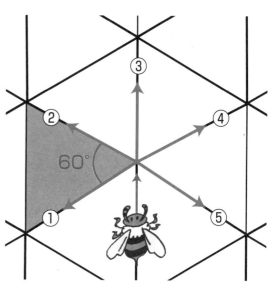

小蜜蜂，做蜂房。沿着壁，做蜂墙。三角形，要5面。六边形，只2面。谁节约，做哪种。

想一想

身边的正六边形

由正六边形所排列而成的结构，叫作蜂窝结构。它非常结实坚固，因而被广泛应用在新干线车厢内壁或飞机机翼等部件上。

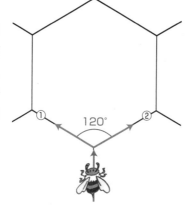

选择正六边形的原因有二：一是因为正六边形构成的空间，比正三角形更具有弹性；二是因为在无缝拼接图案中，正六边形形成的空间是最大的。

对于筑巢，蜜蜂们真是花尽了心思。相比起其他形状，正六边形还具有高效率和坚固的特点。

在平面上可以组成无缝拼接图案的正多边形，有正三角形、正方形、正六边形。它们的内角分别是 60°、90°、120°，用几个相同的内角恰好可以拼成一个圆周 360°。

隐藏在词语中的数字①

福冈县　田川郡川崎町立川崎小学

高濑大辅 老师撰写

这些词语你听过吗？

　　语文和数学是不同的学科，看上去好像也没有什么关联。但真是这样吗？在回答这个问题之前，你听说过"七五三"吗？在日本，孩子三岁（男女）、五岁（男孩）和七岁（女孩）时，都要举行祝贺仪式，以保佑孩子健康成长。

　　像这样藏着数字的词语，还有很多呢。一起来看看吧。

·双六：一种棋盘游戏，也称作双陆。以掷骰子的点数决定棋子的移动，率先把所有棋子移离棋盘的玩家获得胜利。

·百足（蜈蚣）：因为蜈蚣有很多脚，所以人们就以"百"来命名这种动物。

·双眼皮：在上眼睑的边缘有一道浅沟，看上去就像有两层眼皮一样。

·两人三足：将一人左腿与另一人右腿绑在一起往前走的游戏，4 条腿好像变成了 3 条腿。

这些词语也藏着数字

　　在日本的许多地名中，也藏着数字。

·九州：又称九州岛，有福冈县、大分县、宫崎县、佐贺县、长崎县、熊本县、鹿儿岛县。加上冲绳县也只有 8 个县，为什么称为九州呢？大家可以查一查。

·四国：又称四国岛，有香川县、爱媛县、德岛县、高知县 4 个县，这个倒是符合名字呢。

·千叶：日本千叶县的首府，从地名上来看，像是有许多叶子的地方呢。

·九十九里滨：千叶县房总半岛太平洋沿岸的沙滨。"里"是古代的长度单位。九十九里离百里只差一点儿，看来是一条很长的沙滨哟。

·四万十川：位于日本高知县西部，因未建设任何大型水库，而有"日本最后的清流"之称。

打开词典……

　　词典里有许多关于一、十、百、千等数字的词语，也有许多带有数字的人名、地名。从古至今，人们对待数字都不只是数数那么简单，数字早已与人们的生活紧密相连。

　　在词语中带上数字，可以方便理解意思，数字在不知不觉中就融入了生活。那么，在词语中出现最多的，是哪一个数字呢？

隐藏在词语中的数字②

福冈县　田川郡川崎町立川崎小学
高濑大辅 老师撰写

阅读日期　月　日　｜　月　日　｜　月　日

这些谚语你听过吗？

谚语，是在民间流传的通俗易懂的固定语句。在谚语和俗语中，也藏着许多数字哟。

·藏着"一"的谚语和俗语：

"是一还是八（听天由命，孤注一掷）""百闻不如一见""一寸之前即是黑暗（前途莫测，难以预料）""九死一生""千里之行始于足下""闻一知十"。

·藏着"二"的谚语和俗语：

"从二楼倒下的眼药水（远水救不了近火）""二瓜模样（一模一样）""追二兔者不得其一（一心二用，一事无成）""头生女孩二生男孩"。

·藏着"三"的谚语和俗语：

"三局为定""三日和尚（三天打鱼两天晒网）""石上待三年（功到自然成）""佛也只能忍三次（每个人的容忍是有限度的）""早起三分利（早起总是有好处的）"。

·藏着其他数字的谚语和俗语：

"五十步笑百步""千年鹤万年龟""万事休矣"。

这些成语你听过吗？

成语，是古代词汇中特有的一种长期相沿用的固定短语，来自于古代经典著作、历史故事和口头故事。来看看藏着数字的成语吧。

·藏着数字的成语：

"十人十色""一石二鸟""七转八倒""三五成群""一期一会""天下一品"。

除此之外，藏着数字的谚语和成语还有许多。大家还可以调查一下，不同的数字在词语中代表的含义。

造一造，猜一猜数字词语！

大家可以试着造出属于自己的数字词语哟。比如，"七起九寝：早上7点起床，晚上9点睡觉""五笔一橡：笔袋里有5支铅笔和1个橡皮擦"等。创造出数字词语后，可以让小伙伴猜一猜它的意思。

迷你便签　面对不懂的谚语和成语，大家可以翻开词典查一查，就当作是夏日的自由研究课题啦。

2 生活中的数学

箱子高高堆起来

神奈川县　川崎市立土桥小学
山本直 老师撰写

8月
04日

阅读日期　月　日　月　日　月　日

图1

想一想

其他的形状也能堆

　　除了方箱子，像棱柱、圆柱的箱子，也可以容易地堆高。相对来说，上下表面互相平行的立体图形，就比较容易堆上去。

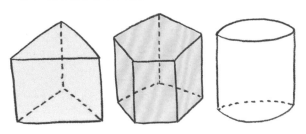

什么样的箱子容易堆？

　　箱子有各种各样的形状。如果我们收集一些形状各异的箱子，然后把它们堆高，会出现什么情况呢？堆得越高，箱子越是摇晃得厉害，最后就塌下来了。所以，应该用哪种形状的箱子，以哪种方式去堆积，才能堆得又高又稳呢？

生活中常见的方箱子

　　我们收集了许多箱子，它们的面有三角形、六边形、圆形等。当然，最多的还是方形的箱子。方箱子所有面都是长方形或正方形，所有角都是直角，因此不管怎么堆积，都会与地面保持平行，不容易倾斜，非常适合堆高。如图1所示，堆积方箱子，是比较稳的。在商店里，要收纳物品的时候，一般会将东西放进方箱子里，然后进行堆积。

　　大家可以多找一些方形盒子来，堆高试试吧。

迷你便签

　　由6个长方形（有时相对的两个面是正方形）围成的立体图形，叫作长方体。由6个完全相同的正方形围成的立体图形，叫作正方体。

237

计算中的数学

识别奥运会的年份

8月 05日

岛根县 饭南町立志志小学
村上幸人老师撰写

阅读日期 月 日 月 日 月 日

4 年一次的奥运会

2016 年 8 月 5 日至 21 日，第 31 届夏季奥运会在巴西里约热内卢举行。奥林匹克运动会，是 4 年一度的体育盛事。让我们来回顾一下，前几届奥运会举办的年份吧。

2012（伦敦）、2008（北京）、2004（雅典）、2000（悉尼）、1996（亚特兰大）、1992（巴塞罗那）、1988（首尔）、1984（洛杉矶）……快看，所有举办年份都可以被 4 整除哟。可能有些同学要提出："算一算才知道能不能整除呀。"今天，我们将分享一个快速识别数字能否被 4 整除的方法。

后两位数是关键

图1

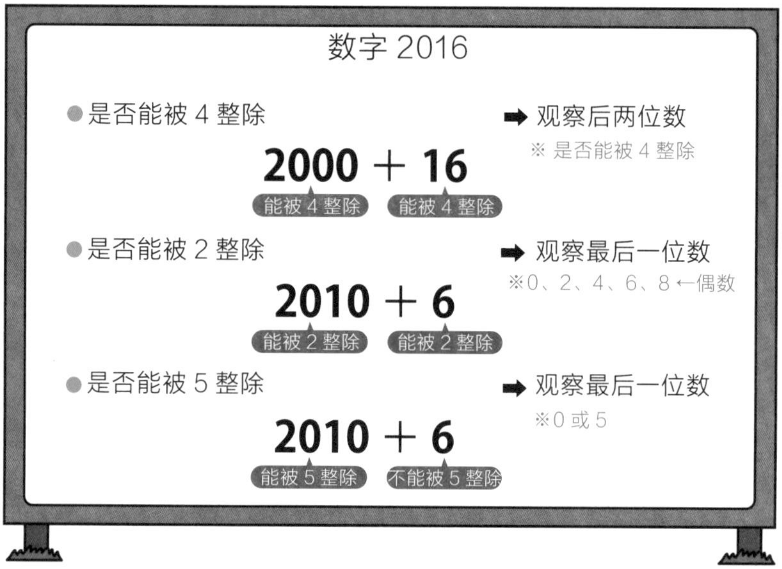
数字 2016
●是否能被 4 整除
➡ 观察后两位数
※ 是否能被 4 整除
2000 + 16
能被 4 整除
能被 4 整除
●是否能被 2 整除
➡ 观察最后一位数
※0、2、4、6、8 ←偶数
2010 + 6
能被 2 整除
能被 2 整除
●是否能被 5 整除
➡ 观察最后一位数
※0 或 5
2010 + 6
能被 5 整除
不能被 5 整除

首先，我们知道 100 能被 4 整除。100÷4 = 25，没有余数。因此，100 的 2 倍 200，3 倍 300，以及 900、1000、2000 等都能被 4 整除。也就是说，只需要关注比 100 小的数能不能被 4 整除就可以了。2012 的后两位数是 12，12 能被 4 整除，2000 也能被 4 整除，所以 2012 能被 4 整除。

再来看看 1992。根据之前的推导，可知 1900 能被 4 整除。因此，只需要考虑后两位数 92，能否被 4 整除就可以了。因为 92 能被 4 整除，所以 1992 能被 4 整除。

不管是多么大的数，只需要观察后两位数，就可知道是否能被 4 整除了。

如图 1 所示，当除数发生变化，我们依旧可以利用相似的方法，来识别是否能被该除数整除。

迷你便签

利用这种识别方法，可以知道后三位数是 000 的数（如 1000、97000 等），可以被 2、4、5、8 整除。还想知道其他的识别方法吗？那就翻到 8 月 6 日吧。

计算中的数学

哪些数能被 3 整除

8月
06日

岛根县 饭南町立志志小学
村上幸人 老师撰写

阅读日期　　月　日　｜　月　日　｜　月　日

图1

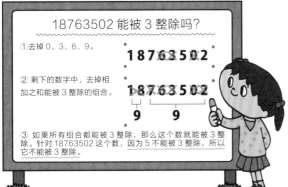

18763502 能被 3 整除吗？

① 去掉 0、3、6、9。

18763502

② 剩下的数字中，去掉相加之和能被 3 整除的组合。

18763502
9　　　9

③ 如果所有组合都能被 3 整除，那么这个数就能被 3 整除。针对 18763502 这个数，因为 5 不能被 3 整除，所以它不能被 3 整除。

观察九九乘法表

就在昨天，我们学习了判断一个数是否能被 4 整除的方法。"那么，能被 3、6、7、9 整除的数有什么特征？"大伙儿的提问很多，说明每节课都有在认真思考哟。今天，我们就来学习哪些数能被 3 整除。

首先，基于九九乘法表，我们依次列出可以被 3 整除的数吧。

3、6、9、12、15、18、21、24、27、30、33、36、39、42、45、48、51、54、57、60、63、66、69……

发现这些数字的规律了吗？也许有点儿难，给一个小提示，试着把个位数加上十位数吧。比如，12 就是个位数 1 加上十位数 2 等于 3。按顺序做一做……

（3）、（6）、（9）3、6、9、3、6、9、3、6、9、12、6、9、12、6、9、12、6、9、12、15……

发现了吗，这些数都能被 3 整除哟，这种规律也适用于更大的数。因此，如果一个数，每个数位数字相加的和能被 3 整除，这个数就能被 3 整除。

数字的位数很多怎么办？

那么问题来了，18763502 能被 3 整除吗？1 + 8 + 7 + 6 + 3 + 5 + 0 + 2，计算起来有点麻烦呢。如图 1 所示，用这样的方法就可以迅速判断比较大的数字了。

为什么用这种方法可以判断一个数是否能被 3 整除呢？这部分内容，将在初中时学到。让我们期待吧！

如图 2 所示，这是判断一个数是否能被 9 和 6 整除的方法。

图2

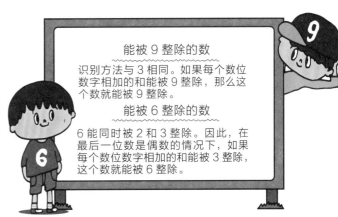

能被 9 整除的数
识别方法与 3 相同。如果每个数位数字相加的和能被 9 整除，那么这个数就能被 9 整除。

能被 6 整除的数
6 能同时被 2 和 3 整除。因此，在最后一位数是偶数的情况下，如果每个数位数字相加的和能被 3 整除，这个数就能被 6 整除。

迷你便签

通过几天的学习，我们已经知道了判断一个数能否被某个数整除的方法了。"为什么没有 7 呀？"判断一个数能否被 7 整除的方法，相对来说有一点儿难，请见 7 月 14 日。

239

淘汰赛的比赛场次是多少

御茶水女子大学附属小学
久下谷明老师撰写

8月
07日

阅读日期　　月　日　　月　日　　月　日

高中棒球的沸腾之夏

　　每当到了暑假，也就是日本高中棒球联赛开战的日子。为了达成终极梦想，各支队伍进行着激烈的争夺。棒球联赛采用淘汰赛制，来决出优胜队伍。参赛队伍和比赛场次有关系吗？今天，我们将对这个问题进行思考。

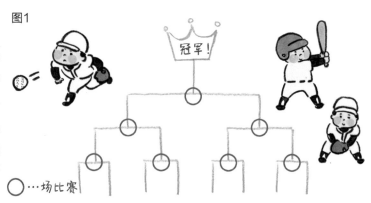

图1

　　假设有 8 支队伍参赛，比赛结果不设平局，一定要决出胜负，那么在决出冠军时，一共需要进行多少场比赛？

　　如图 1 所示，这是 8 支队伍进行淘汰赛的进程。

　　大家数一数吧，从图 1 中我们可以知道，一共进行了 7 场比赛。

参赛队伍和比赛场次的关系

　　现在我们已经知道了，8 支队伍参赛需要进行 7 场比赛，那么，参赛队伍和比赛场次有什么关系呢？你可以设想一下答案。在找规律的时候，我们可以从简单的情况开始思考，这样有助于解决问题，发现规律。

　　比如，2 支队伍参赛时，需要进行 1 场比赛（2 支队伍的比赛能否定义为淘汰赛还不清楚）；3 支队伍参赛时，需要进行 2 场比赛；4 支队伍参赛时，需要进行 3 场比赛（图 2）。

　　那么 5 支队伍参赛呢？没错，进行的是 4 场比赛。

　　规律越来越清晰啦，参赛队伍数量减去 1 就是比赛场次，即"参赛队伍数量 - 1 = 比赛场次"。

参赛队伍数量 - 1 = 比赛场次

图2

冠军队伍

　　现在有 100 支队伍参加淘汰赛制的比赛。在不设平局的情况下，需要进行几场比赛？正确答案是 99 场。可知，比赛场次（99 场）＝输了比赛的队伍数量（99 支队伍）。

打算盘，按顺序从1开始往上加吗

8月 08日

立命馆小学
高桥正英 老师撰写

阅读日期 ✎ 　月　日　｜　月　日　｜　月　日

有趣的算盘

在日本，大家把8月8日称为"算盘日"。因为打算盘发出的声音"噼啪噼啪"，和日语中8的发音很像。

今天的小学生流行学习英语、钢琴、游泳等，但在过去，班级中每天练习打算盘的学生会超过70%，打算盘是一个很受欢迎的学习项目。

55!

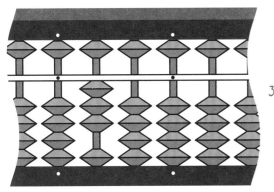

300！

666！

当然，面对复杂的运算，现在很多人会选择计算器，简单操作就能完成。

不过，当我们在"噼啪噼啪"打算盘的时候，会发现很多有趣的数字。

打算盘，从1加到10，大家都知道和是55。此时，算盘横梁上半部的2颗算珠并排坐好，看上去很舒服。

继续认真打算盘，加到24时答案是300，加到36时答案是666，加到44时答案是990，这些算盘上的数字都好漂亮呀。

迷你便签

当我们继续向66、77和95出发，会遇到更多有趣的数。最后，加到100的话……现在就开始试试吧。

241

马拉松的距离——42.195 千米的测量方法

东京都　丰岛区立高松小学
细萱裕子老师撰写

阅读日期　　月　日　｜　月　日　｜　月　日

王后改变了比赛的距离？

你听过 42.195 这个数字吗？没错，这是长跑比赛项目之一——全程马拉松的距离。现在，全程马拉松的距离为 42.195 千米，不过在过去，马拉松比赛的距离并没有统一，约为 40 千米。

1908 年，第 4 届奥运会在英国伦敦举行。最初，马拉松比赛的起点设在温莎城堡，终点设在白城体育场（现已改建为 BBC 电视中心），距离为 26 英里（41.843 千米）。后来，亚历山德拉王后提出："为方便英国王室人员观看比赛，希望比赛从温莎城堡的庭院里开始，终点设在白城体育场的王室包厢前。"于是，距离比最初的增加了 352 米，之后的全程马拉松距离也因此被统一为 42.195 千米。

失败的英雄

在 1908 年伦敦奥运会的马拉松比赛中，意大利人多兰多·佩特里第一个冲过终点，却没有获得金牌。他在终点前因体力不支而摔倒了好几次，最后在工作人员的搀扶下冲过终点线。虽然被取消了冠军资格，但佩特里永不言弃的精神，让许多人深深折服。第二天，亚历山德拉王后给佩特里颁发了一个银制奖杯。

如何测量实际距离？

那么，马拉松线路的长度该如何测量呢？在过去，人们会使用绳子来丈量马拉松路线的长度，通常是在离道路边缘 30 厘米马路上拉一条绳子。

后来，普通绳子变成了钢丝绳。在日本，会使用直径 5 毫米、长 50 米的钢丝绳，像尺蠖挪动那样测量长度。用 50 米的钢丝绳丈量 42.195 千米的线路，42195÷50，可知需要重复操作 844 次。假设测量一次需要花费 5 分钟，一共需要花费 5×844 = 4220 分，约 70 小时。

以 1 天工作 7 小时计算，总共需要花 10 天的时间。看来不单是参加比赛的选手，就连测量线路的工作人员也不容易呀。

现在，丈量马拉松路线变得简单多了。人们在自行车上安上琼斯计数器，通过运转次数，就可以统计出精确的长度。

除了全程马拉松，还有半程马拉松（21.0975 千米）和四分马拉松（10.54875 千米），它们分别是全程马拉松的 $\frac{1}{2}$ 和 $\frac{1}{4}$。

识破鸽子的捉迷藏诡计了吗

大分县　大分市立大在西小学
二宫孝明 老师撰写

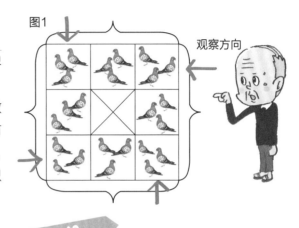

图1

观察方向

悄悄逃走的鸽子

今天，将和大家一起解决一道风靡于世界各地的经典益智游戏。

有一位养鸽人，他每天都会到鸽舍数一数鸽子的数量。不过，这位养鸽人的点数方法有些与众不同，他不是一间鸽房一间鸽房地数，而是从4个方向看去，每个方向确定有9只鸽子就行了（图1）。于是，问题来了。

【问题1】

某一天，有4只鸽子悄悄溜出了鸽舍。但当养鸽人来确认时，他从4个方向确实都看到了9只鸽子。因此，他完全不知道有鸽子溜出去了。那么在这个时候，每一间鸽房分别有多少只鸽子呢？

悄悄增加的鸽子

【问题2】

鸽子是一种非常聪明的鸟类，它们会识别回家的路。昨天溜走的鸽子，今天已然飞回了家，神奇的是，还有4只鸽子跟着它们飞到了鸽舍。与往常一样，养鸽人又来数鸽子了。他从4个方向确实都看到了9只鸽子，因此，完全没意识到自家的鸽舍里多了4只鸽子。那么在这个时候，每一间鸽房又分别有多少只鸽子呢？（"鸽子捉迷藏"是一道基于日本经典数学游戏"盗贼隐"的益智游戏。答案请见"迷你便签"。）

想一想

游戏从哪里着手？

首先，请确认一下最初的鸽子分布。这个游戏的破解关键，在于4个角鸽房的鸽子是被重复计算的。虽然从4个方向确实都能看到9只鸽子，但鸽子总数可不是9×4＝36只。注意4个角鸽房的鸽子数，游戏便可迎刃而解。

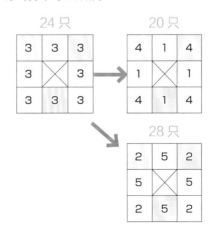

24只

3	3	3
3	✕	3
3	3	3

20只

4	1	4
1	✕	1
4	1	4

28只

2	5	2
5	✕	5
2	5	2

迷你便签

【问题1】当右上角鸽房有4只鸽子时，其他鸽房（顺时针）分别是1、4、1、4、1、4、1。【问题2】当右上角鸽房有2只鸽子时，其他鸽房（顺时针）分别是5、2、5、2、5、2、5。这两道题，都还有其他答案哟。

空气的力量
能把筷子折断吗

东京都 丰岛区立高松小学
细萱裕子 老师撰写

阅读日期　　月　日　月　日　月　日

用一次性筷子做实验

将一根一次性筷子放在桌子上，筷子的一半露在桌子边缘外，手掌从上往下，朝着筷子悬空部分的中间劈去。一次性筷子会劈断吗？不会哟。但如果我们使用一个小工具，就可以很容易地劈断筷子了。这个小工具，就是报纸。把报纸摊开，盖在桌上的筷子上。注意了，一定要让报纸与筷子严丝合缝，桌子与报纸之间也要不留缝隙。这时候再次挥手快速往下劈，一次性筷子居然被劈断了。（做实验的时候，小心筷子可能会被劈飞。）

想一想

空气也在推挤着你我？

周围的空气也会给我们的身体施加一定大小的压力，但在同时，身体内部存在着一个大小相等的反作用力，所以我们平时感觉不到大气压。

厉害了！空气的力量

为什么后来筷子能被劈断呢？轻轻的一张报纸，居然可以压着筷子不动，真令人难以置信。这是因为，大气压在起作用。

大气压力，简单地说就是空气推挤物体的一种力。1平方厘米报纸所受的大气压力约为10.13牛顿。报纸展开的大小，大约是55厘米×80厘米＝4400平方厘米。也就是说，在小小的筷子身上，背负了44572牛顿的压力。正因为筷子上方的压力，它才能被轻松劈断。对折报纸之后，面积变为2200平方厘米，压力变为22286牛顿；报纸再对折，面积变为1100平方厘米，压力变为11143牛顿……覆盖在筷子上面的报纸面积越小，推挤筷子的力也就越小。

【注意】如果报纸和筷子之间留有缝隙的话，报纸就不能按压住筷子了。万一筷子被劈飞，要小心自己和周围的安全哟。

迷你便签

猜拳谁更牛

神奈川县　川崎市立土桥小学
山本直老师撰写

猜拳谁更牛

在与小伙伴进行石头剪刀布的猜拳时，有时会有"对方好强呀，我会输"的感觉。看来，都说猜拳靠运气，但也分厉害与不厉害嘛。猜拳的结果，有胜、负、平局 3 种情况。因此，胜的概率就是 $\frac{1}{3}$。

不过，在平局的情况下，我们通常会再来一次"石头剪刀布"，直到两人决出胜负。在这种规则之下，胜的概率就变成了 $\frac{1}{2}$。也就是说，如果一个人在数次猜拳中的胜率远远超过 $\frac{1}{2}$，那么他就是猜拳牛人。反之，如果胜率远远小于 $\frac{1}{2}$，那他确实不太善于猜拳呀。

他们之中谁更厉害？

猜 3 次拳赢 5 次。

猜 10 次拳赢 6 次。

小 B 猜 8 次拳赢 5 次，以同等概率猜 16 次拳能赢 10 次。进行 80 次猜拳……可以赢 50 次。那么，小 A 猜 80 次拳，能赢多少次呢？

胜率怎么比？

假设小 A 猜 10 次拳赢 6 次，小 B 猜 8 次拳赢 5 次。那么，他们之间谁更厉害？如果只按照赢的次数来判断，是小 A 赢的次数比较多。不过，如果以同等概率进行 80 次猜拳，会发生什么呢？小 A 能赢 6 次的 8 倍，48 次。小 B 能赢 5 次的 10 倍，50 次。这样看来，还是小 B 更加厉害。

当我们用数字来形容"强"与"弱"时，还需将一些规则（条件）考虑进去。发现、整理条件，也是对数学思维的一种考验。

体育世界的表现形式

在棒球运动中，安打数占全部击球数的比率，叫作打击率。在职业棒球中，打击率最高的人将被表彰为首席打击手。当然，想要成为首席打击手，还需要达到一定的击球数。如果不作这样的规定，就会出现匪夷所思的首席打击手：假设有人只击球 1 次，恰好把投手投出来的球击出到界内，实现安打，那么此时他的打击率就是 100%。

在足球中，进球数占射门次数的比率，叫作进球率。从进球率可以判断一位球员的射门水平。类似的说法，也广泛应用于各种体育项目中。

不用剪刀和胶带，做一个正四面体吧

阅读日期   月 日   月 日   月 日

村上幸人老师撰写

在 6 月 9 日的"用正三角形做立体图形"体验中，我们使用了剪、贴等手段来使纸张变身。今天，我们不使用剪和贴，就是简单地折一折，也可以做出正四面体哟。

● 做一做正三角形

准备一张图画纸，把它折成一个正三角形。

首先对折图画纸。

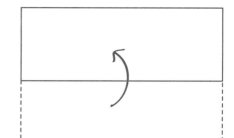

再对折一次。

将图画纸左下角往折痕处折叠。

展开纸，在正中间留下折痕。

左上方直角（90度）被平均分成3部分了哟

如下图所示，把三角形向右折。

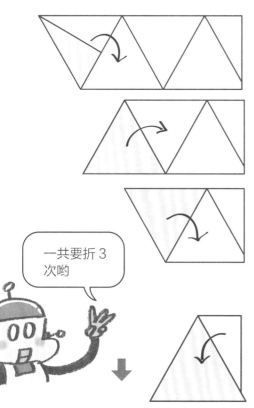

一共要折3次哟

最后，把右边多出来的部分往左折。

正三角形就折好啦。

你折好了吗？

● 做一做正四面体

如下图所示，把折好的正三角形展开，组成正四面体。

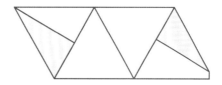

将纸的两端靠近

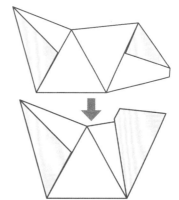

把右边部分插入左边的三角形中。

右边的部分插到底。

正四面体就做好啦。

完成

不使用剪刀和胶带纸，只是折一折，就能做好一个正四面体，快给厉害的自己点个赞吧。除了图画纸，复印纸和传单等也可以折出正四面体哟。

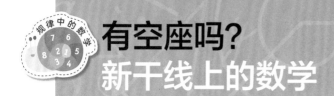
有空座吗？
新干线上的数学

御茶水女子大学附属小学
冈田纮子老师撰写

阅读日期　月　日　月　日　月　日

图1

19人也能和朋友坐在一起哦！

图2

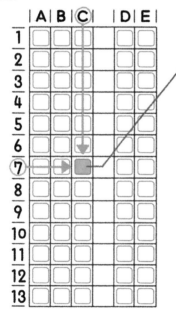

C7

坐几个人都合适

　　日本新干线上的座位，被过道分为两人座和三人座。2人一起乘车就坐两人座，3人一起乘车就坐三人座，但是4人、5人、6人……当同行的伙伴增加的时候，应该怎样分配座位呢？

　　4人一起坐时，两人座×2；5人一起坐时，两人座＋三人座；6人一起坐时，三人座×2或者两人座×3。人数继续增加，怎么分配座位呢？来看看19人同行的时候，应该如何分配座位吧。三人座×5＋两人座×2，正合适。其实，只有当1人坐车的时候，才会在两人座上与不认识的小伙伴坐在一起。其他人数同行，并且两人座和三人座充裕时，每个人都能和朋友坐在一起（1）。

座位号的秘密

　　在两人座和三人座的车厢里，会用字母A、B、C、D、E和数字1、2、3……数字，来组成座位号。比如，座位C7表示的是，从左向右数第3列、从前向后数第7排的座位。用字母和数字的组合，可以表示平面上的位置（图2）。

迷你便签

　　日本新干线是以名字加数字的组合来表示。上行列车的号码是偶数（个位数是0、2、4、6、8），下行列车的号码是奇数（个位数是1、3、5、7、9）。例如，新干线希望102号就是上行列车。

做一个四格漫画立体观赏器

东京都 杉并区立高井户第三小学
吉田映子老师撰写

阅读日期✎ 月 日 | 月 日 | 月 日

4个三角形组成的四面体

在日本，零食和牛奶常装在如图1所示的包装里。

这个几何体由4个正三角形组成，叫作正四面体。如图2所示，将4个正三角形相连的地方折起来，就能制作出一个正四面体了。

图1 图2

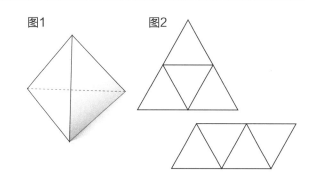

图3

制作四格漫画立体观赏器

如图3所示，将3个正方形摆成这样的形状，就可以画出正三角形了。

在纸上画出大小相同的4个正三角形，然后剪下来。

在4个正三角形上，各画上漫画（图4）。

将4个三角形粘成正四面体，漫画需要朝向里侧。

然后，剪去正四面体的4个小角（图5）。

从小孔里看去，分别可以看到一格漫画。按照四格漫画的编号，在小孔旁边也标注上1、2、3、4。

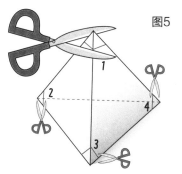

图5

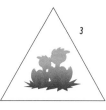

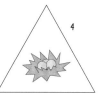
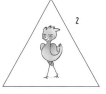

图4

从小孔往里看，只能看到正对面的漫画。按照顺序看完四格漫画，然后讲一讲这个故事吧。

九九乘法表中，奇数和偶数哪个多

东京学艺大学附属小学
高桥丈夫老师撰写

阅读日期　　月　日　　月　日　　月　日

偶数和奇数是怎样的数？

九九乘法表大家都很熟悉了吧。今天我们的学习内容就与九九乘法表有关。

在谈九九乘法表之前，首先问一问大家，你知道偶数和奇数吗？偶数是能被 2 整除的整数。在九九乘法表中，2、4、6、8 与其他数的乘积都是偶数。

奇数是不能被 2 整除的整数。1、3、5、7、9、11、13 等，都是奇数。偶数和奇数，挨着排列。偶数与偶数之间，是奇数；奇数与奇数之间，是偶数。

九九乘法表中的偶数和奇数

在九九乘法表的乘积中，偶数和奇数哪个多？有的小伙伴可能会想，大概是一半一半吧。

请仔细观察图1，偶数是用红色标注的。

没错，其实偶数比奇数要多哟。那么，为什么偶数会比较多呢？

九九乘法表里的数，是两个数的积。这里的答案，遵循着某种规律：偶数 × 偶数 = 偶数，偶数 × 奇数 = 偶数，奇数 × 偶数 = 偶数，奇数 × 奇数 = 奇数。

也就是说，只有 2 个奇数的积才是奇数，比如 1×1、1×3、3×5，等等。奇数与偶数相乘都得偶数，所以偶数数量是压倒性的。

图1

	1	2	3	4	5	6	7	8	9
1	1	2	3	4	5	6	7	8	9
2	2	4	6	8	10	12	14	16	18
3	3	6	9	12	15	18	21	24	27
4	4	8	12	16	20	24	28	32	36
5	5	10	15	20	25	30	35	40	45
6	6	12	18	24	30	36	42	48	54
7	7	14	21	28	35	42	49	56	63
8	8	16	24	32	40	28	56	64	72
9	9	18	27	36	45	54	63	72	81

偶数 × 偶数 = 偶数
偶数 × 奇数 = 偶数
奇数 × 偶数 = 偶数
奇数 × 奇数 = 奇数

红色是偶数，白色是奇数，哪边更多呀？

九九仙人

迷你便签

在 1 月 17 日，我们还用掷骰子的方法，研究了偶数和奇数谁多的问题。

请节约用水!
一个人一天要用多少水

东京都 丰岛区立高松小学
细萱裕子老师撰写

等于 300 盒牛奶?

你知道自己每天会用掉多少水吗?在日常生活中,无论上厕所、洗澡、刷牙、洗脸、喝水、做菜、洗衣服……都要用到水。

据说,一个人一天的用水量约为 300 升。等于 300 盒 1 升的牛奶,150 盒 2 升的牛奶。每个环节的

厕所
(大8升·小6升)

淋浴
(1分钟12升)

泡澡(200升)

假设一家4人共泡一缸水,每人用量 200÷4 = 50升。

刷牙
(使用水杯,0.2升)

咕噜咕噜 咕噜咕噜

漱口·洗手
(1分钟12升)

洗脸
(1分钟12升)

假设每天早晚各洗1次,12×2 = 24升。

洗衣服
(一共100升)

上厕所和洗衣服,根据实际情况,用水量有所差别。大家也对自家的用水量做一个小调查吧。

用水量是多少,又应该如何节水呢?我们可以去寻找自己的答案。

吃惊!厕所用掉的水

在家庭用水中,排在首位的要数抽水马桶了,大按钮一次冲水 8 升,小按钮一次冲水 6 升。其次,泡澡是用水的第二大户,一浴缸的水大概有 200 升。如果选择淋浴,1 分钟大概出水 12 升,洗 10 分钟就会花掉 120 升水。

打开水龙头,里面 1 分钟会流出 12 升水。假设洗脸用时 1 分钟,需要用水 12 升。

刷牙漱口时,有的人会习惯开着水龙头,那么 30 秒里会用掉 6 升水。当然使用水杯的话,只用 0.2 升水就够了。

同样,如果洗碗的时候开着水龙头,那么 1 分钟会用掉 12 升水。如果我们加快洗碗速度,或是在盆里装水漂洗,就能够节约一些水。

迷你便签

抽水马桶的出水量,根据马桶的型号有所不同。有意思的是,通常老型号的马桶出水量多,大按钮一次可能冲水 13—20 升,反而是新型马桶的出水量节约了许多,有的大按钮一次才冲水 4 升。

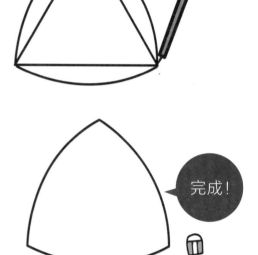

有趣的勒洛三角形

图形中的数学

大分县　大分市立大在西小学
二宫孝明 老师撰写

阅读日期　　月　日　　月　日　　月　日

用圆规和尺子画一画

勒洛三角形是一种有趣的图形，使用圆规和尺子就可以画出它来。按照图1的方法，来画一画吧。

①首先，画一个正三角形。

②然后，以等边三角形每个顶点为圆心，以边长为半径，在另两个顶点之间画一段弧。

③最后，擦去正三角形。

怎么样？一个有点儿圆乎乎的三角形就画出来了。勒洛三角形是由三段弧线围成的曲边三角形，并且不管怎样倾斜，它的宽都是恒定的。

很实用的勒洛三角形

在古代，人们运输重物的时候，常在物品下面垫一个木板，再在木板下方垫一排圆木头，利用圆木头的滚动来移动重物。圆木头的横切面是圆形的，所以不管如何滚动，地面到木板的距离都相同。因此，木板上面的物品，就可以稳稳当当地移动啦。

完成！

图1　勒洛三角形的画法

距离都相等

图2　使用宽不变的图形制作成木头，无论如何滚动，地面到木板的距离都相同。因此，木板上面的物品，就可以稳稳当当地移动啦。

如果把圆形的木头，换成横切面是勒洛三角形的木头，会怎么样呢？不管如何滚动，地面到木板的距离，还是始终相同的，物品仍然会被平平稳稳地运输哟（图2）。

迷你便签　为什么常见的井盖都是圆形的呢？因为圆形的井盖不会掉入井口（见3月28日）。根据相同的理由，勒洛三角形也是适合井盖的形状哟。

用数学猜到你的手机号

东京学艺大学附属小学
高桥丈夫老师撰写

体验神奇的计算

今天，我们来体验一个可以猜到对方手机号的魔术。

假设对方的手机号是XXX—1234—5678（只需要猜出后8位）。

①将计算器交给对方。首先，输入XXX之后的四位数，即1234。

②然后，乘以125，即 1234×125 = 154250。

③将得数乘以160，即 154250×160 = 24680000。

④接着，加上最后的四位数，即 24680000 + 5678 = 24685678。

⑤再加一次最后的四位数，即 24685678 + 5678 = 24691356。

⑥最后，让对方喊出这个数，你来除以2，即 24691356÷2 = 12345678。

完美！XXX之后的八位数就这样猜出来啦。

为什么能猜到手机号？

为什么能猜出手机号呢？这就来揭秘。

首先，125×160 = 20000。XXX之后的四位数乘以20000，就等于扩大2万倍。然后，又加上了两次后四位数，相当于是将XXX之后的八位数乘以2。也就是步骤⑤的答案。

将这个数除以2，那么XXX之后的八位数自然而然就出来了。

猜出来啦！

迷你便签　　在进行手机号猜谜游戏时，因为涉及个人隐私，所以最好在熟人之间进行，比如我们的爸爸妈妈。

曾吕利新左卫门的米粒

东京都　丰岛区立高松小学
细萱裕子老师撰写

第1天…1粒米
第2天…2粒米（1×2）
第3天…4粒米（2×2）
第4天…8粒米（4×2）
第5天…16粒米（8×2）
第10天…512粒米（256×2）
第15天…16384粒米（8192×2）
第17天…65536粒米（32768×2）
　　　　　　　※约1升，约1.5千克
第20天…524288粒米（262144×2）
第25天…16777216粒米（8388608×2）
第26天…33554432粒米（16777216×2）
　　　　　　　※约10俵，约600千克
第30天…536870912粒米
　　　　（268435456×2）
　　　　※约8948升，224俵

※表示一个大概的
重量。采用最接近
这个重量的数值。

"很好满足"是真的吗？

古时候，在日本的丰成秀吉麾下，有一个叫曾吕利新左卫门的人。他能力出众、足智多谋，深受丰成秀吉的器重。有一天，丰成秀吉问他："你想要什么奖赏？"曾吕利新左卫门是这样回答的。

"第1天请赏赐1粒米，第2天2粒，第3天4粒……每天都是前一天的2倍。请您赏赐我一个月的米吧。"丰成秀吉觉得这个要求"太容易满足了"，就命令下人赏赐给他这些米粒。不过，正如图1所示，赏赐的米粒增长速度可是十分迅猛呀。

一个月是672年的分量？

在当时，一个人一年能吃掉的大米数量为1俵。仅是第30天，就需要赏赐224年分量的大米。从第1天到第29天，则一共需要赏赐448俵大米。

秀吉后来意识到难以实现这个赏赐，于是就给了曾吕利新左卫门其他的奖赏。

对折报纸达到富士山的高度

以同样的思考方式，来试试这道题吧。假设报纸的厚度是0.1毫米，对折几次后报纸的厚度可以超过富士山的海拔高度呢？对折1次的厚度是0.2毫米，对折2次是0.4毫米……富士山的海拔高度是3776米。

合、升、斗、俵、石都是日本古代的计量单位。1俵大米的重量约为60千克。1俵＝40升，1升＝10合，1俵＝400合。煮1合大米，就是2—3碗饭。"想一想"的答案为26次（详见7月23日）。

计算中的数学

古时候的计算工具“纳皮尔算筹”

8月21日

大分县　大分市立大在西小学
二宫孝明老师撰写

阅读日期　月　日　月　日　月　日

除了算盘还有哪些计算工具？

在没有计算器的时代，古人是如何进行大数的计算的呢？加法、减法还不算太难，涉及乘法和除法的话，可就费力了。为了让计算既准确又快速，算盘这个计算“神器”诞生了。

在英国，约翰·纳皮尔发明了“纳皮尔算筹”这一计算工具。如图1所示，一组“纳皮尔算筹”由11根写满数字的小棒组成，这些数字和九九乘法表息息相关。接下来，我们以213×46为例，来说明一下算筹的使用方法。

乘数	0	1	2	3	4	5	6	7	8	9
0	0/0	0/0	0/0	0/0	0/0	0/0	0/0	0/0	0/0	0/0
1	0/0	0/1	0/2	0/3	0/4	0/5	0/6	0/7	0/8	0/9
2	0/0	0/2	0/4	0/6	0/8	1/0	1/2	1/4	1/6	1/8
3	0/0	0/3	0/6	0/9	1/2	1/5	1/8	2/1	2/4	2/7
4	0/0	0/4	0/8	1/2	1/6	2/0	2/4	2/8	3/2	3/6
5	0/0	0/5	1/0	1/5	2/0	2/5	3/0	3/5	4/0	4/5
6	0/0	0/6	1/2	1/8	2/4	3/0	3/6	4/2	4/8	5/4
7	0/0	0/7	1/4	2/1	2/8	3/5	4/2	4/9	5/6	6/3
8	0/0	0/8	1/6	2/4	3/2	4/0	4/8	5/6	6/4	7/2
9	0/0	0/9	1/8	2/7	3/6	4/5	5/4	6/3	7/2	8/1

图1　一组“纳皮尔算筹”一共有11根小棒。

“纳皮尔算筹”的使用方法

如图2所示，将算筹摆放好。找到乘数算筹中4和6分别在算筹2、1、3中对应的数，然后斜向相加。如图3所示，为了让大家更好地理解，把4和6对应的数单独列出来了，答案就是9798。只需要进行加法运算，对于不知道九九乘法表的人，真的是太方便了。

拥有了“纳皮尔算筹”，即使记不住九九乘法表，也可以进行复杂的乘法运算，因此这个计算工具被广泛使用。“纳皮尔算筹”的材料，既可以是动物的骨头，也可以是木头、金属等，它的尺寸通常便于携带。有兴趣的小伙伴，可以使用纸板来做一做属于自己的“纳皮尔算筹”。

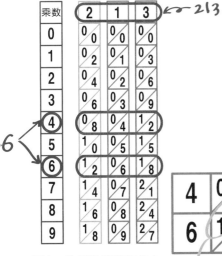

图2　将乘数算筹摆在左侧，将2、1、3算筹放在右侧。

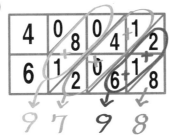

图3　最右边的8直接写下。如果计算213×64，则需要把两行位置对调（见3月31日）。

迷你便签　约翰·纳皮尔（1550—1617年）是苏格兰的数学家、神学家。他出生于苏格兰爱丁堡附近的小镇梅奇斯顿，是梅奇斯顿城堡的第8代领主。纳皮尔曾经提出过小数点的概念。

你喜欢图形变身吗？
巧变正方形和长方形

学习院小学部
大泽隆之老师撰写

阅读日期 月 日 | 月 日 | 月 日

图1

图2

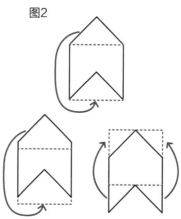

剪一剪，贴一贴，想一想

你能将图1的图形变成正方形吗？可以试着剪一剪、贴一贴，让图形来一个大变身。当然，只剪不贴可是不行的哟（图2）。

还真是有许多的剪贴方法呢。能想出许多变身方法的小伙伴，肯定有个灵活的小脑瓜。

那么，再来看看图3的图形。剪一剪、贴一贴，你能让它变成长方形吗？

当我们找到意想不到的变身方法，也是一件趣事呀（图4）。

图3

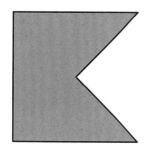

图4

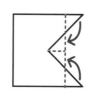
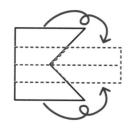

有许多组合方法呐！

迷你便签

当你沉浸在要如何剪、如何贴的变身游戏中时，证明你已经喜欢上数学啦。

最擅长的运动是什么

东京学艺大学附属小学
高桥丈夫老师撰写

阅读日期 ✏ 月 日 ┃ 月 日 ┃ 月 日

擅长的运动是什么？

4 个小伙伴正在谈论他们最擅长的运动，恰好 4 人擅长的都不一样。

通过右图中他们的对话，你可以猜出每个人最擅长的运动吗？

整理成表格吧！

信息好像有点儿杂乱，脑子晕乎乎的。别急，将接收到的信息整理成表格就清爽啦。

首先，我们可以肯定小樱同学擅长的运动一定是游泳。因为每个人擅长的运动都不同，所以在游泳和足球上有特长的结城同学，最厉害的就是足球。再来看看网球和足球都很拿手的友佳同学，她最擅长的就是网球了。

最后剩下的运动项目是棒球，它就是雅纪同学最擅长的运动。

	棒球	游泳	网球	足球
友佳同学	✕	✕		
结城同学		◯		◯
小樱同学	✕	◯	✕	✕
雅纪同学	◯		◯	◯

对于这类逻辑推理题，我们可以按照给定的条件按顺序进行整理。使用表格或图，有助于我们理解问题，发现答案。

257

观众人数正好是 5 万人吗

神奈川县　川崎市立土桥小学
山本直 老师撰写

阅读日期 ✎ 月 日 ｜ 月 日 ｜ 月 日

报纸标题与实际人数

当一场盛大的体育赛事或演唱会落下帷幕后，第二天的报纸总会以这样的标题来进行报道："赛事火爆，吸引观众达 10 万人！""5 万人享受视听盛宴！"一方面，我们知道有很多观众来到赛事或演唱会的现场，但另一方面，我们也有些疑惑，观众正好就是 10 万人或 5 万人吗？

答案当然是否定的。这里的标题想要表达的意思是，很多人来到了现场，提供的是一个大概的数字。那么，这与实际人数又相差多少呢？

四舍五入的表现方式

想不到，演唱会实际的观众只有 4.8 万人。把 4.8 万说成 5 万，这难道不是骗人吗？其实，这里运用了四舍五入的表现方式，来表示一个近似数。

四舍五入，是一种计数保留法。为计算方便，只保留若干位，其余的首位数如果在 5 以下，就舍去，5 或 5 以上则在所取数的末位上加 1。比如，46000 人如果要表示为 "× 万人"，千位数在 5 以上，因此在万位数上加 1，即 "5 万人"；如果是 4 万 3 千人，千位数在 5 以下，因此舍去，即 "4 万人"。也就是说，如果 "5 万人享受视听盛宴！" 这个标题采用的是四舍五入的计数方法，那么实际的观众可能是 45000—54999 人。根据不同的用途，人们会选择使用实际人数或近似人数。

近似人数？实际人数？

过去，日本媒体在报道棒球比赛的观众数量时，会用一个近似人数（例①），近年来则越来越倾向于使用实际人数（例②）。那么，我们身边的体育赛事、演唱会等大型活动，媒体是用怎样的方式来形容人数的呢？感兴趣的小伙伴可以查一查。

例①

××选手以一个漂亮的投球结束了最后一局，将对手本局得分压制在 0 分，也锁定了本场比赛的胜利。约有 5 万名观众来到现场，观看了本次比赛。

例②

××棒球场

| 队伍 1 | 0 | 0 | 3 | 0 | 1 | 0 | 0 | 2 | 0 | 6 |
| 队伍 2 | 1 | 0 | 0 | 0 | 2 | 1 | 0 | 0 | 1 | 5 |

胜 ○○太郎
负 △△次郎

观众 48932 人

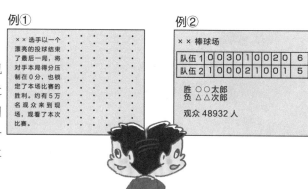

迷你便签　近似数是指与准确数接近的一个数。经过四舍五入、进一法、去尾法等方法，得到的近似数是一个与原始数据相差不大的数。

计算器采用的**数制**！
神奇的**二进制**

东京都　丰岛区立高松小学
细萱裕子老师撰写

阅读日期📝　月　日　｜　月　日　｜　月　日

十进制		二进制	读法
0	⇒	零 0	
1	⇒	一 1	
2	⇒	一零 10	2 ↙ 逢二进一 10
3	⇒	一一 11	12 ↙ 逢二进一 20
4	⇒	一零零 100	20 ↙ 逢二进一 100
5	⇒	一零一 101	

生活中的十进制

　　日常生活中出现的数字，由 0、1、2、3、4、5、6、7、8、9 这 10 个基本数字组成。10 个 1 聚在一起，就要向十位数进位；10 个 10 聚在一起，就要向百位数进位……满十进一，每相邻的两个计数单位之间的进率都为十的计数法则，就叫作十进制。

　　因此，2345 可以表示为 $1000×2 + 100×3 + 10×4 + 1×5$（ $= 2000 + 300 + 40 + 5$）。

0 和 1 表示的二进制

　　虽然十进制是我们在生活中使用最多的数制，但其实还有许多其他的数制。其中，二进制就是与我们生活十分密切的一种数制。在二进制中，只有 0 和 1 这两个基本数字，它的进位规则是逢二进一。

　　比如，将十进制中的"2"，用二进制来表示，会是什么呢？逢二进一，所以在二进制中表示为"10"。此时，这个数不读"十"，而读作"一零"。再来看看十位数的"4"，如何用二进制来表示？一位出现两个 2，就要向二位进位两次，得"20"；二位出现 2，就要向三位进位，得"100"。此时，这个数不读"一百"，而读作"一零零"。

　　各种数制都可以表示所有的数字。

试一试

用手指表示二进制

　　用我们的手指也可以表示二进制哟。两只手，10 个手指，一共可以表示多少数呢？大家来试一试吧（见 3 月 29 日）。

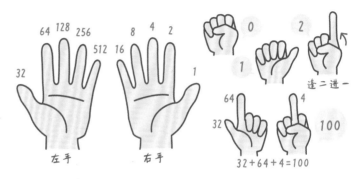

左手　　右手

逢二进一

$32+64+4=100$

迷你便签　　二进制是计算器中广泛采用的一种数制。两个基本数字，可以组合出各种操作指令，例如，开、关机就由 1 和 0 所表示。

挑战 "清少纳言智慧板"

青森县 三户町立三户小学
种市芳丈 老师撰写

阅读日期 ✐ 月 日 | 月 日 | 月 日

七巧板游戏的一种

在 2 月 20 日，我们介绍了七巧板游戏。其中，"清少纳言智慧板"是日本土生土长的七巧板。为什么会带有"清少纳言"这四个字呢？一是因为它由日本平安时代著名的女作家清少纳言发明，二是表示沉迷这种游戏的人都像清少纳言一样有智慧。难，还是不难，实际摆一摆才知道。

如图 1 所示，这就是一个"清少纳言智慧板"。我们可以用厚纸板，按照图 1，做出一个简易的七巧板。

图1

可以扩大之后再复印一下！

※每一块板都可以翻过来使用。

图2

摆一摆七巧板

做好七巧板后，我们就可以开始挑战图 2 的题目了。在这些剪影的背后，都蕴藏着江户时代的风情，既有美感又有趣味（答案是图 3）。

图3　　纸罩座灯　　　　　　热水桶　　　　　　　拔钉钳

迷你便签
在 1742 年出版的《清少纳言智慧板》中，介绍了许多种七巧板。据说七巧板的发明是受到唐代"燕几图"的启发，不过中国现存最早的关于七巧板的书籍《七巧图合璧》，出版于 1813 年。

计算中的数学

计算器坏掉了

8月 **27**日

筑波大学附属小学
盛山隆雄老师撰写

阅读日期 月 日 | 月 日 | 月 日

使用坏掉的计算器

哎呀糟糕，计算器的按键 2 坏掉了。

如果现在要用这个坏掉的计算器进行 18×12 的计算，应该怎么做呢？

我们可以想一想，要用什么按键来代替。

进行 18×12 的计算

接下来介绍几种方法，希望大家可以想出更多的办法哟。

方法 1 是基于加法的运算。虽然有点儿麻烦，但是用计算器的话，也还好啦。

```
1
18 + 18 + 18 + 18 + 18 + 18
+ 18 + 18 + 18 + 18 + 18 +
18 = 216
```

方法 2 和方法 3 是基于乘法的运算。

```
2
18 × 6 = 108
108 + 108 = 216
3
18 × 11 = 198
198 + 18 = 216
```

方法 4 中似乎需要用到按键 2，其实把算式当成 18×13 − 18 = 216 就可以了。

```
4
18 × 13 = 234
234 − 18 = 216
```

方法 5 把 12 拆成了 3×4。

```
5
18 × 3 × 4 = 216
```

方法 6 把 12 当作 60÷5。

```
6
18 × 60 = 1080
1080 ÷ 5 = 216
```

迷你便签

将乘法看作相同数字的加法，或者将 12 看作（11 + 1）、（6 + 6）、（3×4）、（13−1）、（60÷5），都是另辟蹊径、举一反三的能力。

261

玩一玩骰子的益智游戏

神奈川县　川崎市立土桥小学
山本直老师撰写

图1

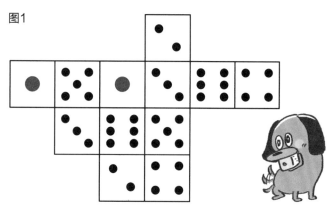

使用正方体的展开图

将正方体展开之后能得到 11 种展开图。如果将多个正方体展开图组合在一起，就成了骰子益智游戏。

如图 1 所示，它由两个骰子的展开图组成。你知道，两幅展开图的分割线在哪里吗？

首先，我们知道骰子相对的两个面的点数之和是 7。因此，当骰子变成展开图的时候，那两个面的点数之和也会是 7。

正方体的面需要相连

考虑到两个相对面的和是 7，我们可以发现图 2 的白色部分，正好就是一个骰子的展开图。但是这样的话，最右边 4 点的面就变得孤零零的了，那么另一个骰子的展开图就不存在了。

虽然错了，但是没关系，我们继续来找展开图。稍微改变一下图 2 白色十字的位置，就会发现图 3 的白色部分，也是一个骰子的展开图。图 3 的黄色部分，是另一个骰子的展开图。按照同样的方法，我们可以用 3 个、4 个展开图组成属于自己的骰子益智游戏。

图2　　　　　　　　　　　　　　　图3

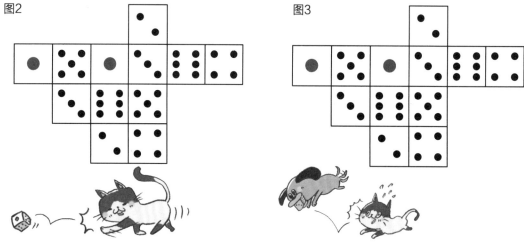

　利用长方体的展开图，也可以组成相似的益智游戏。这时候需要思考的是，不同长度的棱长应该如何进行组合。

算吧！答案
绝对是 6174

东京学艺大学附属小学
高桥丈夫 老师撰写

阅读日期 月 日 月 日 月 日

神奇的四位数计算

今天我们将来演示一种神奇的四位数计算——答案都是 6174 哟。

① 首先，请想出一个四位数，4 个数字均为同一个数的除外（如 1111 或 2222）。有 1 个数字不同即可。假设我们选择了 1223 这个数。

② 然后，取这 4 个数字能构成的最大数和最小数，再让最大数减去最小数。

反复进行这个步骤，直到结果陷入数学黑洞，不再发生变化。这个数就是"6174"。

马上开始计算吧！

把 1223 进行调整，能构成最大数 3221 和最小数 1223。3221 - 1223 = 1998；把 1998 进行调整，能构成最大数 9981 和最小数 1899。9981 - 1899 = 8082；把 8082 进行调整，能构成最大数 8820 和最小数 0288。8820 - 288 = 8532；把 8532 进行调整，能构成最大数 8532 和最小数 2358。8532 - 2358 = 6174；把 6174 进行调整，能构成最大数 7641 和最小数 1467。7641 - 1467 = 6174。接下来，差将再也不变，逃不出 6174 这个黑洞。

迷你便签

6174 被称为卡普雷卡尔常数。对于这一类数学黑洞，无论最开始的数值是什么，在规定的处理法则下，最终都将得到固定的一个值。

要选哪个纸杯呢

御茶水女子大学附属小学
冈田纮子老师撰写

阅读日期 📖 　月　日　|　月　日　|　月　日

糖果在哪个纸杯里？

　　将 10 个纸杯标上数字 1—10。在所有纸杯中，只有 1 颗糖果。请猜一猜糖果在哪个纸杯里（图1）。

图1
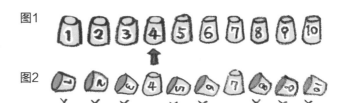
图2

图3

是 4 号还是 7 号？

概率是 $\frac{1}{2}$？$\frac{1}{2}$？

要选哪个呢？

　　现在，你已经选好了吧，假设选的是 4 号纸杯。

　　将未选中的纸杯一个一个地打开，里面都没有糖果。

　　最后，只剩下 4 号纸杯和 7 号纸杯，糖果一定在这两个纸杯之中。这时，我们再获得一次选择的权利。是坚持最初的 4 号纸杯，还是换成 7 号纸杯？要不要改变选择呢？

改不改？换不换？

　　最后剩下的纸杯只有 2 个，那么选择任意一个纸杯，里面有糖果的概率应该就是 $\frac{1}{2}$ 吧（图3）。但实际上，7 号纸杯有糖果的概率，居然是 4 号纸杯的 9 倍。

　　这个结论让人有点儿摸不着头脑，我们慢慢来解释。一开始准备了 10 个纸杯，所以 4 号纸杯里有糖果的概率是 $\frac{1}{10}$，糖果在其他纸杯的概率是 $\frac{9}{10}$（图4）。

　　等到其他纸杯被一个个打开后，比起 4 号纸杯，选择 7 号纸杯有糖果的概率就增加了。

　　让纸杯数量增加，再做一次实验。如果有 100 个纸杯，放入 1 颗糖果。选择其中一个纸杯后，把其他纸杯一个个打开。最后剩下的另一个纸杯有糖果的概率，是最初选择的 99 倍。

　　"改不改？换不换？"将这个问题抛给家人和朋友，看看他们有什么回答吧。

图4

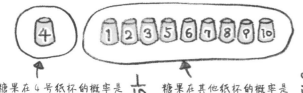
糖果在 4 号纸杯的概率是 $\frac{1}{10}$ 　　糖果在其他纸杯的概率 $\frac{9}{10}$

概率是 $\frac{1}{10}$ 　概率是 $\frac{9}{10}$

9 倍

迷你便签　　这一选择被称为"蒙蒂·霍尔问题"，出自美国的一档电视游戏节目，曾一度引起热烈的讨论。

人类的大发明！
0 的诞生

大分县 大分市立大在西小学
二宫孝明 老师撰写

阅读日期 ✎ 月 日 ｜ 月 日 ｜ 月 日

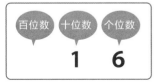

因为有了0，每个数字都可以好好地待在自己的位置上了。

不可思议的 "0"

　　数数、运算，我们每天的生活都充满了数。在表示数的时候，我们会使用 0、1、2、3、4、5、6、7、8、9 这 10 个数字。与其他数字相比，0 的地位显得有些特殊。比如，我们会说"草莓有 1 个、2 个……"，但不会说"草莓有 0 个"。

　　"十六""一百六""一百六十"……当缺少 0 的存在时，很可能会出现数的混淆。0 在多位数中起到占位的作用，可以用来表示某数位上的没有。

古印度人发明了它

　　在古代，有的国家在表示数的时候，没有 0 的存在。比如，古埃及就用不同数量的小木棒表示 1—9。此外，他们还使用"脚镣"代表 10、"绳子"代表 100、"荷花"代表 1000。当数继续增大时，就必须产生新的数字符号了。

　　数字 0 在古印度诞生。古印度人最早用一个黑点"·"表示，后来逐渐变成了"0"。有了 0，不论多大的数，都可以只用 10 个数字来表示了。

　　从古时候开始，印度人就很擅长计算。他们在加法、减法中都早早引入了 0 的概念。0 的发明，从印度逐渐传播到世界各地。

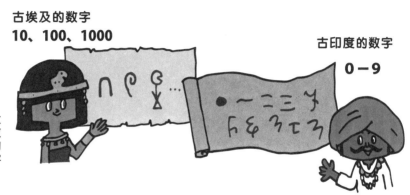

古埃及的数字
10、100、1000

古印度的数字
0—9

当古埃及的数增大时，必须产生新的数字符号。而古印度的数，只需要 10 个数字就足够表达了。

迷你便签　　使用 0—9 这 10 个数字，实行满十进一的计数法，叫作"十进制"。

在这个照相馆里，我们会给大家分享一些与数学相关的、与众不同的照片。带你走进意料之外的数学世界，品味数学之趣、数学之美。

好好感受
儿童的科学
照相馆
Vol 6

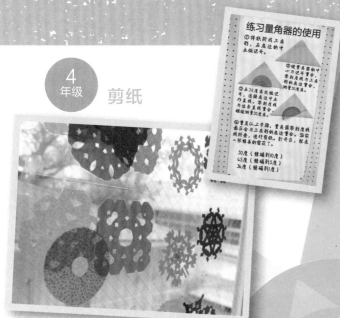

4 年级 剪纸

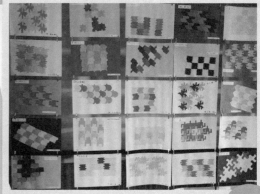

5 年级 无缝拼接图案

走进镜中世界
对称图形

数学的艺术画廊

在手中诞生的数学艺术作品，令人留恋。这里展示了 3-6 年级学生的创作作品，他们将所授的数学知识点变得活灵活现，触手可及。

3 年级 圆的花圃

6 年级 对称图形

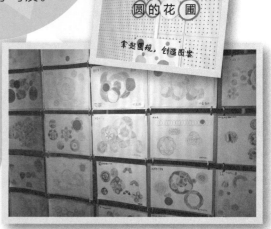

◉ 杉并区立高井户第三小学/提供

9
月

知道 "÷9" 的余数

青森县　三户町立三户小学
种市芳丈 老师撰写

关于除数是 9 的除法

图1

①　$152 \div 9 = 16$ 余 8

②　$205 \div 9 = 22$ 余 7

③　$772 \div 9 = 85$ 余 7

在加减乘除当中，除法的运算，总是让人觉得比较麻烦。当除数是 9 的时候，有一种方法可以快速判断出余数。

如图 1 所示，请思考一下这 3 道题目的余数各是多少。给大家一个提示：仔细观察被除数。发现规律了吗？

实际上，把被除数每个数位的数字相加，得到的和就等于余数。比如题目①，$1 + 5 + 2 = 8$；题目②，$2 + 0 + 5 = 7$。

等一下！题目③，$7 + 7 + 2 = 16$，答案和余数可不一样了吧？

当每个数位数字相加之和大于或等于 9 时，需要先减去 9，再进行判断。$16 - 9 = 7$，这不是和余数相同了嘛。

为什么能知道余数？

为什么把被除数每个数位的数字相加，和就会等于余数呢？这是利用了 100 或 10 除以 9 的余数是 1 的特点。假设把题目①的被除数 152 用方格来表示，可以得到图 2。

如图 2 所示，152 除以 9 的余数，就等于每个数位的数字相加之和。

关于除数是 9 的除法，具有这样有趣的特性。

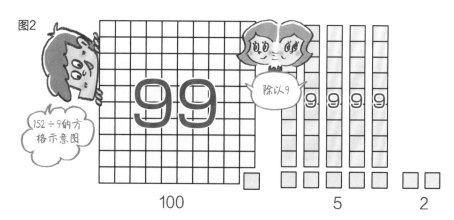

图2

152÷9的方格示意图

除以9

99 9 9 9

100　　　　　5　　　2

迷你便签　利用除法的这一特性，还能进行验算。比如，账务审查中可使用"除九法"，即误差除以 9 的方法，来查找出因数字记错数位和数字前后颠倒引起的差错。

测量中的数学

用三角板画出各种各样的角

9月

02日

神奈川县 川崎市立土桥小学
山本直 老师撰写

阅读日期 ✐ 　月　日 | 　月　日 | 　月　日

三角板各角的度数

大家使用的三角板，通常分为等腰直角三角板和细长三角板两种类型。

等腰直角三角板的三个角分别是90°、45°、45°。细长三角板的三个角分别是90°、60°、30°。也就是说，使用两把三角板，首先可以画出30°、45°、60°和90°的角。

那么，就只有这四个角吗？当然不是。用好两把三角板，可以画出各种各样的角。

三角板组合的妙用

三角板的组合有多种方法。首先，可以作加法。比如，30度角加45度角就可以获得75度角。

然后，也可以作减法。比如，先画出45度角，再在里面画出30度角，就可以获得15度（45 - 30）角了。此外，我们还可以认为，在画出75度角的时候，也同时获得了285度（360 - 75）角。在画出15度角的时候，也同时获得了345度角。

通过三角板的巧妙组合，我们可以画出各种各样的角。

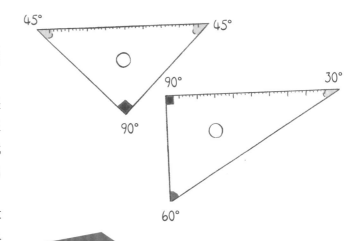

试一试

摆一摆三角板

从15°开始，30°、45°、60°、75°、105°……通过三角板画出的角具有某种规律呀。你也来试试吧。

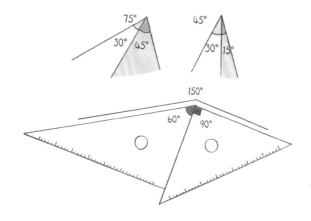

迷你便签　　1平角是180°，1周角是360°。2个直角等于1个平角，4个直角等于1个周角。

269

日本的土地面积单位"坪"

东京学艺大学附属小学
高桥丈夫老师撰写

阅读日期 ✎　月　日　｜　月　日　｜　月　日

教室的面积是多少？

平面图形或物体表面的大小，就是它们的面积。比如，我们在学校里使用的笔记本，长约 25 厘米、宽约 18 厘米，面积约为 25×18 = 450 平方厘米。它的含义是，450 个边长为 1 厘米的正方形的大小。

接着，再来算一算教室的大小吧。宽约 9 米、长约 10 米，面积约为 90 平方米。它的含义是，90 个边长为 1 米的正方形的大小。

在生活中，常用的面积单位有平方米、平方厘米等。

稻田、榻榻米与坪

在日本古代，人们使用的面积单位叫作"坪"。如今，"坪"作为土地面积单位，依旧在使用。假设某块稻田的大米产量，恰好等于一个成年人一天所吃的大米。那么这块稻田的面积，就是 1 坪，很有趣吧。

如果用身边的事物来表示 1 坪的大小，那么两块榻榻米可以胜任。榻榻米长 180 厘米、宽 90 厘米（见 2 月 7 日），长是宽的 2 倍。两块榻榻米正好是边长为 180 厘米的正方形。据说，榻榻米的长和宽，是参考了人体的信息，成人 2 步的长度约为 180 厘米。

成人 8 步走出来的面积，居然和能够收获成人一天饭量的稻田面积相等，真是无巧不成书啊。

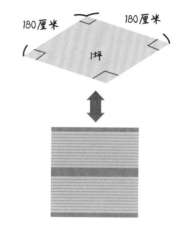

180厘米　　　180厘米

1坪

两块榻榻米

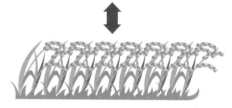

稻田的大米产量，等于一个成年人一天的饭量。

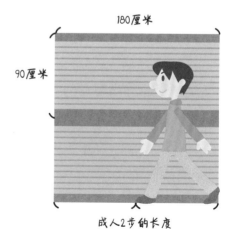

180厘米

90厘米

成人2步的长度

迷你便签　在日本，能够收获成人一年饭量的稻田面积叫作 1 反。最初 1 反 = 365 坪，不过现在统一为 1 反 = 360 坪。成人一年饭量的大米重量，称为 1 石。

弹珠游戏中的"方阵问题"

9月 04日

学习院小学部
大泽隆之老师撰写

阅读日期 　月　日 ｜ 　月　日 ｜ 　月　日

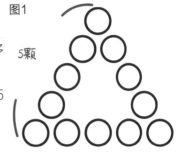

图1

5颗

脑袋里蹦出好多方法

用弹珠摆出一个边长是 5 颗弹珠的正三角形，一共需要多少颗弹珠（图1）？

已知每边都是 5 颗弹珠，所以一共需要 5×3 = 15（颗）？不对。

错误的原因在于，正三角形 3 个顶点处的弹珠被数了两次。

那么，请想一想应该怎样数才不会出错呢？

方法 A 5×3 = 15（颗），再减去被重复计算的弹珠，即 5×3 - 3 = 12（颗）（图2）。

边长是100颗弹珠的话……

用弹珠摆出一个边长是 100 颗弹珠的正三角形，一共需要多少颗弹珠？问题升级了，但是方法没有变哟，来算一算吧。

100颗　　100颗

100颗

$100 \times 3 - 3 = 297$

如果使用方法A，可得 $100 \times 3 - 3 = 297$（颗）。

图2

5颗　　　　5颗

5颗

方法A　$5 \times 3 - 3 = 12$

方法 B 3 个顶点处的弹珠只数一次，弹珠数量为 4×3 = 12（颗）（图3）。

方法 C 每边的弹珠分为不同组别，依次相加，即 5 + 4 + 3 = 12（颗）（图4）。

图4

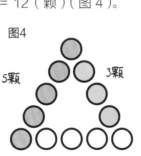

5颗　　　　3颗

4颗

方法C　$5 + 4 + 3 = 12$

图3

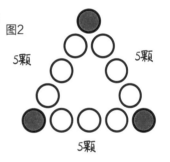

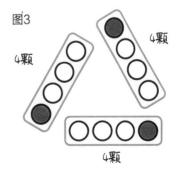

4颗

4颗

4颗

4颗

方法B　$4 \times 3 = 12$

如果用弹珠摆出一个正方形，已知边长的弹珠数量，如何求弹珠总数呢？动动脑筋试试吧。

271

顶级运动员到底有多快

明星大学客座教授
细水保宏老师撰写

阅读日期 　月　日　｜　月　日　｜　月　日

马拉松选手的时速是多少？

一般来说，普通人 1 小时可以走 4000 米左右，也可以表示为步行时速达到 4 千米 / 时。自行车的时速可以达到 15 千米—40 千米 / 时。汽车在普通道路上的时速为 40 千米—60 千米 / 时，驶上高速公路后，时速可达 80 千米—100 千米 / 时。

那么，再来看一看世界顶级运动员们创造的速度吧。如图 1 所示，这是田径赛场上 100 米短跑和马拉松项目的世界纪录。

图1

> 男子100米　9.58秒
> 　　（尤塞恩•博尔特）
> 女子100米　10.49秒
> 　　（弗洛伦斯•格里菲斯•乔伊娜）
> 男子马拉松　2小时2分57秒
> 　　（丹尼斯•基米托）
> 女子马拉松　2小时15分57秒
> 　　（保拉•拉德克里夫）

※截至2015年12月的世界纪录

在田径赛场上，根据跑完规定距离所用的时间，可以求出速度。用时越短，则速度越快。

统一单位后，比一比速度

根据图 1，我们知道了各个项目的用时。在想象顶级运动员的速度到底有多快时，可以先将速度统一为时速（图 2）。

图2

> 男子100米　时速约37.6千米
> 女子100米　时速约34.3千米
> 男子马拉松　时速约20.6千米
> 女子马拉松　时速约18.7千米

100 米短跑选手的速度几乎可以媲美汽车，马拉松选手的速度和自行车差不多。马拉松选手保持着自行车的速度，跑完 2 小时以上，真是太令人吃惊了。

统一单位后再来比一比，可以更加直观地感受来自顶级运动员的速度。

想一想

和动物比一比？

动物们来了，和它们也比一比速度吧。

·猎豹 400 米　约 12 秒
→（时速约 120 千米 / 时）
·大象 500 米　约 45 秒
→（时速约 40 千米 / 时）
你说博尔特可以赢过它们吗？

迷你便签

人类的瞬间爆发速度虽然不快，但是在耐力上却可圈可点。虽然在短跑上人类远远比不过猎豹，不过比一比长跑的话，没准儿会打成平手。大家还可以调查一下其他动物或交通工具的速度哟。

正方形中的正方形

熊本县　熊本市立池上小学
藤本邦昭老师撰写

不知道边长也没事

如图1所示，在边长为10厘米的正方形中，嵌套着一个圆。在圆形中，又嵌套着一个正方形。

那么，请问小正方形的面积是多少呢？

我们知道，正方形的面积公式是"面积 = 边长 × 边长"。在图1中，并没有标注小正方形的边长，所以它的面积要怎么求呢？

别急，我们让小正方形稍微转一转（图2）。

然后，再画上几条辅助线……怎么样，发现解题关键了吧。

小正方形的面积是大正方形的一半（图3）。

图1

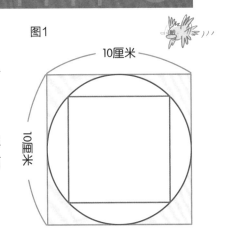

10厘米

10厘米

大正方形的面积是 10 × 10 = 100 平方厘米，小正方形的面积是它的一半，即 50 平方厘米。

再嵌套一个正方形

在这里，通过图形的移动，不用公式也可以算出面积来。

那么，难度升级，在图1中又嵌套进一个圆形和正方形。此时，小小正方形的面积又是多少呢（图4）？稍微转一转小小正方形，就可以发现解题关键哟。

图2

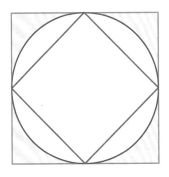

图3

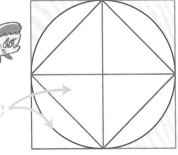

图4

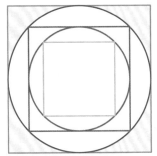

图5

使用相同的方法，可得小小正方形的面积是小正方形的一半。50 ÷ 2 = 25，即 25 平方厘米。也就是说，小小正方形面积是大正方形的 $\frac{1}{4}$（图5）。

这些质量可以测出来吗

御茶水女子大学附属小学
冈田纮子 老师撰写

阅读日期　月　日　｜　月　日　｜　月　日

用天平测量质量

使用天平可以测量物体的质量。现在，我们来做一个约定：只能使用 6 克和 7 克的砝码。假设要测量出 13 克的物品时，只要放上 1 个 6 克砝码和 1 个 7 克砝码就能测出它的质量（图1）。

要测量出 26 克的物品时，只要放上 2 个 6 克砝码和 2 个 7 克砝码，6×2 + 7×2 = 26，就能测出它的质量。

图1

无法测量的质量？

按照约定，只能使用 6 克和 7 克的砝码，因此，有些物体的质量是测量不出来的。比如，15 克的物品，用 6 克和 7 克的砝码就测不出。除此之外，还有 1 克、2 克、3 克……貌似很多质量都测不出呀。

请仔细观察图2，G 列是九九乘法表中 7 与其他数相乘的结果，因此，这些质量都可以用 7 克砝码测出来；F 列是 1 个 6 克砝码加上若干个 7 克砝码的质量之和；E 列中的 5 克无法测量，但 12 克可以用 2 个 6 克砝码测量，其余质量均是 12 克加上若干个 7 克砝码的质量之和。

图2

A	B	C	D	E	F	G
1	2	3	4	5	(6)	(7)
8	9	10	11	(12)	13	14
15	16	17	(18)	19	20	21
22	23	(24)	25	26	27	28
29	(30)	31	32	33	34	35
(36)	37	38	39	40	41	42
43	44	45	46	47	48	49

用同样的办法，继续观察 D 列、C 列、B 列和 A 列。我们可以发现，红○标出的质量可以用 6 克砝码测量。○以下的质量，均是○标出的质量加上若干个 7 克砝码的质量之和。因此，只用 6 克和 7 克的砝码，无法测量的质量仅有 1、2、3、4、5、8、9、10、11、15、16、17、22、23、29 克这 15 种。

大家可能会猜测还有更大的质量是无法测量的。其实，只要是 30 克及以上的质量，都可以用 6 克和 7 克的砝码测出来。很神奇吧！

迷你便签

我们再来做一个约定：只能使用 3 克和 10 克的砝码，这时有多少质量不能被测出来？给大家一个提示：可以画一个 10 列的表格哟。

让圆变成我们熟悉的图形

学习院小学部
大泽隆之 老师撰写

阅读日期 　月　日　月　日　月　日

圆可以变成四边形？

脑中浮现出一个刚出炉的圆形比萨，看起来很好吃呢。现在，我们用意念将这个比萨平均分成16份。然后，再将这16份比萨重新组合在一起，在脑中形成一个四边形（图1）。

你用意念让圆变成正方形、长方形和平行四边形了吗？如图2所示，脑中出现了平行四边形。

图1

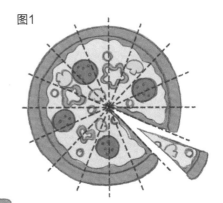

平均分成16份

图2

平行四边形

那么，可以组成梯形吗？啊哈，梯形也完成了（图3）。

变成熟悉的三角形

接下来，再次用意念试着让圆变成正三角形、等腰三角形和直角三角形吧。变变变，等腰三角形也出现啦（图4）！

图4

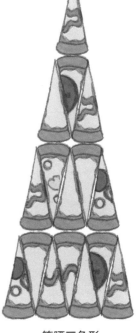

图3

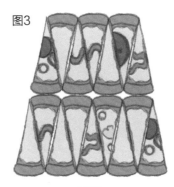

梯形　　　　等腰三角形

迷你便签

圆是由曲线围成的图形。在求圆的面积时，可以先在脑中将圆变成已知面积算法的图形，这样就可以获得圆面积的大致数值了。

275

用九九乘法表来玩
"词语接龙"

御茶水女子大学附属小学
久下谷明 老师撰写

阅读日期　月　日　｜　月　日　｜　月　日

图1

松鼠（lisu）　西瓜（suika）　照相机（kamera）

菠萝（painappuru）　喇叭（rappa）

词语接龙游戏的规则

你玩过词语接龙吗？词语接龙是一种文字游戏，比如，松鼠（lisu）→ 西瓜（suika）→ 照相机（kamera）→ 喇叭（rappa）→ 菠萝（painappuru）……可以的话，接得越长越好（图1）。大家的词语接龙记录是多少个词呢？

今天，我们要用九九乘法表来玩一次"词语接龙"，规则也是一样的。

如图2所示，九九乘法表的"词语接龙"，是用前一个答案的最后一位数字，另起一个新算式，依次连接下去。

接得越长越好，不过要注意，每个九九乘法表里的算式都只能出现一次。那么，这次的"词语接龙"又可以达到多少呢？

图2

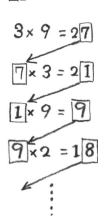

$3 \times 9 = 2\boxed{7}$

$\boxed{7} \times 3 = 2\boxed{1}$

$\boxed{1} \times 9 = \boxed{9}$

$\boxed{9} \times 2 = 18$

想一想

九九乘法表口诀

我们在背诵九九乘法表的时候，是这样的："一二得二、二二得四……"如图3所示，九九乘法表的背诵口诀有两类。上面和下面有什么不一样？区别就是有没有"得"。很明显，答案是一位数的话就带有"得"，答案超过9就没有"得"了。

图3

二三得六　（2×3=6）
三三得九　（3×3=9）
二四得八　（2×4=8）
　　　⋮

三四十二　（3×4=12）
四六二十四（4×6=24）
二七十四　（2×7=14）
　　　⋮

上面和下面的读法有什么区别？

迷你便签

在进行九九乘法表的"词语接龙"时，可以将81个算式都视为接龙对象。据说，最多可以连接50个算式，快来挑战一下吧。

老师震惊了！
数学天才少年高斯

9月
10日

明星大学客座教授
细水保宏老师撰写

阅读日期　月　日　｜　月　日　｜　月　日

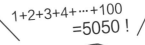

$$1+2+3+4+\cdots+100 = 5050！$$

让老师震惊的数学天才

德国著名数学家约翰·卡尔·弗里德里希·高斯的名字，大家听说过吗？

高斯从小就显现出数学天分，能够在头脑中进行复杂的计算。他快速的心算能力，时常让周围人大感惊讶。今天，我们就来分享一则高斯少年时的数学小故事。

在一所德国乡村的小学里，居住着 10 岁的数学小达人高斯和他的数学老师布特纳。一天，布特纳布置了一道数学题：从 1 加到 100 等于多少？他想，孩子们总要花二三十分钟来计算吧。

没想到，高斯很快就得出了答案："1 + 100 = 101、2 + 99 = 101……50 + 51 = 101，从 1 加到 100 有 50 组这样的数，所以答案是 101×50 = 5050。"起初，布特纳并不相信高斯能在这么短时间内就算出正确答案，但听过解答方法后，只有震惊二字可以形容他当时的感受。

布特纳发现了高斯惊人的才能，特意从汉堡买了最好的算术书送给高斯，并表示："你已经超过了我，我没有什么东西可以教你了。"

近代数学奠基者之一

高斯一生的研究成果极为丰硕，以"高斯"命名的成果就多达 110 个。这些成果至今仍在科学世界中熠熠生辉，相信很多小伙伴也并不陌生。

19 岁时，高斯发现了正十七边形的尺规作图法。当时，人们认为使用圆规和直尺，能画出来的正多边形只有正三角形和正五边形。高斯的这一发现，解决了自欧几里德以来数学界悬而未决的一个难题。

除此之外，高斯还将复数引进了数论，开创了复数算术理论，给 18—19 世纪的近代数学带来了深远的影响。

高斯不仅是著名的数学家，他在天文学、力学、光学、静电学等领域皆有贡献，也是一名物理学家、天文学家和大地测量学家。因此，还有以"高斯"命名的物理学单位。

迷你便签

高斯，是与阿基米德、牛顿齐名的伟大学者，也是 19 世纪最伟大的数学家之一。

做一做三角纸片陀螺

岩手县 久慈市教育委员会
小森笃 老师撰写

阅读日期📝 月 日 | 月 日 | 月 日

　　三角纸片陀螺，顾名思义，就是用三角形的纸片做成的陀螺。制作三角纸片陀螺，需要找到三角形的重心（3 条中线的交点），然后安装上牙签。

准备材料
▶ 彩纸
▶ 硬纸片（纸板）
▶ 牙签
▶ 尺子
▶ 剪刀（美工刀）
▶ 圆规

● 做一个正三角形的陀螺

正三角形的做法，请见4月9日。

首先，我们来做一个正三角形的陀螺。在彩纸上剪出正三角形。

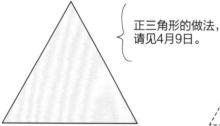

以正三角形上方顶点为中心，将纸对折至重叠，展开后留下折痕。

留下第一条折痕

留下第二条折痕

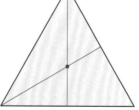

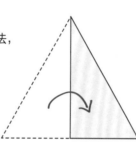
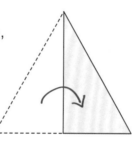
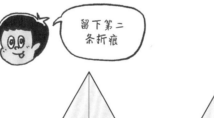
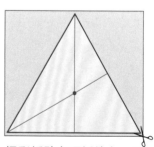

以正三角形左下方顶点为中心，将纸对折至重叠，展开后留下折痕。

两条折痕相交的点，就是正三角形的重心。

把彩纸贴在硬纸片上，沿着三角形的轮廓剪下。

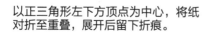

9月

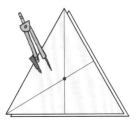

在正三角形重心的位置，用圆规戳一个小洞。

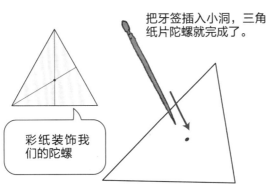

彩纸装饰我们的陀螺

把牙签插入小洞，三角纸片陀螺就完成了。

在转陀螺时，把牙签的尖头朝上。

牙签毕竟有尖锐的部分，所以玩陀螺的时候要注意安全。

● 挑战一下其他三角形的陀螺

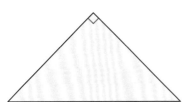

我们再来做一个等腰直角三角形的陀螺吧。先准备一张等腰直角三角形的彩纸。

顶点到对边中点的线段，就是三角形的中线。3条中线的交点，就是我们要找的重心。

正方形彩纸对折剪开后，就是等腰直角三角形了。

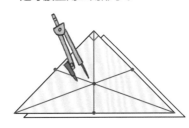

和刚才一样，把彩纸贴在硬纸片上。在重心的位置，用圆规戳一个小洞。把牙签插入小洞，等腰直角三角形的纸片陀螺就完成了。

在等腰直角三角形的3条边上找到中点，并做好标记。

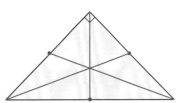

为什么在三角形的重心插上牙签，三角纸片陀螺就可以很好地转起来呢？以三角形的重心为顶点，可以在三角形内画出3个小三角形。这3个小三角形的面积相等，重量自然也相等。陀螺因此保持了平衡，转得很起劲呢。

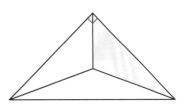

大家可以再来找一找等腰三角形、直角三角形等三角形的重心，然后做出更多的三角纸片陀螺。

平均值的陷阱

大分县 大分市立大在西小学
二宫孝明 老师撰写

阅读日期 月 日 | 月 日 | 月 日

比一比谁读的书更多

某一所小学准备调查各个班级的书籍阅读情况。学校采用的方法是，统计班里每人从校图书馆借阅的书籍数量，并求人均借阅量。其中，五（1）班人均借阅量25本，五（2）班人均借阅量23本。根据这个数据，五（1）班的书籍阅读情况比五（2）班要好。

的确，只看平均值的话，五（1）班的人均借阅量更高。不过，如果我们仔细观察各个班级每个人的借阅量，就会发现一些奇怪的现象。

如图1所示，柱状图的横轴代表借阅量，纵轴代表人数。在1班的图表中可以发现，有人借的书很少，只有14本或15本。那么，为什么1班的人均借阅量那么高呢？再认真观察图表，原来在1班里有部分同学的借阅量达到了惊人的50本或51本。可以说，是他们大大提高了1班的借阅量平均值。

图1 阅读量调查柱状图

换一换看法会不同

在1班图表中，借阅量达到19本书的同学最多，有7人。其次，是借阅量达到20本书的同学，有4人。也就是说，在1班有近半数人的借阅

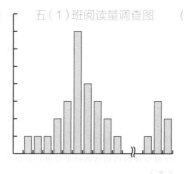

（人） 五（1）班阅读量调查图 （人）

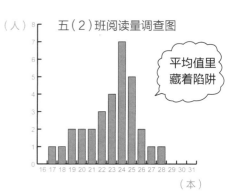

五（2）班阅读量调查图

平均值里藏着陷阱

（本）

量是不超过19本书的。与此相对，2班几乎所有的同学，借阅量都在20册及以上。

对事物的看法，并非一成不变。面对许多数值，当我们从不同角度去观察和研究，就会获得更多的收获。

一组数据的总和与这组数据的个数之比，叫作这组数据的算术平均数，即数据之和 ÷ 数据个数 = 算术平均值，它易受极端数据影响。将一组数从小到大（或从大到小）的顺序排列，处于中间位置的数，就是这组数据的中位数。一组数据中出现次数最多的数据，是这组数据的众数。它们之间既有联系，又有区别，数值通常不同。

迷你便签

"不能！" 就是答案

御茶水女子大学附属小学
冈田纮子老师撰写

只能使用尺规作图

今天，我们要来认识一下古希腊三大几何问题。在 2000 多年的时间里，谁都没能解出这三大难题。

①已知一个正方体，求作一个正方体，并使它的体积是已知正方体的两倍。（倍立方问题）

②已知一个圆，求作一个正方形，并使它的面积和圆相等。（化圆为方问题）

③给定任意角，将之三等分。（三等分角问题）

① 已知一个正方体，能够作一个正方体，并使它的体积是已知正方体的2倍吗？（倍立方问题）

② 已知一个圆，能够作一个正方形，并使它的面积和圆相等吗？（化圆为方问题）

③ 给定任意角，能够将之三等分吗？（三等分角问题）

解题的条件是，只能使用圆规和无刻度的直尺。这三大难题引人入胜，又十分困难，在 2000 多年的时光里，许多数学家埋头苦干却无功而返。到了 19 世纪，数学家们终于弄清楚了这三大难题是"不可能用尺规完成"的，"不能"即是正确答案。

"不能的理由"很重要

认识到有些数学题目确实不可能，这是数学思想的一大飞跃。此外，在证明"不能""没有"时，必须要给出完整的理由。

假设，使用了 1000 种尺规作图方法但没能解题，还是有可能在 1001 次尝试时发现答案的。事实表明，证明"不能"不比证明"能"要简单，它也是很有难度的啊。

说一说

太阳神阿波罗的传说

关于问题①有这样一则传说。相传在公元前 400 年前，古希腊的雅典疫病流行。为了消除灾难，人们向居住在提洛斯岛的太阳神阿波罗求助。阿波罗指示："把神殿前的正方体祭坛的体积扩大到两倍，瘟疫就可以停止。"原来是神明出的数学题，怪不得这么难啊。

迷你便签　　数学的未解之题还有许多许多。当然，现在依然有许多数学家坚持着努力攻克它们。据说，有的数学难题的悬赏金额甚至高达 100 万美元！

日历的诞生

2 生活中的数学

岛根县 饭南町立志志小学
村上幸人 老师撰写

阅读日期 月 日 | 月 日 | 月 日

"一日"是太阳的运动

"今天是某月某日。"这句话很常见，也很普通。稍微刨根问底一下：为什么表示日期的时候，需要使用"月和日"？其实，这与日历的诞生息息相关。

古巴比伦王国是四大文明古国之一。为了发展农业，大约在 4000 年前，古巴比伦的人们努力寻找确定季节和日期的方法。在没有先进的钟表和日历的时代，他们通过观察太阳和月亮，从中获取时间的信息。

太阳的运动，给予人们最初的时间概念。日出而作，日落而息。一日的时长，就是指太阳在白天升到最高点的时候（正午）到第二天的正午。

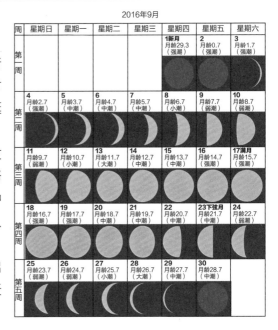

2016年9月

周	星期日	星期一	星期二	星期三	星期四	星期五	星期六
第一周					1新月 月龄29.3（强潮）	2 月龄0.7（强潮）	3 月龄1.7（强潮）
第二周	4 月龄2.7（强潮）	5 月龄3.7（中潮）	6 月龄4.7（中潮）	7 月龄5.7（中潮）	8 月龄6.7（小潮）	9 月龄7.7（中潮）	10 月龄8.7（弱潮）
第三周	11 月龄9.7（弱潮）	12 月龄10.7（小潮）	13 月龄11.7（中潮）	14 月龄12.7（大潮）	15 月龄13.7（中潮）	16 月龄14.7（中潮）	17满月 月龄15.7（强潮）
第四周	18 月龄16.7（强潮）	19 月龄17.7（强潮）	20 月龄18.7（中潮）	21 月龄19.7（中潮）	22 月龄20.7（中潮）	23下弦月 月龄21.7（弱潮）	24 月龄22.7（弱潮）
第五周	25 月龄23.7（弱潮）	26 月龄24.7（弱潮）	27 月龄25.7（小潮）	28 月龄26.7（大潮）	29 月龄27.7（中潮）	30 月龄28.7（中潮）	

看一看

碧空如洗，皓月当空

在日本，中秋节被称为"十五月"或"中秋名月"。在这一天，日本人同样有赏月的习俗。当然，他们吃的就不是月饼了，而是叫作"月见团子"的江米团子。光辉皎洁，古今但赏中秋月。

"一月"是月亮的运动

说完了太阳，我们再来谈谈月亮。与太阳不同，我们眼中月亮的形状一直在变化。如果每天都仔细观察的话，就会发现月亮从新月（当月亮运行到太阳与地球之间，暗面正对地球，人们无法看到月亮的情况）开始，月亮被照亮的部分逐渐变得丰满。满月之后，月亮被照亮的部分又逐渐变小，最后变成新月的形态，开始新的循环。一个循环大约是 30 天。

四季轮转，春去春又来。12 个月相循环过后，就是一年。因此，日历是从 1 月到 12 月。有了日历，人们可以知道"今天"在一年中的角色，也可以对农业生产进行科学的安排。

站在大地之上，人们仰望天上的太阳和月亮，也能看见其中蕴含的时间信息。

迷你便签 月满月又缺。在中国，月龄从新月起计算各种月相所经历的天数，并以朔望月的近似值 29.5 日为计算周期。满月月龄为 14.8 日，下弦月月龄为 22.1 日。在公历（阳历）中，31 天的月份为"大月"，30 天的月份为"小月"，2 月既不是大月也不是小月。

2 月亮大概有多大

生活中的数学

岛根县　饭南町立志志小学
村上幸人 老师撰写

阅读日期　月　日　　月　日　　月　日

满月看上去有多大？

八月于秋，季始孟终。十五之夜，又月之中。在农历的八月十五，我们能在夜空中，观赏到一轮皓月。那么，你认为月亮看上去大概有多大呢？

①手臂向月亮伸直，顺着手臂望过去，大概是直径 30 厘米的脸盆大小。

②手臂向月亮伸直，顺着手臂望过去，大概是直径 26.5 毫米的 500 日元硬币的大小。

③手臂向月亮伸直，顺着手臂望过去，大概是直径 20 毫米的 1 日元硬币的大小。

不管是直呼"不知道呀"的小伙伴，还是认为"很简单，我知道"的小伙伴，都走出门去，看一看夜空中的月亮吧。

3 个选项，都不是答案，出题老师好"坏"哦。大家把手臂向月亮伸直，顺着手臂望过去，大概只有 5 日元硬币的小孔（直径 5 毫米）那样的大小。

请把手臂伸直

太阳和月球的大小

在我们的眼中，太阳和月亮的大小是差不多的。因此，当它们在天空中重叠在一起时，会发生日全食。但是实际上，太阳的直径约是 140 万千米，月球的直径约是 3500 千米。太阳的直径是月球的 400 倍。如果做一个直径 1 厘米的月球模型，那么相对应的太阳模型，就是直径 4 米的球体。因为太阳与地球的距离是月球的 400 倍，所以太阳与月亮看上去大小差不多。假设有两列开往月球和太阳的高铁，它们分别需要花费 80 天和 80 年以上。

用手来测量角度

把手臂伸直，然后握拳。从眼睛到拳头的宽度，形成的角度大概是 10 度。把拳头换成食指，形成的角度大概是 2 度（上图）。

当我们把食指指向月亮时，指尖的宽度大约是月亮直径的 4 倍。也就是说，从我们的眼睛到月亮的直径，形成的角度大概是 0.5 度，是量角器最小度数的一半。

伸直手臂，然后用手指测量出角度后，可以知晓月亮的大小、星座的大小、星星的位置等粗略信息。我们的身体，就是一把"多功能尺"。

迷你便签

太阳、月球到地球的距离，不是一成不变的。因此，当太阳和月亮在天空中重叠在一起时，除了日全食，也可能发生金环日食（月球不能完全遮住太阳）。

在九九乘法表中出现的数

御茶水女子大学附属小学
久下谷明老师撰写

出现的数有几种？

今天，我们要对九九乘法表中出现的数做一个小调查。

九九乘法表，大家一定都不陌生吧（图1）。

从一一得一到九九八十一，九九乘法表里一共出现了 81 组积（81 组积，45 项口诀）。仔细观察这些积，我们会发现，有的数出现了不止一次，有的数从来没出现过（比如 11 和 13 等）。

那么，九九乘法表的 81 组积中有哪些数呢？开始调查吧！（答案见"迷你便签"）

怎么样？比想象中的要少很多呀。

图1

乘数

		1	2	3	4	5	6	7	8	9
1段	1	1	2	3	4	5	6	7	8	9
2段	2	2	4	6	8	10	12	14	16	18
3段	3	3	6	9	12	15	18	21	24	27
4段	4	4	8	12	16	20	24	28	32	36
5段	5	5	10	15	20	25	30	35	40	45
6段	6	6	12	18	24	30	36	42	48	54
7段	7	7	14	21	28	35	42	49	56	63
8段	8	8	16	24	32	40	48	56	64	72
9段	9	9	18	27	36	45	54	53	72	81

（乘数，左侧标注"乘数"）

每个数各出现了几次？

调查还在继续。接下来，我们看一看每个数各出现了几次。

首先，在九九乘法表的 81 组积中只出现 1 次的数是什么？没错，是 1、25、49、64、81。

那么，出现 2 次的数是什么？ 3 次的数是什么？ 4 次的数是什么？ 5 次的数是什么？

一边调查，一边在九九乘法表上涂上颜色。如图2所示，调查的结果就一目了然啦。

根据图表，我们可以很清楚地发现，81 组积中出现 2 次的数是最多的。此外，一个数最多只出现 4 次。

图2

乘数

		1	2	3	4	5	6	7	8	9
1段	1	1	2	3	4	5	6	7	8	9
2段	2	2	4	6	8	10	12	14	16	18
3段	3	3	6	9	12	15	18	21	24	27
4段	4	4	8	12	16	20	24	28	32	36
5段	5	5	10	15	20	25	30	35	40	45
6段	6	6	12	18	24	30	36	42	48	54
7段	7	7	14	21	28	35	42	49	56	63
8段	8	8	16	24	32	40	48	56	64	72
9段	9	9	18	27	36	45	54	53	72	81

、、出现1次
、、出现2次
、、出现3次
、、出现4次

在九九乘法表的 81 组积中，一共出现了 36 种数。再来看看 81 组积的个位数，有的按照顺序排列（如1段、2段、4段、5段、6段、8段、9段），有的只出现0、2、4、6、8（如2段、4段、6段、8段）。

用 4 个直角三角形组成正方形

神奈川县 川崎市立土桥小学
山本直老师撰写

阅读日期 月 日 | 月 日 | 月 日

图1

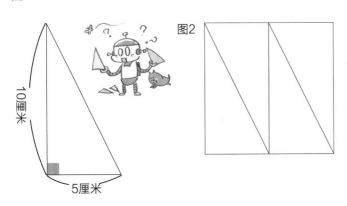

10厘米

5厘米

图2

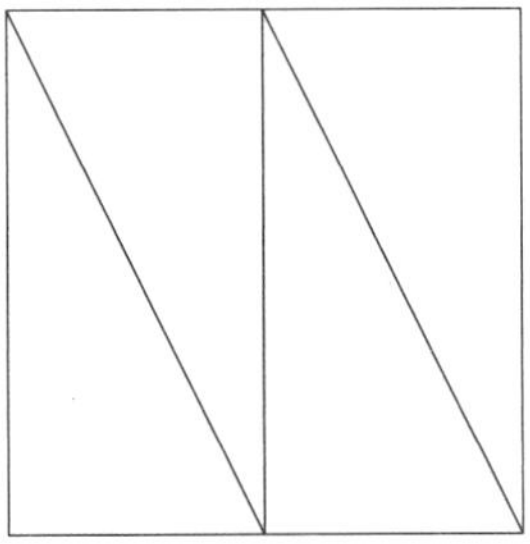

使用 4 个直角三角形

如图 1 所示，这是一个直角三角形。试着用 4 个直角三角形，组成正方形吧。如图 2 所示，2 个直角三角形一上一下就成了长方形，4 个直角三角形横着排好，正方形就出来了。稍微移动直角三角形，还可以摆出长方形、平行四边形等四边形。

动动脑，冲破思维定势

除了这种方法，正方形还可以摆得更大吗？动动脑，这需要大家冲破思维定势。

给一点小提示：图 2 的正方形，被三角形填得满满的。其实，就算中间出现了空隙，只要外围紧密相连，这样组成的正方形也是可以的。如图 3A 所示，这次的正方形大了不少吧。中间出现了正方形的空隙，这个空隙的面积也就是正方形增加的面积。

如图 3B 所示，即使直角三角形的边与边之间没有相连，只要顶点相连在一起，那么组成的正方形也是可以的。这次的正方形又大了许多。

图3

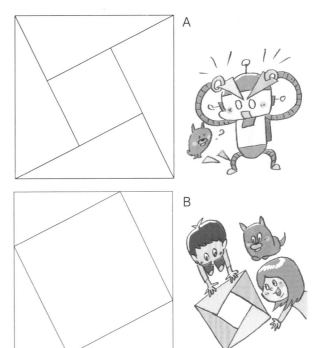

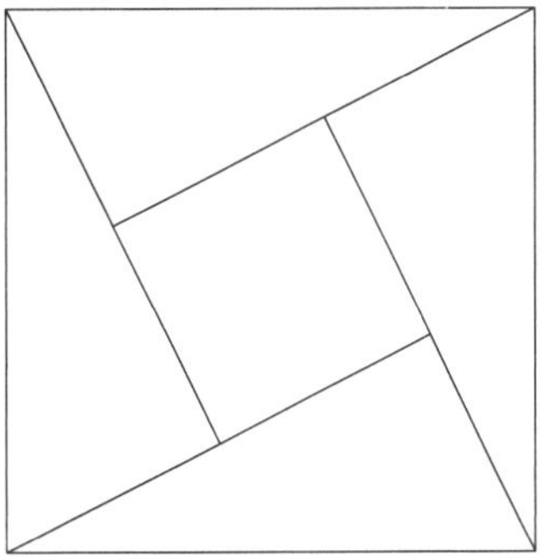

A

B

用量角器画出图案

青森县　三户町立三户小学
种市芳丈老师撰写

和家人分享你的星星

你知道吗，用量角器可以画出许许多多的星星哦。准备的工具是，量角器、铅笔、尺子、笔记本。

［画法］（图1）

①起点（S）出发，作一条6厘米的线段。

②将量角器的中心点与线段的右侧端点重合，作36度角。

③再作一条6厘米的线段。

④将量角器的中心点与线段的左侧端点重合，作36度角。

※ 继续作图，最后会回到起点。

如果将角度进行变化，还能画出各种漂亮的星星图案。

45 度角（图2）。

20 度角（图3）。

30 度角（图4）。

15 度角（图5）。

参考以下示意图，将你画出的星星与家人和朋友分享吧。

图1［五角星/36度角］

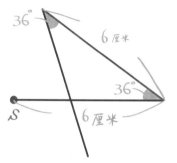

图2［45度角］

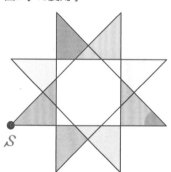

图3［20度角］

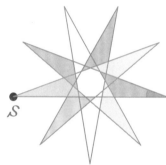

图4［30度角］

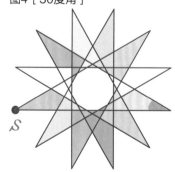

图5［15度角］

迷你便签　在日本，人们会把 36 度角的五角星称为"正二分之五角形"，把 20 度的十二角星称为"正三分之八角形"。星形与正多边形有着密切的关系。

九九乘法表里出现了"彩虹"

立命馆小学
高桥正英老师撰写

出现了一道"彩虹"

在九九乘法表的第5列中，出现了有意思的事情。

在第5列中，一共出现了9组积（5组口诀）。其中，5×1得5，5×9得45，把5和45用线连起来。5×2得10，5×8得40，把10和40也连起来。发现规律了吗？两个数的和都是50。以此类推，全部连好线后，就出现了一道"彩虹"。5×5好像玩不到一块儿去，再瞧瞧，原来25的2倍也是50呀。

想要组成"彩虹"，除了让"×1"和"×9"连接，还有其他的方法。比如，5×1得5，5×8得40，把5和40用线连起来。以此类推，全部连好线后，出现了另一道"彩虹"。

远方的彩虹啊，
我知道里面有着
绚丽的数字世界……

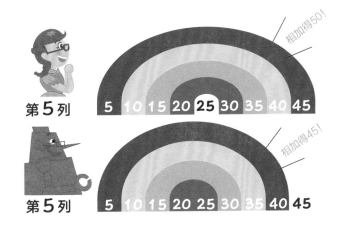

第5列

5 10 15 20 **25** 30 35 40 45

相加得50！

第5列

5 10 15 20 25 30 35 **40 45**

相加得45！

想一想

为什么可以看见"彩虹"？

如右图所示，在长方形的盒子（5×10）里整齐摆放着50个包子。如果用一条竖线，将盒子里的包子分成两部分，包子总数是不受影响的。

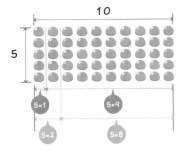

10

5

5×1 5×9

5×2 5×8

迷你便签

在九九乘法表里，再发现更多的"彩虹"吧。

跑道上的秘密

测量中的数学

东京都丰岛区　立高松小学
细萱裕子老师撰写

阅读日期　　月　日　　月　日　　月　日

图1

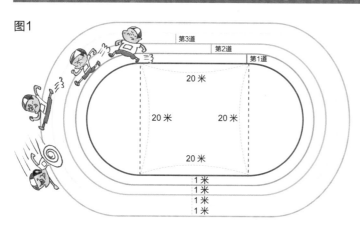

第3道
第2道
第1道

20 米
20 米　　20 米
20 米

1 米
1 米
1 米
1 米

每条跑道的长度，就是该条跑道靠内侧的线的长度。

图2

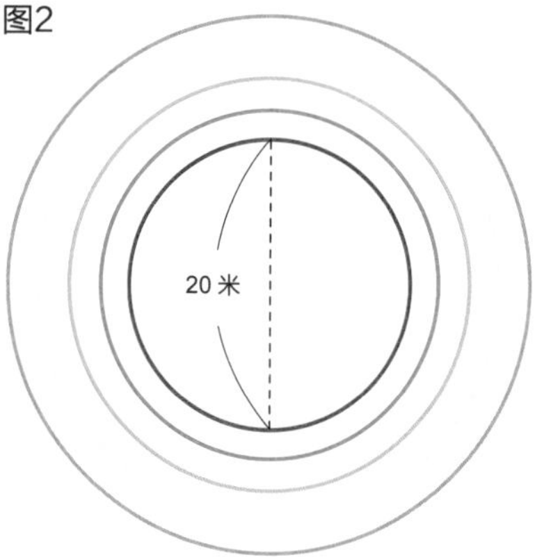

20 米

图3

第1道
　　20 × 3.14=62.8
　　　　　　　　相差
　　　　　　　　6.28米
第2道
　　22 × 3.14=69.08
　　　　　　　　相差
　　　　　　　　6.28米
第3道
　　24 × 3.14=75.36

每条跑道的长度

　　在学校的运动会或体育节上，少不了跑步的项目。如果是只用到直道的短跑项目，大家的起点都是相同的。如果是用到弯道的跑步项目，各个跑道上选手的起跑点就都不一样了。很明显，越是外侧的跑道长度也就越长。我们要思考的是，每条跑道的长度差别。

　　如图 1 所示，这是一个比较小的跑道。因为直道部分的长度相同，所以我们直接来观察弯道部分的跑道。如图 2 所示，弯道部分的和，其实就等于圆的周长。

　　如图 3 所示，相邻的跑道之间都相差 6.28 米。

注意跑道的宽度

　　那么，6.28 米的差别，与什么有关呢？已知跑道的宽度是 1 米，6.28 米就是 2 个直径为 1 米的圆的周长（图 4）。相邻的跑道之间的差别，与跑道的宽度有关。

图4

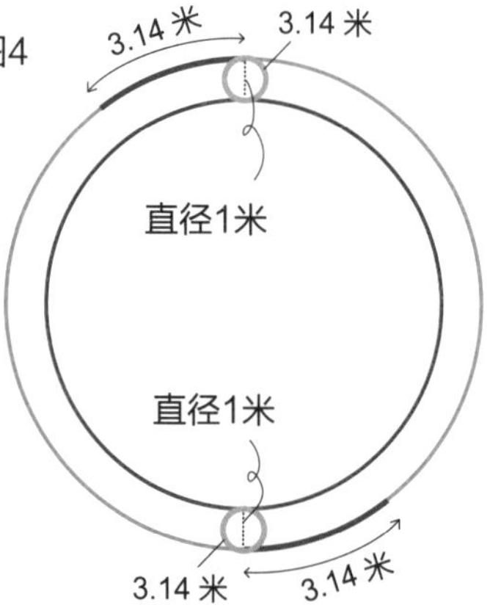

3.14 米　　3.14 米

直径1米

直径1米

3.14 米　　3.14 米

迷你
便签
　　圆的周长 = 直径 × 圆周率 = 2× 半径 × 圆周率。圆周率通常取 3.14（见 3 月 14 日）。

20×20 和 21×19 哪一个大

筑波大学附属小学
盛山隆雄 老师撰写

阅读日期   月   日   月   日   月   日

猜一猜 20×20 和 21×19

你认为 20×20 和 21×19，哪一个的积大？在拿起笔进行计算之前，我们可以先来猜一猜。

① 20×20 大。

② 21×19 大。

③ 一样大。

在心中想好了答案之后，我们就

开始计算吧。20×20 = 400，21×19 = 399，因此 20×20 大。两个算式只相差 1，可以看作差不多大小。

比一比 20×20 和 22×18

再来比一比 20×20 和 22×18 的大小吧。22×18 = 396，果然还是 20×20 比较大呀。

那么，23×17 你觉得大不大呢？很多小伙伴可能会猜，依旧是 20×20 胜出。大家还可以再想一想，两个算式的差是多少。23×17 = 391，与 20×20 相差 9。

经过更多的计算，我们可以得到如右下表所示的结论。

差有怎样的规律？

两个算式的差，可以写成：1×1 = 1、2×2 = 4、3×3 = 9、4×4 = 16、5×5 = 25、6×6 = 36……它们都是 2 个相同的数字相乘。可以写成 2 个相同数字相乘的数，叫作平方数。

20×20 = 400	
21×19 = 399	相差 1
22×18 = 396	4
23×17 = 391	9
24×16 = 384	16
25×15 = 375	25
26×14 = 364	36
27×13 = 351	49
28×12 = 336	64
29×11 = 319	81

迷你便签   30×30 和 31×29、32×28，哪一个的积大？两个算式的差又是多少？先猜一猜，再算一算。

神奇的立体图形
——正多面体

御茶水女子大学附属小学
冈田纮子 老师撰写

阅读日期 　月　日　　月　日　　月　日

正多面体是什么？

由全等的正多边形组成的立体图形，叫作正多面体。如果将正多面体的各个面剪下来，它们可以完全重合。

虽然多面体的家族很庞大，可正多面体的成员却很少，仅有五个。它们是正四面体、正六面体、正八面体、正十二面体和正二十面体。除此之外，再也做不出更多的正多面体了，很神奇吧。

正多面体的棱数是多少？

正十二面体有几条棱？想要一根一根地数清楚，真有点儿麻烦。不过，通过计算就可以方便地获得这个数据了。

已知，正十二面体是由 12 个全等的正五边形组成的立体图形。因为正五边形有 5 条边，正十二面体有 12 个面，所以 5×12 = 60。由于面与面相接形成了公共棱，每条棱都使用了 2 次。因此，60÷2 = 30，正十二面体的棱数是 30 条。

问题继续，正二十面体有

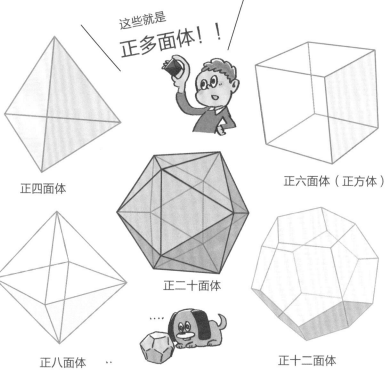

这些就是
正多面体！！

正四面体

正六面体（正方体）

正二十面体

正八面体

正十二面体

几条棱？使用相同的方法：正二十面体是由 20 个全新的正三角形组成的图形。因为正三角形有 3 条边，正二十面体有 20 个面，所以 3×20 = 60。60÷2 = 30，正二十面体的棱数是 30 条。巧了巧了，正十二面体和正二十面体的棱数是相等的。

迷你便签　正六面体和正八面体的棱数都是 12 条。请调查下正十二面体和正二十面体、正六面体和正八面体这两组的面数、顶点数，会有好玩的发现哦。

9月

小册子里藏着的**页码秘密**

东京学艺大学附属小学
高桥丈夫 老师撰写

阅读日期 月 日 月 日 月 日

页码标注的方法

大家制作过小册子吗？今天，我们将来找一找小册子里藏着的页码秘密。

小册子的制作方法，主要有两种。

①把所有纸张按顺序叠好，然后使用订书针或胶带纸进行固定。

②把所有纸张都进行对折，然后按一定顺序叠好。

如图1所示，这就是方法①。

此时，小册子第1张纸的正反面页码分别是1和2，第2张纸的正反面页码分别是3和4……以此类推，进行页码的标注。

那么，方法②又是如何操作的呢？如图2所示，这就是用两张纸做的小册子。

问题来了，如果用三张纸制作小册子，页码应该如何标注？

发现规律！你明白了吗？

看似简单的小册子制作，也蕴含着数学的"规律"。再来观察图2的小册子，看看两张纸上的页码是如何标注的。第1张纸的正面标注页码1和8，反面标注页码2和7；第2张纸的正面标注页码3和6，反面标注页码4和5。

观察任意一张纸的正面或反面，把上面的页码数相加。它们的和，都等于第一页和最后一页的页码数之和。

现在，开始解决用三张纸制作小册子的问题。因为使用的是方法②，所有纸张都要进行对折，所以小册子一共有12页。第1张纸的正面标注页码1和12、第2张纸的正面标注页码3和10……以此类推，进行页码标注。最后，观察任意一张纸的正面或反面，如果页码数之和都是13的话，那么大家标注的页码肯定是正确的（图3）。

图1

图2

图3

迷你便签　　当我们注意到数字的规律之处，就可以化繁为简，理解其中的内涵。

哪一组比萨的面积最大

明星大学客座教授
细水保宏老师撰写

阅读日期　月　日　｜　月　日　｜　月　日

各组面积都相等？

"美味的比萨新鲜出炉 咯。（A）（B）（C）中，哪一组比萨的面积最大？"

(A)

60厘米

60厘米

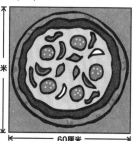

(B)

(C)

请思考一下这个问题。

（A）有 1 个大比萨，（C）有 9 个小比萨。没那么容易区分呀。

第一眼看上去，猜（A）比较大，但再看几眼，好像（B）（C）也不小。放下感觉，我们还是拿起笔来算一算吧。

圆的面积＝半径 × 半径 × 圆周率。我们分别来求（A）（B）（C）各组比萨的面积（圆周率取 3.14）。

（A）$30 \times 30 \times 3.14 = 2826$

（B）$15 \times 15 \times 3.14 \times (2 \times 2) = 30 \times 30 \times 3.14 = 2826$

（C）$10 \times 10 \times 3.14 \times (3 \times 3) = 30 \times 30 \times 3.14 = 2826$

虽然乍一看，（A）（B）（C）各组的比萨面积好像不太一样，但经过计算，我们发现各组比萨的面积都相等。出乎意料，也是数学的趣味之处。

想一想

这两组比萨的面积是否也相等？

（D）

（E）

比一比算式的话……

使用圆的面积公式，我们求出了各组比萨的面积。其实在计算当中，当我们发现各组算式都可以化为 $30 \times 30 \times 3.14$ 的时候，不用算出最后的答案，就能知道面积相等了。

通过算式的变形，我们可以省下计算的时间，更快地做出判断。

迷你便签

（"想一想"的答案）（D）$7.5 \times 7.5 \times 3.14 \times (4 \times 4) = 30 \times 30 \times 3.14$。（E）$60 \times 60 \times 3.14 \div 4 = 30 \times 30 \times 3.14$。通过算式，我们就可以判断出两组比萨面积相等，很方便呀。

夜空中浮现的四边形

岛根县饭南町立志志小学
村上幸人 老师撰写

阅读日期📎　　月　日　│　月　日　│　月　日

秋季的亮星较少？

4月12日和7月7日，我们一起找到了许多身边的三角形。还记得那时候，一起仰望星空的样子吗？在春天和夏天，夜空中明亮的星星，组成了"春季大三角"和"夏季大三角"（见4月12日、7月7日）。

时光匆匆，步入秋季。选择一个晴朗的日子，抬头望向夜空，明亮的星星几乎不见踪影。因为在秋天，夜空中的亮星较少。

其实，向东南方高一点的地方望去，还是有一点收获的，4颗星星出现在眼前。

夜空中的秋季四边形

这4颗星星并不是很亮，将它们连起来，就会发现一个大大的四边形出现在我们的头顶。

这个四边形叫作"秋季四边形"，4颗星星分别是室宿一、室宿二、壁宿一、壁宿二。它们是飞马座的一部分。

"秋季四边形"的四边形，与正方形十分接近。因此，在古代日本的一些地区，人们会以"枡形星"来称呼它。酒枡，是饮用日本酒的专用器具之一，这种木制器具的底面就是一个正方形。

枡，是日本古时官府定制的测量容量的器具，与人们的生活息息相关。因此，看到夜空中的四边形，人们会迅速与这个器具联系在一起。那么如今的你，看到头顶上的四边形时，又会联想到什么呢？

迷你便签

尺贯法是日本传统的度量衡法，其中涉及计量单位"合""升""斗"等等。使用不同型号的枡，可以进行容量的测量（见5月10日）。合、升、斗、石也是中国古代计量单位，与日本对应的重量不同。

需要准备2根多长的小纸条

北海道教育大学附属札幌小学
泷泷平悠史 老师撰写

阅读日期   月 日   月 日   月 日

2根小纸条粘起来

有红色和蓝色的2根小纸条，纸条长度相同。使用胶水，将2根小纸条粘起来吧（图1）。

按要求粘在一起之后，这根长纸条的长度是10厘米，"粘贴部分"是2厘米。"粘贴部分"指的是，为涂抹胶水而留出的部分。

那么，红色和蓝色这2根小纸条，需要准备多长呢？

因为长纸条的长度是10厘米，所以2根小纸条的长度各是5厘米……这样的推测有漏洞哦，我们要把"粘贴部分"也考虑进去。

"粘贴部分"是2厘米，2根小纸条重合的长度也就是2厘米。解题，要从哪里入手呢？

使用图来思考问题

感到困惑的时候，画一画图来让题目变得更清晰。首先，如图2所示，这是粘好的长纸条的样子。

然后，如图3所示，"粘贴部分"是2厘米，可以标注出其他部分的长度。

"粘贴部分"是2根小纸条重合的部分。因此，各个纸条的长度如图4所示，是6厘米。

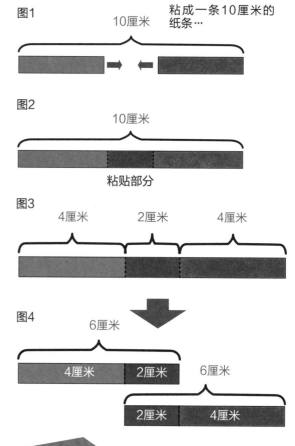

图1
10厘米
粘成一条10厘米的纸条…

图2
10厘米
粘贴部分

图3
4厘米 2厘米 4厘米

图4
6厘米
4厘米 2厘米
6厘米
2厘米 4厘米

试一试

改变"粘贴部分"的长度

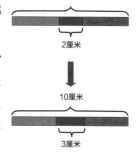

10厘米
2厘米

10厘米
3厘米

当"粘贴部分"变为3厘米或4厘米的时候，红色和蓝色这2根小纸条，需要准备多长呢？

迷你便签

在"试一试"中，"粘贴部分"每增加1厘米，红色和蓝色这2根小纸条就增加5毫米。

一共有几个正方体

福冈县田川郡川崎町立川崎小学
高濑大辅老师撰写

阅读日期　　月　日　　月　日　　月　日

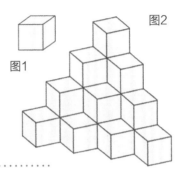

图1　图2

聪明的数数方法

由 6 个完全相同的正方形围成的立体图形，叫作正方体（图 1）。如图 2 所示，许多正方体堆成了一个漂亮的立体图形，其中一部分正方体在我们看不见的地方。那么，一共有多少个正方体？请大家认真数一数，小心遗漏或重复。

如果要一口气数完正方体，可能会出现错误。

....

图3

1个

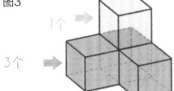
3个

图4

6个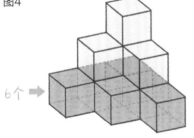

①将立体图形分层。

②每层的数量相加。

快来试一试这个聪明的数数方法吧。

你发现规律了吗？

首先，第 1 层的正方体有 1 个。第 2 层的正方体比第 1 层多 2 个，一共有 3 个（图 3）。

1—2 层的正方体有：1 + 3 = 4。

然后，第 3 层的正方体比第 2 层多 3 个，一共有 6 个（图 4）。

1—3 层的正方体有：1 + 3 + 6 = 10。

如左侧算式所示，你一定发现每一层正方体个数的规律了吧。第 4 层的正方体会比第 3 层多 4 个。因此，1—4 层的正方体有：1 + 3 + 6 + （6 + 4）= 20。这个漂亮的立体图形，一共由 20 个正方体组成。

接下来，不管再增加几层正方体，我们都可以计算出正方体的总数。面对复杂问题的时候，我们可以从小的和简单的地方开始思考，这样有助于解决问题，发现规律。

列式

1—3层正方体总数

$$= 1 + (1+2) + (1+2+3)$$

第1层　第2层　第3层

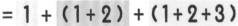

3　6

迷你便签

假设层数不断增加，用这种方法来算一算正方体的总数吧。

怎么决定的？"秒"的诞生

东京学艺大学附属小学
高桥丈夫 老师撰写

一天有多少秒？一年有多少秒？

你知道时间单位"秒"是怎样诞生的吗？

我们知道，一天有 24 小时，1 小时有 60 分，1 分钟有 60 秒。60×60×24 = 86400，进行计算之后，可以知道一天里有 86400 秒。

以一年 365 天为计，86400×365 = 31536000，一年有 31536000 秒。

"秒"正是由一年的时间来决定的。

地球绕太阳公转一周所需要的时间，就是"地球公转周期"。地球绕太阳公转一周的时间除以 31536000，就是 1 秒。

与地球公转息息相关

实际上，地球绕太阳公转一周所需要的"地球公转周期"，是略微超过 365 日的。20 世纪 90 年代后期，国际上将 1 秒确定为"地球公转周期除以 31556925.9747"。后来，人们通过 12 台铯原子钟这种极为精密的计时器具，确定了 1 秒的时间。

与长度单位 m（米）、重量单位 kg（千克）一样，秒也是以地球为基准而确定的单位（见 3 月 5 日、6 月 12 日）。

1年＝31536000秒

※以一年365天为计

迷你便签

最开始，1 秒被确定为"地球自转周期除以 86400"。后来，人们发现地球的自转周期一直在变化，于是将基准改为地球公转周期。

捉弄人的乘法表——
找回消失的数

神奈川县川崎市立土桥小学
山本直 老师撰写

阅读日期　　月　日　　月　日　　月　日

九九乘法表

　　如下图所示，这是一个 9×9 的数字乘法表。不过这个表格可能在捉弄我们，有许多数字消失得无影无踪。我们要做的，就是慢慢找回它们，把这个表格恢复成最初的样貌。做好挑战的准备了吗？

找回消失的数

　　消失的数，应该如何找回呢？首先，我们从 A 行开始。因为 A 行 8 列的数字是 64，□×8 = 64，8×8 = 64，所以可得 A 是 8。

　　继续完成 A 行，8×"H" = 16，可得 H 是 2；8×"O" = 56，可得 O 是 7。

　　然后，通过"H"得出"E"，通过"E"又得出"J"……表格慢慢被数字填满。其中，"G"× "I" = 25，5×5 = 25，所以 "G"和"I"都是 5。

　　发现一个结果，通过结果又有了新的发现。在找回数字的过程中，真是不亦乐乎。

乘数

乘数

×	H	I	8	J	K	L	M	N	O
A	16		64						56
B			3	9					
3			24						
C							42		
D					18				
E	8		12						
F							54		
6			48		54			24	
G		25							

谁先落地？物体的下降

熊本县熊本市立池上小学
藤本邦昭老师撰写

阅读日期 📖 月 日 | 月 日 | 月 日

同一地点落下……

身边有 1 个垒球和 1 个同等大小的铁球（10 千克）。把 2 个球同时从三楼窗户扔下去（图 1）。

哪一个球会率先落地？是垒球，还是铁球？

有的小伙伴小脑瓜子一转：铁球的重量大，所以速度快会首先落地。真的是这样吗？来验证一下。

同一时刻着地

结果，2 个球居然是同一时刻落地。也就是说，体重不同的物体，在相同高度向下坠落，下降速度相同。

物体下降速度 = 9.8 × 时间（秒）。

图1

想一想

如果从东京天空树向下……

除了物体下降速度，物体下降距离也有相应的公式。

【物体下降距离 = 4.9 × 时间 × 时间】

天空树最高点离地面的距离是 634 米。如果从最高点落下 1 个垒球（不考虑风力影响），经过公式的计算，可以知道约 11 秒后球落地。

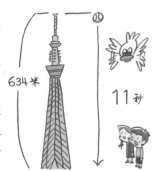

634米

11秒

下降 10 秒后，物体的下降速度达到 98 米 / 秒，即 1 秒内下落 98 米。

仔细观察这条物体下降速度公式，可以发现并没有涉及物体的质量（重量）。因此，不考虑空气阻力的话，不同物体在相同高度同时下落，会同时落地。

真是不可思议。

迷你便签

体验很重要，不过可不要从窗户向外扔东西，以免造成危险。大家需要在家人的陪伴下，进行实验。

10. 月

算吧！答案绝对是 1089

10月 01日

计算中的数学

东京学艺大学附属小学
高桥丈夫 老师撰写

阅读日期　　月　日　｜　月　日　｜　月　日

神奇的三位数计算

今天我们将来演示一番神奇的三位数计算——答案都是 1089 哦。

①首先，请想出一个三位数，它的百位数和个位数不同。

假设，我们选择了 123 这个数。

②然后，将这个三位数的百位数和个位数进行位置转换，再让大的数减去小的数。

123 经过百位数和个位数的位置转换，得到 321。之后再进行 321 － 123 的计算，即 321 － 123 = 198。

③最后，将差的百位数和个位数进行位置转换，再将两数相加。

198 经过百位数和个位数的位置转换，得到 891。之后再进行 891 + 198 的计算，即 891 + 198 = 1089。

如果步骤②的差是两位数，那么视百位数为 0。

答案绝对是 1089 !

试一试其他的数字

假设，我们选择了 132 这个数。经过步骤②的计算，可得 231 － 132 = 99。视 99 的百位数是 0，可看作 099。经过步骤③的计算，可得 099 + 990 = 1089。只有算一算才能体验到的神奇，快和朋友用各种数字来试一试吧。

答案绝对是 1089 !

 迷你便签　四位数也有神奇的计算哦，将四位数的千位数和个位数进行位置转换，再……这样的话，答案绝对是 10989。

10月

图形中的数学

小骰子大神奇

10月 02日

御茶水女子大学附属小学
久下谷明老师撰写

阅读日期 月 日 月 日 月 日

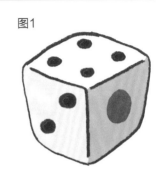

奇妙的骰子点数

双六，是一种棋盘游戏，以掷骰子的点数决定棋子的移动。骰子的点数，也决定着游戏的胜负。今天，我们就来讲一讲小骰子里的大神奇。

如图 1 所示，骰子是一个正六面体（正方体），6 个面上分别有数字“1”“2”“3”“4”“5”“6”。

图1

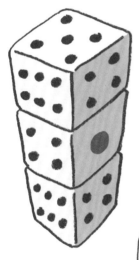

这 6 个点数的位置，其实大有讲究。“1”的对面是“6”，“2”的对面是“5”，“3”的对面是“4”。也就是说，两个相对面的点数相加，和都是 7。

图2

解题关键是：两个相对面的点数相加，和都是7。

看不见的点数和

如图 2 所示，有 3 颗骰子重叠在一起。其中，骰子与地面接触的面、骰子之间的接触面，都是看不见的。那么，这些看不见的点数的和是多少呢？

图3

用加法来表示…
底下的骰子，两个相对面的点数之和
7 + 7 + (7 - 5) = 16
中间的骰子，两个相对面的点数之和
上面的骰子，7减去一个面的点数，等于它的相对面点数
用乘法来表示…
7 × 3 - 5 = 16

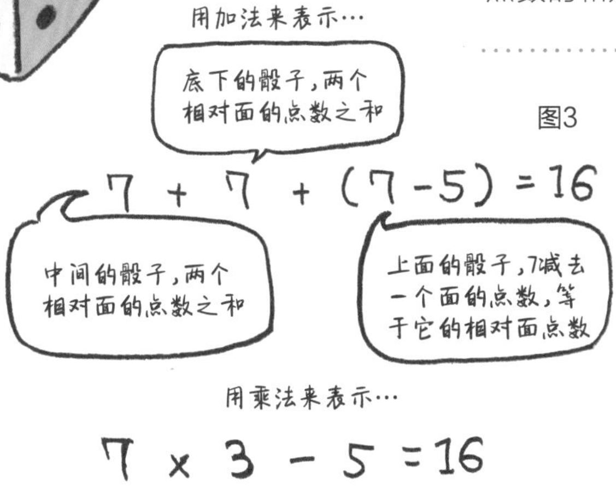

还记得这个规律吗？“两个相对面的点数相加，和都是 7。”如图 3 所示，利用这个性质，就能简单把和求出来。答案是 16。假设，让第 4 颗、5 颗骰子继续叠罗汉，解法也是一样。用骰子问题，考验一下家人或小伙伴吧。

迷你便签

除了我们熟悉的写有 1—6 的正六面体骰子，还有正四面体、正八面体、正十二面体、正二十面体等各种各样的骰子（详见 2 月科学照相馆）。此外，居然还有写着 0—9 的十面体骰子。

无止境**的**四边形

学习院小学部
大泽隆之老师撰写

10月 03日

阅读日期 ✎ 月 日 | 月 日 | 月 日

在四边形每条边的中点做上记号，连接4点就会出现一个小四边形。然后，在小四边形每条边的中点也做上记号，连接4点又出现了一个小小四边形。重复以上的操作，你猜会出现怎样的图形？

● 长方形

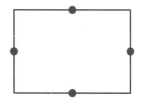 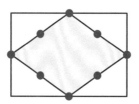 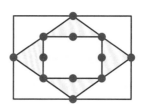 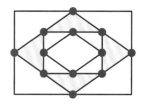

我们先来试一试长方形。连接长方形每条边的中点……

出现了菱形。接着，连接菱形每条边的中点……

这次出现的是长方形。然后，连接小长方形每条边的中点……

又见面了，菱形。

● 正方形

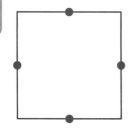 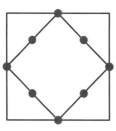 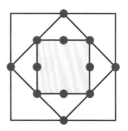 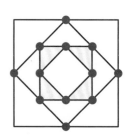

我们再来试一试正方形。连接正方形每条边的中点……

出现了正方形。接着，连接小正方形每条边的中点……

这次出现的还是正方形。然后，连接小小正方形每条边的中点……

又是你哦，正方形。

10月

● 平行四边形

   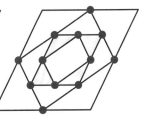

然后来试一试平行四边形。连接平行四边形每条边的中点……

出现了平行四边形。接着，连接小平行四边形每条边的中点……

这次出现的还是平行四边形。然后，连接小小平行四边形每条边的中点……

还是你哦，平行四边形。

● 梯形

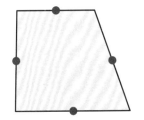 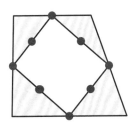 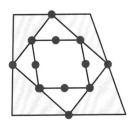 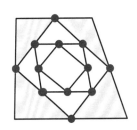

现在来试一试梯形。连接梯形每条边的中点……

出现了平行四边形。接着，连接平行四边形每条边的中点……

这次出现的还是平行四边形。然后，连接小平行四边形每条边的中点……

又见面了，平行四边形。

● 三角形

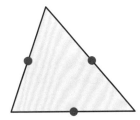 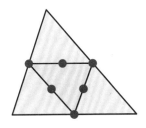 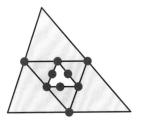 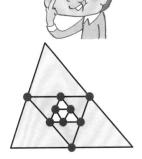

最后我们试一试三角形。连接三角形每条边的中点……

出现了三角形。接着，连接小三角形每条边的中点……

这次出现的还是三角形。然后，连接小小三角形每条边的中点……

又是你哦，三角形。

 迷你便签　连接任意四边形每条边的中点，都会出现平行四边形。长方形、正方形、菱形都是特殊的平行四边形。连接任意三角形每条边的中点，出现的都是三角形。

计算中的数学

玩一玩回文游戏

10月 04日

筑波大学附属小学
盛山隆雄老师撰写

阅读日期 月 日 月 日 月 日

回文是什么？

"报　纸（shinbunshi）"这个词，从左往右读是"しんぶんし（shinbunshi）"，从右往左读还是"しんぶんし（shinbunshi）"。像这样正读反读都能读通的词语或句子，就叫作"回文"。它是古今中外都有的一种修辞方式和文字游戏。

而在数学中，也有一类数字有着这样的特征。比如121这个数，不管是从个位数念到百位数，还是从百位数念到个位数，都是相同的。我们就称之为"回文数"。

报纸
（shinbunshi）

待在家里干什么
（rusuninanisuru）

竹子着火了
（takeyabuketa）

烤制鲷鱼烧
（taiyakiyaita）

试一试

10月

用91—99进行回文挑战

使用91—99进行回文数的挑战吧。就在刚才，我们已经用91和92进行了回文数游戏，所以现在就从93开始吧。在出现回文数之前，我们需要不断进行数字的颠倒和相加。比如97这个数，就要经过6次颠倒才会出现回文数。这里要提醒大家，一定要认真对待98这个数。因为它经过20次以上的颠倒，才会出现回文数，有点可怕哦。

玩一玩回文数

比如，将91加上它的颠倒数字19，91 + 19 = 110。然后，将110加上它的颠倒数字11，110 + 11 = 121。经过2次颠倒后，回文数居然就出现了。

再来试一试92。将92加上它的颠倒数字29，92 + 29 = 121。哎呀，这次只经过1次颠倒，就出现了回文数哦。

304

迷你便签

98经过24次颠倒，得到了回文数8813200023188。

哪个橘子是第二重的呢

御茶水女子大学附属小学
冈田纮子 老师撰写

阅读日期 ✏ 月 日 ┃ 月 日 ┃ 月 日

图1

找到第二重的橘子！

如图1所示，有8个橘子，重量都不相等。如何找出最重的橘子呢？把橘子2个2个地放在天平上，我们就可以找出最重的橘子。

比如，把A橘子和B橘子放在天平上，发现A橘子比较重。然后再比一比C橘子和D橘子。

如图2所示，就像是一场淘汰赛，最后争夺冠军的是A橘子和G橘子。最后，获得最重称号的是G橘子。那么，问题来了，第二重的橘子是哪一个？

有的小伙伴可能会说了，获得亚军的A橘子难道不就是第二重的橘子吗？

其实，并不一定哦。当然，也可以让A、B、C、D、E、F、H这7个橘子再站上天平，开展淘汰赛。这样的话，需要再进行6次称量。

那么，称量的次数可以再精简一点吗？

图2

最重！

A B C D E F G H

答案不一定是A橘子？

与最重的G橘子较量过的橘子，一定存在着第二重的橘子。和G橘子比拼过的有，H橘子、E橘子和A橘子。在这3个橘子里面，肯定有第二重的橘子。因为，B橘子、C橘子比A橘子轻，F橘子比E橘子轻，所以可以直接排除掉。

现在，我们要让H橘子、E橘子、A橘子站上天平，经过2次称量，就可以比出第二重的橘子。如图3所示，就算A橘子是第一次淘汰赛的亚军，它的重量有可能也是比H橘子轻的。亚军不一定是第二重，这事有点儿意思。

图3

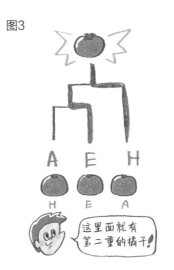

A E H

H E A

这里面就有第二重的橘子！

迷你便签

那么，最轻的橘子是哪一个？比一比在淘汰赛第一场中输掉的B橘子、D橘子、F橘子、H橘子就可以了，一共需要称量3次。

魔方阵里的神秘力量

青森县　三户町立三户小学
种市芳丈 老师撰写

古代用于占卜和祈福

魔方阵，古称"纵横图"，亦作"幻方"。在 3×3、4×4 等正方形中，填入从 1 开始的不同整数，使每行、每列、每个对角线上的几个数之和都相等。在数学课本中，我们可能见过。

在古代，人们认为魔方阵中蕴藏着神秘的力量，所以它常用来进行占卜和祈福。

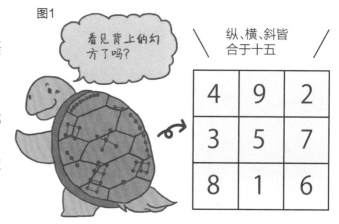

图1

看见背上的幻方了吗？

纵、横、斜皆合于十五

4	9	2
3	5	7
8	1	6

据说，最早的魔方阵出现在距今 4500 年前的中国。相传大禹治水时，洛河中浮出神龟，背驮《洛书》，献给大禹。大禹依此治水成功，遂划天下为九州。

这只出于洛河的神龟，龟甲之上有此图案：二、四为肩，六、八为足，左三右七，戴九履一，五居中央。纵、横、斜皆合于十五，是为三阶幻方（图1）。《洛书》，古称龟书，是阴阳五行术数之源。人们因此深信，魔方阵中积蓄着一股神秘的力量。

欧洲的"朱庇特魔方阵"

西方人也同样相信，魔方阵里的神秘力量。欧洲最早的魔方阵，出现在 500 多年前的一幅画中。德国画家丢勒把一个四阶魔方阵，画在了他的铜版画《忧郁 I》中。在这个 4×4 魔方阵中，每行、每列、每条对角线上的数的和都等于 34。

现代的人们，在占卜的时候会特别关注"幸运数"。古代的人们，也是以同一种心情对待魔方阵上的数字、魔方阵上散发的力量吧。

16	3	2	13
5	10	11	8
9	6	7	12
4	15	14	1

图2

照片由Bridgeman Images／Afro提供

迷你便签

仔细观察这幅《忧郁 I》的魔方阵，可以发现"1514"这组数字。丢勒把创作年代 1514 年也镶嵌在了这个魔方阵中（详见 11 月科学照相馆）。

正方形和 4 个三角形，哪一个组合的面积大呢

熊本县　熊本市立池上小学
藤本邦昭老师撰写

阅读日期 ✐ 　月　日 ｜ 　月　日 ｜ 　月　日

4 个三角形的大小

如图 1 所示，正方形的 2 条对角线（连接对角的线段）相交，得到交点（相交的点）O。对角线将正方形分为 4 个三角形。

相对的 2 个三角形视作一组，以红色和白色作为区分。如图 2 所示，每一组三角形的大小（面积）都等于 2 个相等的三角形。因此，红组和白组的大小是相等的。

图1　图2

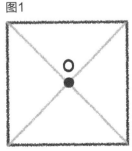

图3

就在这时，点 O 开始了移动。如图 3 所示，这时候的红组和白组哪一个大呢？它们居然也是一样大的，好神奇。

如图 4 所示，在正方形上画一条竖线和横线，帮助大家解除心中的疑问。哎呀，出现了 4 组一模一样的三角形。

交点 O 在哪里都可以？

如图 5 所示，红组和白组的面积还是相等吗？利用之前的方法，你也可以给出证明哦。

图4

相同的三角形

图5　图6

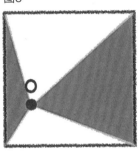

如图 6 所示，当交点 O 移动到正方形的边上时，红组和白组的大小还是相等的吗？画一画，就可以做出判断哦。

迷你便签

交点 O 在正方形的任意地方，所构成的红组和白组的面积都相等。问题升级，当交点 O 在正方形的外部时，红组和白组的大小会是怎样？

307

自行车齿轮的二三事

岩手县　久慈市教育委员会
小森笃 老师撰写

后轮齿轮的功能？

为什么自行车能够跑起来？因为自行车可以将人们踩动脚踏板的力，转化为车轮转动的力。这种力量传导的方式，会因脚踏板和自行车后轮齿轮的变化而变化。如右侧照片所示，自行车的后轮上一共有 6 种齿轮。仔细观察，这 6 种齿轮的大小都不相同。齿轮越大，踩动脚踏板所需要的力气也就越小。在出发或上坡时，会省力许多。

为什么齿轮越大，踩动脚踏板就越省力呢？这与齿轮上轮齿的数量有关。

借助图片思考问题

齿轮 A 是连接脚踏板的齿轮，齿轮 B 是后轮上的齿轮。

如图 1 上所示，脚踏板转 1 圈，齿轮 A 也转 1 圈。因为齿轮 A 和齿轮 B 的齿数都是 16，所以齿轮 B 也转 1 圈。

如图 1 下所示，齿轮 C 的齿数是 32。想要让齿轮 C 转 1 圈的话，需要齿轮 A 转 2 圈。

自行车后轮的齿轮。小森笃／摄

图1

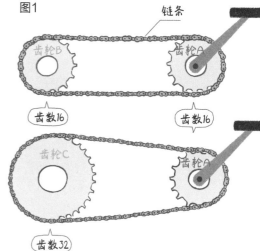

链条　齿轮B　齿轮A　齿数16　齿数16
齿轮C　齿轮A　齿数32

图2

齿轮A　脚踏板转1圈
齿轮B
齿轮C
轮胎转1圈　＝　轮胎转半圈

如图 2 所示，这是更为详细的示意图。当脚踏板转 1 圈时，齿轮 C 的轮胎只转了半圈，需要的力气也只有一半，所以我们会很省力。同时，作为省力的代价，如果想要骑得快，就必须拼命让脚踏板飞快转起来。

迷你便签　齿轮 A 转动 1 圈时，求齿轮 B 转动的圈数，这个数值就是"齿轮比"。

古代的九九乘法表

10月 09 日

青森县　三户町立三户小学

种市芳丈老师撰写

阅读日期　月　日　｜　月　日　｜　月　日

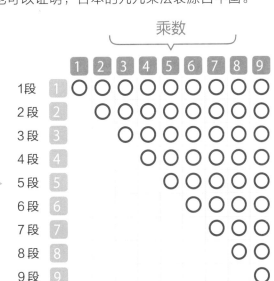

东北大学附属图书馆（和算资料数据库）／提供

从中国传来的九九

"一一得一、一二得二……九九八十一。"当我们背诵起九九乘法表，总是按照这样的顺序。明明从"一一得一"开始，口诀的名称为什么会叫作"九九乘法表"呢？

其实在古代，口诀是倒过来背诵的，"九九八十一、八八七十二……一一得一"。所以，人们就把它称为"九九乘法表"。

比如，在中国敦煌发现的古"九九术残木简"上，就是从"九九八十一"开始的。如上图所示，在日本平安时代的《口游》一书中，也记载了是从"九九八十一"开始。这也可以证明，日本的九九乘法表源自中国。

明白了，古人的智慧

不管是在中国流行的九九乘法表，还是《口游》中的九九乘法表，如上图所示，口诀都是 45 项。而在日本，学生学习的九九乘法表，81 组积的口诀都需要背诵。9×9 有 81 组积，因为乘法表里包含乘法的可交换性，有了"八九七十二"，其实就不需要"九八七十二"了。45 项口诀的背诵，事半功倍，古人的智慧是有道理的。

"九九"之名，既是中国与日本联系的证明，也是古人智慧流转的阐释。

在中国，通常背诵的九九乘法表只到 9×9，称为"小九九"（81 组积，45 项口诀）。在日本，人们把《口游》中的"小九九"称为"半九九"，把 81 组积、81 项口诀的九九乘法表称为"总九九"。在印度，九九乘法表要背诵到 19×19，称为"大九九"。

眼睛会骗人？
神奇的视错觉图

图形中的数学

10月
10日

大分县 大分市立大在西小学
二宫孝明老师撰写

阅读日期	月 日	月 日	月 日

比一比上下和左右

　　视错觉，是当人观察物体时，基于经验主义或不当的参照形成的错误的判断和感知。我们日常生活中，有不少利用错视的例子，今天来给大家介绍几幅视错觉图。

　　如图1所示，上下并列着2条蓝线，线段两端都有小箭头。比一比上下2条蓝线的长度，谁更长呢？

　　乍一看上去，下边的蓝线更长。先别急着下定论，我们再用尺子量一量。上下的2条蓝线居然长度相等。

　　如图2所示，左右并排着2颗红点，红点周围都有若干个白圈围绕着。比一比左右2颗红点的大小，谁更大呢？

　　乍一看上去，右边的红点更大。而实际上，它们的大小是相等的。是什么让这些长度相等或大小相等的事物，看上去并非如此呢？

图1
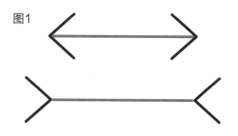
上下2条蓝线，哪一条更长？

图2
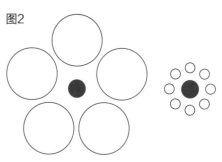
左右2颗红点，哪一颗更大？

图3

你肯定是在玩我，这里有陷阱

没有靠手段，也没有机关喵

这种神奇的三角形被称为"彭罗斯三角形"。

看一看不可能图形

　　如图3所示，这个三角形长得有些奇怪。当我们尝试用手遮住其中任意一角，三角形上并没有神奇之处。而把手拿开时，在上在下？在外在里？不少小伙伴可能就糊涂了。

　　一些比较经典的"视错觉图"，是来自古人的智慧。有很多科学家、数学家、艺术家致力于视错觉图的研究，并作出更多的视错觉图。

迷你便签

图1：缪勒-莱尔错觉；图2：艾宾浩斯错觉；图3：彭罗斯三角形。1934年，瑞典艺术家雷乌特斯瓦德创作了"彭罗斯三角形"。1958年，这个不可能图形被数学家彭罗斯推广开来。

2 生活中的数学

分享 5 块饼干——除不尽的时候

神奈川县 川崎市立土桥小学
山本直老师撰写

把 5 块饼干分给 2 个人

今天要讲的数学题目，它的背景来自一个日本传统的民间故事。

妈妈烤了 5 块饼干。她对哥哥和妹妹说："哥哥食量大，分到 $\frac{1}{2}$。妹妹食量小，分到 $\frac{1}{3}$。但是，不管怎么分都不能把饼干弄碎。"这道题目的难点是：5 块饼干既不能被 3，也不能被 2 整除。不把饼干弄碎，应该怎么分呢？

有借有还的饼干

已知，$\frac{1}{2}$ 等于 $\frac{3}{6}$，$\frac{1}{3}$ 等于 $\frac{2}{6}$。因此，如果妈妈烤了 6 块饼干的话，就很容易分给兄妹俩了。这时候，哥哥想出了一个办法。

哥哥脑筋一转："我们向邻居阿姨借 1 块饼干吧，这样我们就有 6 块饼干了！"

妹妹有点担心："但是妈妈让我们分的饼干是 5 块，这样会不会不太好啊。"

哥哥信誓旦旦："如果饼干有 6 块的话，我分到 $\frac{1}{2}$，也就是 3 块。你分到 $\frac{1}{3}$，也就是 2 块。一共 5 块饼干，剩下的 1 块我们可以马上还给邻居阿姨呀！"

妹妹开心极了："这样的话，我们一起分享的就是 5 块饼干，太好了。"

大家觉得这个故事怎么样（见 11 月 22 日）？

想一想

其他数字也可以吗？

这种方法，并不适用于所有题目。2 个分数相加得 $\frac{5}{6}$，分子比分母小 1，因此才能有"借 1 还 1"的方法。如右图所示，饼干又应该如何分呢？解题关键是，把分数的分母统一为 12。认真想一想吧（A 是 $\frac{1}{2}$，B 是 $\frac{1}{4}$，C 是 $\frac{1}{6}$）。

请将 11 块饼干分给 3 个人。

小 A 分到 $\frac{1}{2}$，小 B 分到 $\frac{1}{4}$，小 C 分到 $\frac{1}{6}$。

大家应该如何分享？

把 5 块饼干分成 2 块和 3 块，也可以说把 5 块饼干按照 2：3 的比进行分配。比和比例都是小学高年级学习的内容。

挑战！100 个连续数字的加法

福冈县　田川郡川崎町立川崎小学
高濑大辅 老师撰写

有没有简单的方法？

"请进行 100 个连续数字的加法！"听到这样的话，会感到兴奋的小伙伴还是少数的吧。更多的同学可能会觉得"好麻烦"。100 个连续数字的加法，有没有简单计算的方法呢？

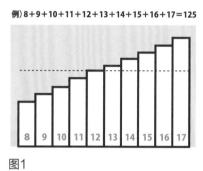

例）$8 + 9 + 10 + 11 + 12 + 13 + 14 + 15 + 16 + 17 = 125$

图1

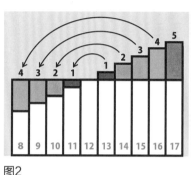

图2

当我们面对复杂问题的时候，可以从小、从简单的地方开始思考，这样有助于解决问题，发现规律。在着手"100 个连续数字的加法"之前，我们可以先从"10 个连续数字的加法"出发，找到解题的关键。

$1 + 2 + 3 + 4 + 5 + 6 + 7 + 8 + 9 + 10 = 55$

再来算算其他 10 个连续数字之和。

$2 + 3 + 4 + 5 + 6 + 7 + 8 + 9 + 10 + 11 = 65$

$3 + 4 + 5 + 6 + 7 + 8 + 9 + 10 + 11 + 12 = 75$

$4 + 5 + 6 + 7 + 8 + 9 + 10 + 11 + 12 + 13 = 85$

发现规律了吗？和的个位数都是 5。再来试试大一些的一组数。

$8 + 9 + 10 + 11 + 12 + 13 + 14 + 15 + 16 + 17 = 125$

如图 1 所示，把算式转化为图形来思考。

图3

$1+2+3+\cdots+49+50+51+\cdots+98+99+100 = ?$

如图 2 所示，想要把图 1 填成平原的话，就是以 12 号小山为基准，形成 10 座高度为 12 的小山。最后，剩下的 17 号小山以 12 号为基准，高度达到 5。

即，$120 \times 10 + 5 = 125$。

因此，一组中的第 5 个数字就是十位数和百位数。

如图 3 所示，终于到了挑战 100 个连续数字加法的时刻。我相信，已经获知规律的大伙儿肯定没问题！挑战开始！（答案见"迷你便签"）。

迷你便签

在 1—100 这 100 个数字中，50 是第 50 个数字。在一片平原上，形成 100 座高度为 50 的小山，最后 100 号小山以 50 号小山为基准，高度达到 50。即，$50 \times 100 + 50 = 5050$。你明白了吗？

我们身边的 "升"

东京都杉并区立高井户第三小学
吉田映子 老师撰写

在家里找一找

我们身边有许多的 "升"，其中有熟悉的 L（升）、mL（毫升），也有少见的 dL（分升）、cL（厘升）。

今天，我们就在家里找一找 "L" 吧。

冰箱里找到很多哦。

· 盒装牛奶 1L。

· 瓶装水 2L。

· 瓶装茶饮料 1L。

在洗衣机附近找一找。

· 洗衣液 1L。

我们还发现了许多使用 mL 的饮料、化妆水等。

500L 大容量！

不是液体也可以

L 和 mL 等都是容积单位。在生活中，常用来计量饮料、洗衣液等液体的容量。当然，它们并不是只能和液体绑定在一起。许多不是液体的东西上，也有 L 和 mL 的身影。

一些便利店使用的大垃圾袋上，会标注 20L 或 45L 的字样。形容冰箱的大小规格用的也是 L。旅行时，我们用的帆布包和行李箱，它们的大小也是用 L 标注。

这些生动的例子，让我们知道了 L 和 mL 能够表示的除了液体，还有许多。作为容积单位，它们告诉人们各种容器所能容纳物体的体积。

在气体、土地等方面，有时也会出现 L。感兴趣的话，大家可以去找一找。

迷你便签   在生活中并不多见的 dL，常用来描述种子和大豆的体积。同时，在医疗领域也有它的身影。

再加 1 个面，就是正方体吗

日

学习院小学部
大泽隆之 老师撰写

阅读日期 ✎ 月 日 | 月 日 | 月 日

缺的面在哪里？

如图 1 所示，把它组成立体图形的话，会是什么形状？没错，就是正方体。等等，更确切地说，应该是缺了 1 个面的正方体。这个正方体没有盖子。

图1

可以组成正方体吗？

这个问题很好解决啊，再加上 1 个正方形，就是一个完整的正方体了。那么，这个正方形应该加在图 1 的什么位置呢？大家可以在脑海中组合一番。

首先，确定好正方体的底面，做一个标记。然后，旁边的正方形纷纷立起来，向着正方体迈进。明白了吗？变成了图 2 的样子。

根据立体图形，再回到最初的图 1，从中找出可以添加正方形的位置。如图 3 所示，只要在 ⊠ 处增加 1 个正方形，正方体就可以组成了。添加的位置不止 1 处，一共有 4 处。

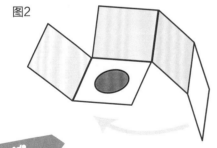

图2

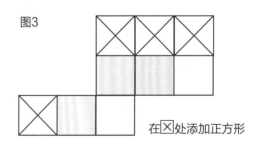

图3

在⊠处添加正方形

10月

试一试

验证你的想法

那么，下面这个图形要怎样才能组成正方体呢？可以添加正方形的位置，又有多少处呢？大家在脑海中想出方法之后，再拿出纸来剪一剪，组一组，确认一下。

迷你便签　给没有盖子的正方体添上盖子，可以增加正方形的位置有 4 处。

调换数字位置，答案不变吗

熊本县　熊本市立池上小学
藤本邦昭老师撰写

阅读日期　　月　日　│　月　日　│　月　日

进行乘法笔算

准备好纸和铅笔，我们来进行两位数的乘法笔算。

12×42 等于多少？积是 504。

如图 2 所示，如果把 2 个乘数的个位数和十位数都进行调换的话……

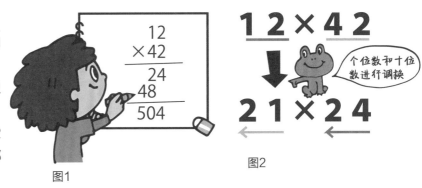

图1

图2

个位数和十位数进行调换

经过计算，答案居然一点都没变呀（图 3）。这难道是巧合？

那么，我们再来试一试 36×21 和 63×12 吧（图 4）。把 2 次的笔算结果都写出来。

发现秘密了吗？

一次是偶然，两次是巧合，三次就是……这里面，一定有什么秘密等待着我们的发掘。

快来找一找，还有哪些两位数经过个位数和十位数的调换，积没有变化？答案见"迷你便签"。

图3

图4

迷你便签

$24×84 = 42×48$，$23×64 = 32×46$……这些两位数相乘而相等的式子都具有这样的性质：在 $AB×CD$ 中，$A×C = B×D$。

第16个数字很古怪

筑波大学附属小学

盛山隆雄 老师撰写

阅读日期 ✎ 　月　日 ｜ 　月　日 ｜ 　月　日

第16个数是什么?

今天，我们来玩一个数字接龙游戏。首先，选择1个一位数。比如，我们选择了3。然后，再选1个一位数，我们选了5。

第3个数等于前2个数之和，即 3 + 5 = 8。前3个数是：3、5、8。第4个数等于 5 + 8 = 13。本来第4个数应该是13，但在接龙游戏中只取个位数，因此第4个数是3。前4个数是：3、5、8、3。第5个数等于 8 + 3 = 11，取个位数1，因此第5个数是1。

以此类推，将数字一个个接下去。

那么，到了第16个数时，它是什么?

以（3、5）开始的数字接龙，第16个数是1。如果把数字5改成其他的数，第16个数依旧是1。我们再来看看以4、5开始的数字接龙吧。

```
3 5 8 3 1 4 5 9 4 3
7 0 7 7 4 1
```

10月

想一想

数字接龙里有什么秘密?

第1个数和第16个数有着某种千丝万缕的关系。如右所示，这是第1个数（1—9）对应的第16个数。发现什么规律了吗?

1 ⇒ 7
2 ⇒ 4
3 ⇒ 1
4 ⇒ 8
5 ⇒ 5
6 ⇒ 2
7 ⇒ 9
8 ⇒ 6
9 ⇒ 3

以4开始的接龙

4 7 1 8 9 7 6 3 9 2
1 3 4 7 1 8

以5开始的接龙

5 1 6 7 3 0 3 3 6 9
5 4 9 3 2 5

其实，第16个数就等于第1个数乘以7的积的个位数。你能参透其中古怪的原因吗?

直线长起来，游戏玩起来

学习院小学部
大泽隆之 老师撰写

阅读日期 ✎ 　月　日 ｜ 　月　日 ｜ 　月　日

用直线把小猫和松鼠围起来

将 2 点用直线连起来，把小动物们圈在直线里面（图1、图2）。

如图 3 所示，小猫被一个四边形圈起来了。那么，松鼠围好了吗？哎呀，它的大尾巴让我们遇到点问题了。

下方的 2 点，可以简单地连起来。但是，如果连接上方的 2 点，就碰到了松鼠的大尾巴，不能够把它圈住。有人假设，让上方的直线从松鼠尾巴的背面通过。貌似将这道平面题做成了立体题，也算是一个办法吧。在平面上，也有简单的方法。

直线长一长，游戏玩一玩

游戏的关键是，"连接 2 点的直线，不会在点的地方停下，直线会继续生长。"

如图 4 所示，让直线长起来，直线与直线交汇之后，把小猫和松鼠都圈进去了。小动物们都被三角形围起来了。

图1

用直线画一画

图2

图3

图4

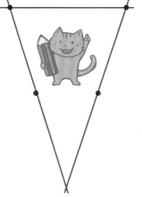

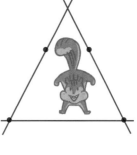

在游戏中，我们需要破除思维定势。将 2 点用直线连起来时，点不一定是图形的顶点。可以画出四边形，也可以画出三角形。

317

熊本县　熊本市立池上小学
藤本邦昭老师撰写

排列顺序的表达

如下图所示，5个小朋友排排站。现在，我们来描述一下他们的站位。

· 一共有5人排成一队。

· 小A站在最前面。

· 小B的背后就是小C。

· 小B和小E之间有2个人。

· 小D不是最后面的人。

我们可以这样描述他们的站位。

通过描述来解答

现在，5个小朋友的站位发生了变化。

同样，我们来描述一下他们的位置。然后，请大家对每个人的站位作出判断。

【问题】

· 小E不是最前面的人。

· 小C的背后就是小A。

· 小D和小E之间有2个人。

· 小E的背后就是小B。

怎么样？

当一种描述，诞生出若干种可能的情况时，会觉得有点难度。

此时，可以借助作图，依次画出可能的情况，就可以把描述转化为更有效的信息了（答案见"迷你便签"）。

接下来，对判断方式做一个说明。

首先，把紧挨在一起的2个人画出来，2人从前往后的组合分别是CA和EB。

然后，根据"小D和小E之间有2个人"，可作出2种判断。假设小D在小E前面，从前往后的排列顺序是D○○EB。

假设小D在小E的后面，从前往后的排列顺序是○EB○D。这时候，紧挨在一起的CA就没有位置了。

此外，因为小E不是最前面的人，EB○D○也是不可能的。

A　B　C　D　E

1. CA和EB
2. D○○EB
   或
   ○EB○D
3. 没有CA紧挨在一起的位置。
4.　　D○○EB
   CA ↗ 可以站在这里。

迷你便签　（答案）你应该判断出来了吧？从前往后的排列顺序是 D→C→A→E→B。

最常用的数是什么呢

御茶水女子大学附属小学
冈田纮子老师撰写

阅读日期　　月　日　　月　日　　月　日

在报纸上调查

在新闻报道中，总会出现各种各样的数（图1）。就算仅仅翻开某一版的报纸，也可以找到许多首位是1的数。

用其他来调查

在报纸上，我们可以

图1

找一找数字！

8月11日东京外汇市场上购入日元的操作占优，日元汇率持续向高值圈推移。进入午盘，在日元汇率高位震荡运行的背景下，14时日元汇率为1美元兑123日元73—76钱，比10日17时下降38钱，日元汇价升高、美元汇价降低。14时以后，日元汇率维持在1美元兑123日元66钱附近。日经股指仍维持跌势，下跌超过200钱，持续在低值圈推移。

很轻松地找到首位数字是1的数。当我们翻看手中的这本书时，书中自然也是出现了许许多多的数。经过调查，首位数字是1的数也是最多的。首位数字是1—9的数的出现概率，简单来思考的话，各是1/9，即11%。但实际上，首位数字是1的数的出现概率将近30%，首位数字是2的数则是近18%。也就是说，我们日常生活中遇到的数，约有一半的首位数是1或2。

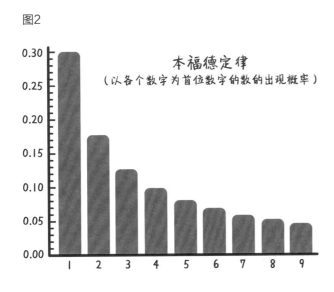

图2

本福德定律
（以各个数字为首位数字的数的出现概率）

人们将这一有趣的现象，通过数学证明为"本福德定律"。本福德定律表明，一堆从实际生活得出的数据中，以1为首位数字的数的出现概率约为总数的三成。越大的数，以它为首位数字出现的概率就越低（图2）。

除了报纸和这本书，我们的调查范围还可以继续扩大。是不是有许多首位数字是1的数，大家可以得出自己的结论。

迷你便签　　如果发现首位数字不是1的数的出现概率高于正常水平，可能是人为对数据进行了处理。因此，本福德定律可以用于检查各种数据是否有造假。

时间的双重含义

学习院小学部
大泽隆之 老师撰写

时间的两个概念

"出发的时间是几点？"

在这句话中，时间指的是一个时间点，还是一个时间段？

时间是一个较为抽象的概念，是物质运动变化的持续性、顺序性的表现。时间概念包含"时刻"和"时段"两个概念。

时刻，是时间轴上对应的一个点。时段，是两个时刻之间的时间间隔，在时间轴上对应的是一段。因此，人们将时间称之为事件过程长短和发生顺序的度量。

"出发的时间是几点？"这句话中的时间，指的是一个时间点，也就是时刻。

出发的"时间"是几点？

出发的"时刻"是几点？

日本的"时间"和"时刻"

在日本，"时刻"和"时间"是含义不同的词语。"时刻"表示的是时间轴上对应的一个点。"时间"表示时段，是两个时刻之间的时间间隔。

但日本区分"时刻""时间"的历史并不长久。从昭和三十年（1955年）开始，小学的教材中才开始做区分。

不过，在商店里出售的时间表还是老样子。明治、大正、昭和时代，使用的依旧是"汽车时间表"。第二次世界大战后到昭和五十年（1975年），同时使用"时刻表""时间表"两种说法。平成时代以来，日本对"时刻""时间"做出了严格的区分。

记一记

"时辰"是时刻还是时段？

在奈良时代，用十二地支表示的十二时辰制，这种时制也是从中国传到日本。古代的时辰合现在的2小时，可以说是介于时刻和时段之间。

比如：子时，指的是夜半二十三点至次日一点。

好困啊，已经是子时了啊……

好困啊，已经是子时了啊……

英语中的time和时间一样，有着时刻和时段的双重含义。"What time is it now？"的time是时刻，"a long time"的time是时段。

迷你便签

计算中的数学

如果世界上只有 **3** 个数字
——三进制

熊本县　熊本市立池上小学
藤本邦昭 老师撰写

阅读日期　　月　日　　月　日　　月　日

图1

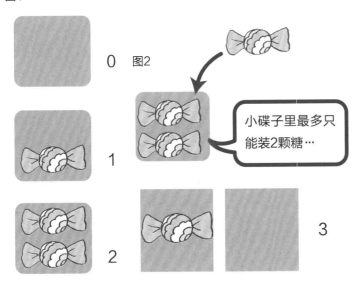

0　图2

1

2

3

小碟子里最多只
能装2颗糖…

世界上有多少个
数字？

　　我们使用的数字一共有多少
个？1亿个？无数个？都不对
哦，其实，只有10个。

　　数有无穷无尽，而"数字"却
只有"0、1、2、3、4、5、6、7、
8、9"这10个。

　　使用10个数字，能上天入
地，小的数、大的数，描述不在
话下。

　　只有"0、1、2"的话？

　　如果世界上只有"0、1、2"这3个数字，会变得怎样？

　　我们来做一个小碟子和糖果的实验。

　　如图1所示，0颗、1颗、2颗糖果的数量表达，与现在并无差别。

　　不过，形容比2颗多1颗的时候，应该用什么数来表示？

　　我们的世界，有数字"3"，所以可以表达为3颗。但是在那个世界，并没有这个数字。

　　因为小碟子里最多只能装2颗糖果，所以这时需要进一位，表示为"10"颗糖果（图2）。

　　增加1颗糖，表示为"11"颗糖果（图3）；再增加1颗糖，表示为"12"颗糖果（图4）。

　　如果在那个世界（只有3个数字的世界）有"100"颗糖果。那么，在我们的世界（有
10个数字的世界）中，对应的是多少颗糖果？答案见"迷你便签"。

图3

4

图4

5

迷你便签

"100"颗糖等于3颗+3颗+3颗。在我们的世界中，就是9颗糖果。

321

遇上诸侯巡游就麻烦了

10月 **22**日

高知大学教育学部附属小学
高桥真老师撰写

阅读日期　月　日　｜　月　日　｜　月　日

2000人的大巡游

在江户时代，当时统治日本的德川幕府规定，诸侯每隔一年必须往返领地和江户（现东京）之间一次。诸侯携仪仗出行，会有许多家臣跟随。随着一声声"回避……行礼……"，"诸侯巡游"的队伍，从各地向江户汇集。据说，通过长途跋涉来虚耗诸侯的财力也是幕府的用意所在。

"诸侯巡游"队伍的人数，取决于领地每年大米的收成。以加贺藩为例，当时有加贺国、能登国、越中国的大半（现石川县）为领土，每年大米收成为103万石。由此规定，加贺藩诸侯必须携带2000家臣进京述职。如果我们遇上这支诸侯巡游的队伍，要等上多久啊？

巡游队伍长1.5千米？！

首先，我们来求巡游队伍的长度。2000人的队伍如果排成2列，每列就是1000人。武士均佩刀而行，因此每人之间的距离应该保持1米以上。1米 ×1000人 = 1000米 = 1千米。

队伍还不止1千米。家臣们根据各自的职责，还需要携带弓箭、长枪、火枪等武器，主君使用的餐具、澡盆等用品。他们托着主君乘坐的轿子向前行进，前后还有许多驮着行李的马匹。把这些因素都考虑进去，说这支巡游队伍有1.5千米一点都不夸张吧。

然后，我们来求巡游队伍的行进速度。从加贺藩藩主的居城出发，金泽城到江户的距离约为480千米。已知需要花上12—13天的时间，480千米 ÷12天 = 40千米，可知一天大概行进40千米（40000米）。假设1天步行10小时，40000米 ÷10小时 = 4000米，步行速度为每小时行进4000米（4千米）。

10月

想一想

巡游队伍通过的时间

现在，我们终于要来求巡游队伍的通过时间了。因为每小时行进4000米，计算4000米 ÷60分，所以每分钟步行约67米。队伍长度为1500米，1500÷67 = 22.388059，巡游队伍通过时间约为22分钟。对于道路两旁的百姓来说，遇到诸侯巡游队伍，应该会觉得挺麻烦的吧。

迷你便签

这种要求诸侯每隔一年到中央述职的制度，叫作"参勤交代"制度。

买东西我内行！找零的问题

青森县　三户町立三户小学
种市芳丈 老师撰写

现实生活的购物

话不多说，开始我们的问题吧。

【问题1】

> 带着 3 枚 100 日元去买东西。买了 1 个 80 日元的苹果和 1 个 90 日元的卷心菜。那么找零是多少钱？

300 − 170 = 130，所以找回的钱是 130 日元。在数学上貌似是这样的算式，请回归到现实生活，再想一想。当我们购买的东西价格是 80 + 90 = 170 时，就会直接给对方 200 日元。200 − 170 = 30。所以实际上的找零是 30 日元（图 1）。

图1

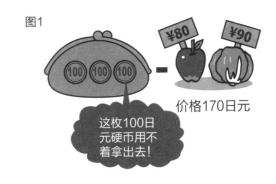

¥80　¥90

价格170日元

这枚100日元硬币用不着拿出去！

考虑硬币的数量

【问题2】

> 商品的总价是 260 日元。钱包里分别有 1 枚 500 日元、1 枚 50 日元、2 枚 10 日元的硬币。那么找零是多少钱？

500 − 260 = 240，这样的答案可能是最先冒出来的。但再一想，钱包里将会是一堆硬币了。240 日元的找零，是 2 枚 100 日元、4 枚 10 日元的硬币，一共是 6 枚。加上钱包里原有的 1 枚 50 日元、2 枚 10 日元，一共就有 9 枚硬币。比最开始的 4 枚硬币还要多上许多。

那么，我们给出 560 日元，再找回 300 日元怎么样？此时钱包里除了 3 枚 100 日元，加上原有的 1 枚 10 日元，一共就有 4 枚硬币。与最开始的硬币数量相同。

因此，在实际生活中，人们找回的零钱是 300 日元（图 2）。

图2

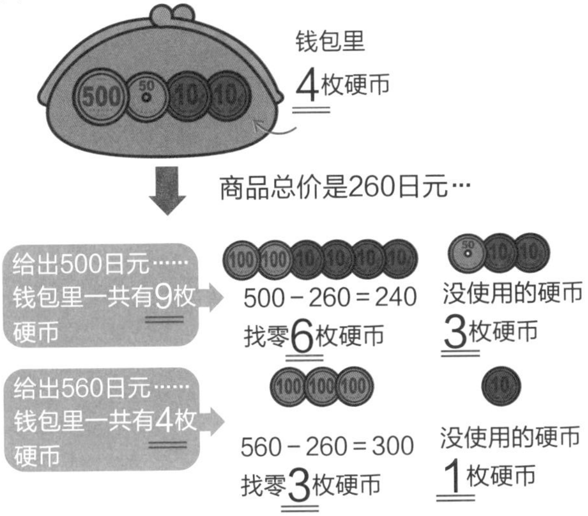

钱包里
4枚硬币

商品总价是260日元…

给出500日元……
钱包里一共有9枚硬币

500 − 260 = 240
找零6枚硬币

没使用的硬币
3枚硬币

给出560日元……
钱包里一共有4枚硬币

560 − 260 = 300
找零3枚硬币

没使用的硬币
1枚硬币

正方体的一个顶点到另一个顶点

学习院小学部
大泽隆之 老师撰写

阅读日期 ✐ 　月　日 | 　月　日 | 　月　日

红线蓝线哪条短？

由 6 个完全相同的正方形围成的立体图形，叫作"正方体"。如图 1 所示，从正方体的顶点 A 到顶点 B，如何画出最短的线路？

如图 2 所示，红线是正方体的面对角线（连接对角的线段）。红线貌似是一条近路，还有更短的路线吗？

有的。从顶点 A 出发，直接沿着 2 条棱到达顶点 B，蓝线的路线更短。如图 3 所示，把正方体的 2 个面展开。红线走了弯路，蓝线是一条直线，所以蓝线更短。

还有更短的线吗？

那么，还有更短的路线吗？让正方体朝我们转过来一点，就发现了。如图 4 所示，在正方体的背面还有一条绿线。如图 5 所示，把正方体的 3 个面展开，马上就能发现是绿线最短。

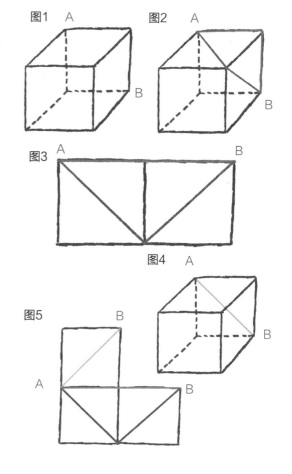

图1　图2　图3　图4　图5

试一试

顶点 A 到顶点 C 的最短路线？

如图 6 所示，正面对着我们的红线，看上去抄的是一条近路。先别急着下结论，我们再来看看蓝线和绿线。比较的方法，就是展开正方体。如图 7 所示，蓝线是一条直线，红线又走了弯路。绿线在哪里？请你画一画。

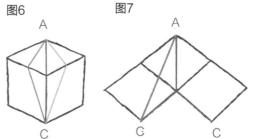

图6　图7

迷你便签

在"试一试"中，我们已经找到了最短的线路。真的吗？其实还有一条更短的线路哦。比起在正方体的面上行走，正方体内的直行将更迅速。穿过正方体中间，体对角线就是最短的路线。大家画一画，体会这条体内的线路吧。

找出假币吧

御茶水女子大学附属小学
冈田纮子老师撰写

一共要称量几次？

手上有8枚硬币。其中，有1枚假币，它比真币要重一点。请大家使用天平，将这枚假币找出来吧（图1）。

2次就能发现假币？

首先，将8枚硬币分成3组，3枚、3枚、2枚。然后，把3枚和3枚这2组放在天平上。如果这时的天平保持平衡，那么假币一定就在剩下的2枚硬币之中。把1枚和1枚放在天平上，重的那枚就是假币（图2）。

图1

混入了1枚假币

图2

3枚　平衡　3枚

假币就在这2枚硬币之中？！

剩下2枚

右边重　假币！！

图3

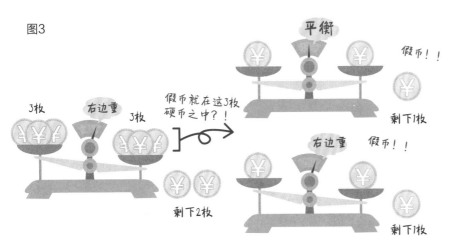

3枚　右边重　3枚

假币就在这3枚硬币之中？！

剩下2枚

平衡　假币！！

剩下1枚

右边重　假币！！

剩下1枚

如果最初站上天平的某一组3枚硬币出现了倾斜，那么假币就在这3枚硬币之中。在3枚硬币中选择2枚，把1枚和1枚放在天平上。如果天平保持平衡，假币就是剩下的那枚；如果天平倾斜，重的那枚就是假币。因此，称量2次就能发现假币（图3）。

迷你便签

如果12枚硬币中藏着1枚假币，需要称量几次能够发现假币？大家可以试一试哦，称量3次就能找出假币了。

计算中的数学

能被 1—6 整除的整数

10月 26日

青森县　三户町立三户小学
种市芳丈 老师撰写

阅读日期　月　日　月　日　月　日

答案真的简单嘛

这是一个除法的问题。有一个整数，能被 1-6 的任意数整除。这个整数最小是多少？

很简单！一些小伙伴可能想到了，把 1-6 的数都相乘就可以了。他们的理由是，除法就是乘法的逆运算。

$1×2×3×4×5×6 = 720$。哎呀，这个整数挺大的。因为求的是最小的整数，所以对于 720 还是没有把握，那就先用 720 的一半试试吧。$360÷1 = 360$，$360÷2 = 180$，$360÷3 = 120$，$360÷4 = 90$，$360÷5 = 72$，$360÷6 = 60$。经过验证，360 可以被 1—6 整除。

图2

$$1×2×3×2×5×7×2×3 = 2520$$

能被1整除…1个1
能被2整除…1个2
能被3整除…1个3
能被4整除…2个2
能被5整除…1个5
能被6整除…1个2、1个3
能被7整除…1个7
能被8整除…3个2
能被9整除…2个3
能被10整除…1个2、1个5

图1　$1×2×3×\underline{4}×5×\underline{6}=720$

$$=1×2×3×(2×2)×5×(2×3)$$

能被4整除…2个2
能被6整除…1个2，1个3

$$1×2×3×2×5=60$$

还有更小的数吗？

再来仔细观察一下 $1×2×3×4×5×6$。其中，4 可以表示为 $2×2$，6 可以表示为 $2×3$，算式可以表示为 $1×2×3×(2×2)×5×(2×3)$。这个算式能被 4 整除，需要保证有 2 个 2，能被 6 整除，需要有 1 个 2 和 1 个 3。因此在算式中，多了 2 个 2 和 1 个 3。把算式整理之后，就是我们求的答案了。

能被 1—6 整除的整数中，最小的整数是，$1×2×3×2×5 = 60$。比想象的还要小一点。

326

10月

迷你便签
能被 1—10 整除的最小的数是什么？如图 2 所示，列出所有算式，进行判断吧。（答案是 2520。）

3人加起来是多少岁？
发现规律

神奈川县　川崎市立土桥小学
山本直老师撰写

阅读日期✐　　月　日　｜　月　日　｜　月　日

把3人的年龄加起来……

小学三年级的小A今年9岁，他有一个12岁的哥哥和一个4岁的妹妹。把3人的年龄

加起来，是多少岁？这个问题一点都不难，只用把3人的年龄加起来就可以了。12 + 9 + 4 = 25，3人加起来是25岁。

	今年	1年后	2年后	3年后	4年后	5年后	6年后	7年后	
哥哥	12	13	14	15	16	17	18	19	
小A	9	10	11	12	13	14	15	16	
妹妹	4	5	6	7	8	9	10	11	
总计	25	28	31	34	37	40	43	46	

3人加起来是100岁？

那么经过多少年之后，兄妹三人的年龄之和会是100岁？如下表所示，我们把多年后大家的年龄列出来。3人的年龄之和，1年后是28岁，2年后是31岁，3年后是34岁。我们可以把这个表继续填下去，让年龄之和达到100岁，不过太麻烦了。

还有简单点的方法吗？我们可以从年龄之和上，找一找增长规律。每过一年，3人的年岁之和就增长3岁。从今年的25岁到100岁，100 − 25 = 75，一共增长了75岁。75÷3 = 25，25年之后兄妹三人的年龄之和就到了100岁。

我们来验证一下。

25年之后，哥哥的年纪变成了12岁 + 25岁 = 37岁，小A的年纪变成了9岁 + 25岁 = 34岁，妹妹的年纪变成了4岁 + 25岁 = 29岁。37 + 34 + 29 = 100。25年之后，兄妹三人的年龄之和就等于100岁。

想一想

年龄之和是9岁的话？

小A今年9岁，当3人的年龄之和回到9岁的时候，又是多少年前？用相同方法思考，25 − 9 = 16，16不能被3整除……那么年龄之和9岁是不存在的吗？

	今年	1年前	2年前	3年前	4年前	5年前	6年前
哥哥	12	11	10	9	8	7	6
小A	9	8	7	6	5	4	3
妹妹	4	3	2	1	-	-	-
总计	25	22	19	16	13	11	9

每年减3岁 →

↖ 从这里开始每年减2岁

从今年回溯到4年前的时间段，的确是每年减3岁。5年前妹妹还没有出生，每年就只用减去2岁了。6年之前，兄妹三人的年龄之和是9岁。

迷你便签

通过寻找数字增加或减少的规律，可以让问题化繁为简，有助于我们发现结果。

三角形的内角和是多少呢

熊本县　熊本市立池上小学
藤本邦昭 老师撰写

阅读日期　　月　日　　月　日　　月　日

没有量角器也能知道

让一支小铅笔沿着三角形 ABC 的边移动。如图 1 所示，小铅笔从顶点 A 开始出发。

首先，让小铅笔从顶点 A 移动到顶点 B。

当笔尖接触到顶点 B 时，让小铅笔顺时针转身，转向顶点 C 移动（图2）。

当笔尾接触到顶点 C 时，再让小铅笔顺时针转身，转向顶点 A 移动（图3）。最后，当笔尖接触到顶点 A 时，让小铅笔顺时针再次转身，就回到了出发时的位置（图4）。

但是很明显，小铅笔的朝向和出发的时候已经发生了变化。方向正好相反，也就是说转了 180 度。因此，三角形的内角和是"180 度"。

图1

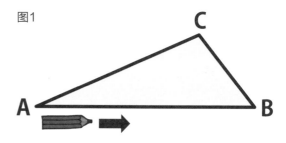

图2

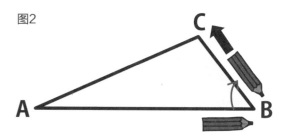

图3

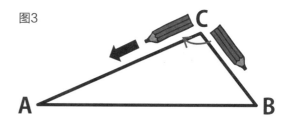

10月

图4

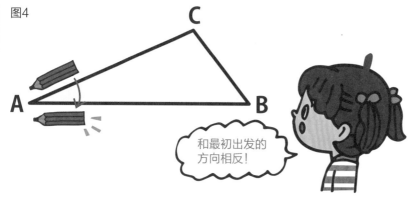

和最初出发的方向相反！

那么四边形又是怎样的情况呢？和三角形一样也是转半圈吗？经过小铅笔的实验，发现它整整转了一圈。因此，四边形的内角和是 360 度。

不同的计算，相同的答案

神奈川县　川崎市立土桥小学
山本直老师撰写

"＝"（等号）的意思

相等，是数学中最重要的关系之一。当一个数值与另一个数值相等时，用等号"＝"来表示它们之间的关系。如图①算式所示，等号左侧（3×6）与右侧（18）相等。如图②算式所示，等号两侧算式的答案相等。

① $3 \times 6 = 18$

② $3 \times 6 = 9 \times 2$

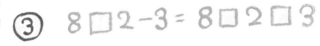

③ $8\ \square\ 2 - 3 = 8\ \square\ 2\ \square\ 3$

那么，再来看一看图③的算式。等号两侧的算式中，出现的数字都相同。通常来说，不同的计算会带来不同的答案。但在今天的挑战中，请试着在□中填入 +、–、×、÷ 符号，让不同的计算，带来相同的答案吧。

试一试不同的符号

现在左侧算式的□中填入各种符号，并进行计算。填入 + 等于7，填入 – 等于3，填入 × 等于13，填入 ÷ 等于1。想要左右相等，需要在右侧算式的□中再下功夫。其中，右边的□全部填入 + 的时候，答案也是13。即，$8 \times 2 - 3 = 8 + 2 + 3$。

试一试

填入符号使等式成立

请在□中填入 +、–、×、÷ 符号，让不同的计算，带来相同的答案吧。大家还可以自己出题，和小伙伴一起玩哦。

$$8\ \square\ 4\ \square\ 1 = 8\ \square\ 4\ \square\ 1$$
$$10\ \square\ 2\ \square\ 4 = 10\ \square\ 2\ \square\ 4$$
$$16\ \square\ 8\ \square\ 3 = 16\ \square\ 8\ \square\ 3$$

〈答案〉
$$8 - 4 - 1 = 8 \div 4 + 1$$
$$10 + 2 + 4 = 10 \times 2 - 4$$
$$16 - 8 - 3 = 16 \div 8 + 3$$

迷你便签

为什么"$6 + 2 + 2 = 6 + 2 \times 2$"能够成立呢？因为根据四则运算规定，运算顺序先"×""÷"，后"＋""—"。

这也是视错觉吗①

30日

御茶水女子大学附属小学
久下谷明老师撰写

阅读日期 月 日 | 月 日 | 月 日

图1
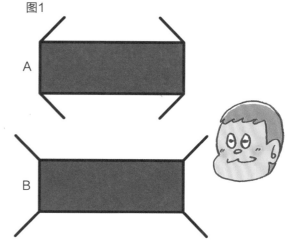

神奇的视错觉

如果把 10 月 10 日的"10 10"向右转 90 度，是不是很像一双眉毛和眼睛？因此在日本，把这一天定为"爱眼日"。你还记得在那一天学习的内容吗？在"爱眼日"谈眼睛会骗人的事，这很有意思。

今天，我们就继续讲一讲关于视错觉的那些事。欢迎来到视错觉的神奇世界。

图2
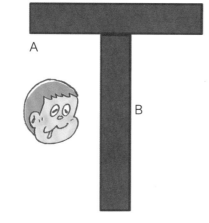

哪一个更大（长）？

眼前是美味的羊羹（图1）、长崎蛋糕（图2）和年轮蛋糕（图3）。每个种类都有 2 块，那么就挑大（长）的来吃吧。

每个种类的 A 和 B 中，比一比尺寸。

乍一眼看去，你认为哪个更大（长）？

保持你的猜想，然后用尺子来量上一量吧。

图3
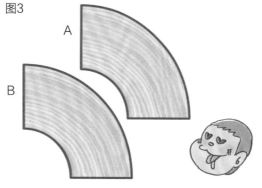

想一想

答案在这里！

经过尺子的确认，大家都知道 A 和 B 的大小是相同的了。不过眼睛确实和我们开了个玩笑，感觉上是 B 比较大。视错觉真的很有意思。

人们常见的错觉有大小错觉、形状错觉、方位错觉、形重错觉、倾斜错觉、运动错觉和时间错觉等。经典的视错觉图往往会以发现者来命名。图1：缪勒-莱尔错觉；图2：菲克错觉；图3：贾斯特罗错觉。

图表中看到的爆炸信息量

大分县　大分市立大在西小学
二宫孝明老师撰写

数学家与面包店

生活中，我们经常看到曲线图、折线图、扇形图、条形图、柱状图等图表。在这些图表中，可以非常清楚地看到数量的大小和变化。下面我们要讲一个利用图表识破诡计的故事。

一家面包店的招牌产品是"1千克面包"。数学家经常来买这款面包，但他怀疑面包其实没有达到规定的重量。于是，数学家将每次购买的面包进行称重，并制作出了一张面包重量图（图1）。

图1
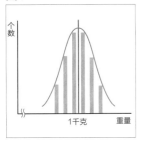
记录每次面包的重量，制作出曲线图。

图2
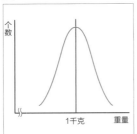
"1千克面包"重量分布的高峰位于1千克。

用图表识破诡计

面包店每天要烤制许多面包，面包的重量多多少少会有上下的波动，在制作"1千克面包"时也是一样。如图2所示，"1千克面包"的实际重量会像一座小山那样分布。如图3所示，这家面包店出售的面包重量是以950克为基准，偷工减料了整整50克。

数学家发现了面包店的伎俩，把这张图表拿到了店家的面前。从此以后，数学家买到的面包就都没有缺斤少两了。但他仔细一看面包重量记录表，又发现了店家的猫腻。

如图4所示，面包店依旧制作着偷工减料的面包，但是他们会挑出1千克及以上的面包，卖给精明的数学家。数学家再一次用图表，发现了面包店的骗局。

图3
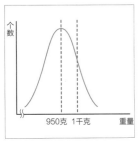
"950克面包"重量分布的高峰位于950克。

图4
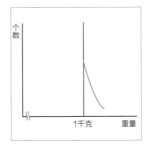
因为只选择1千克及以上的面包，所以小山的左边消失了。

迷你便签

这种两头低、中间高、左右对称，像小山又呈钟形的曲线，叫作"正态分布"曲线图。

在这个照相馆，我们会给大家分享一些与数学相关的、与众不同的照片。

带你走进意料之外的数学世界，品味数学之趣、数学之美。

照片由Bridgeman Images／Afro提供

数字中的魔力

魔方阵不仅仅是益智游戏

古时候的欧洲人认为，在数字中蕴含着一股神秘的力量。在那个时代，人们相信是神创造了包括人与自然在内的万事万物。因此当大家发现，运用数学和数学思维能够解释自然界中的神奇形状时，他们也就相信了一件事：领悟数，就是靠近神的行为。如上图所示，这是10月6日介绍的铜版画《忧郁Ⅰ》，可能在这幅画中就透露出时人对于数的理解。

高大健壮的天使手持圆规，托腮苦思。在她的背后，四阶魔方阵就镶嵌在屋墙上。对于当时的人们来说，魔方阵可能就相当于现代的纸符。

贺年明信片的发售日

青森县　三户町立三户小学
种市芳丈老师撰写

阅读日期　月　日　｜　月　日　｜　月　日

1万日元能买到150张？

去买150张贺年明信片

OK!

今天是贺年明信片的发售日（每年的发售日稍有不同）。

于是，妈妈让吉武去邮局买一些贺年明信片。妈妈拿出1万日元递给吉武，说："去买150张52日元的明信片。"吉武心想："1万日元够不够呢？"他本打算用笔算来确认一下，但是身边没有纸也没有铅笔。那么，就只有口算了。如果是你，会如何进行口算呢？

可以把150分解为100和50

52×150
∧
100 50

52×100=5200
52×50=2600
5200+2600=7800

52×100
的一半

图1

可以把52分解为50和2

52×150
∧
50 2

50×150=7500
2×150=300
7500+300=7800

100×150
的一半

图2

3种口算的方法

·吉武的口算方法①

进行 52×150 的运算时，可以把 150 分解为 100 和 50。52×100 = 5200。52×50 是52×100 的一半，即 2600。因此，52×150 = 5200 + 2600 = 7800（日元）（图1）。

·吉武的口算方法②

进行 52×150 的运算时，可以把 52 分解为 50 和 2。50×150 是 100×150 = 15000 的一半，即 7500。2×150 = 300。因此，52×150 = 7500 + 300 = 7800（日元）（图2）。

·吉武的口算方法③

进行 52×150 的运算时，可以把 52 除以 2，把 150 乘以 2。52÷2 = 26。150×2 = 300。因此，52×150 = 26×300 = 7800（日元）（图3）。

1万日元是足够的。于是，吉武安下心来，带着妈妈的任务出门去了……

52除以2，150乘以2

52×150
÷2↓ ↓×2
26×300
26×300=7800

图3

迷你便签　1张公益贺年明信片售价57日元，1枚公益贺年邮票售价55日元（截至2015年11月）。那么，同样用1万日元可以买到150张公益贺年明信片或邮票吗？别拿纸笔，请口算看看吧。

表示单位的日文汉字

岩手县　久慈市教育委员会
小森笃老师撰写

m 和 g 的汉字是什么？

你知道长度单位"m"的汉字是什么吗？很简单，就是"米"。此外，"g"的汉字是"克"，"L"的汉字是"升"。而在日本，"g"的汉字是"瓦"，"L"的汉字是"立"。

你知道吗，在日本还分别有和"km（千米）"和"mg（毫克）"对应的汉字哦。"km"的汉字是"粁"，"mg"的汉字是"瓱"。

汉字的组成部分！

让我们仔细观察这些日文汉字的组成奥秘。"1km = 1000m"，"1g = 1000mg"。不难发现，"粁"是从"米（m）"而来，"瓱"是从"瓦（g）"而来。

根据这种规律，请猜一猜"mm"和"kg"的日文汉字吧（图1）。

怎么样，就是要在字中加"千"和"毛"对不对。再来想一想"千升（kL）"和"毫升（mL）"的日文汉字吧（图2）。

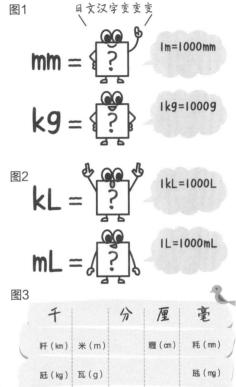

图1
日文汉字变变变

mm = { ? }　　1m=1000mm

kg = { ? }　　1kg=1000g

图2

kL = { ? }　　1kL=1000L

mL = { ? }　　1L=1000mL

图3

千		分	厘	毫
粁（km）	米（m）		糎（cm）	粍（mm）
瓱（kg）	瓦（g）			瓱（mg）
竏（kL）	立（L）	竕（dL）		竓（mL）

想一想

你知道和制汉字吗？

120多年前，"米·克·升"等单位名称从西方传入日本。当时，日本翻译为"米·瓦·立"。同一时期引入的单位名称还有"千米·厘米·毫米"等。对于它们，日本并没有合适的汉字。于是，便出现了"粁·糎·粍"等根据中国汉字造字法中的会意或形声造字法所造出来的字。诞生于日本的原创汉字，叫作"和制汉字"。

轻松解决了吧？继续来。"厘米（cm）"和"分升（dL）"自然也有对应的日文汉字。"cm"的汉字是"糎"，"dL"的汉字是"竕"。如图3所示，已经给大家整理好了汉字表。

迷你便签

"粁、糎、粍、瓱、瓱、竏、竕、竓"等单位名称也是中国近代对公制单位的旧译，现已废除，而日本仍使用。如图3所示，空格部分对应的单位其实也是存在的。比如，"厘升"这个单位虽然在日本不常使用，但在欧美常见于饮料或果酱的标签上。

计算中的数学

有意思！和是 1 的 分数运算

青森县　三户町立三户小学
种市芳丈老师撰写

阅读日期✎　　月　日　｜　月　日　｜　月　日

图1

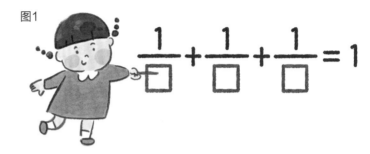

分数运算，我能行

如图 1 所示，请在□中填入整数。

"很简单，□里填 3！"回答这个答案的小伙伴，首先肯定是合格了。从合格到优秀，还有 2 个答案的距离。来试着找一找吧。

想要简单地解题，就来看看手上的指针式电子表吧。首先在表盘上，找出分子是 1 的分数。比如，$\frac{1}{2}$ 代表表盘上的 6 的大小，$\frac{1}{3}$ 代表表盘上的 4 的大小，$\frac{1}{4}$ 代表表盘上的 3 的大小，$\frac{1}{6}$ 代表表盘上的 2 的大小，$\frac{1}{12}$ 代表表盘上的 1 的大小（图2）。

分数思考，用手表

看一看手表，想一想分数，我们就能够知道□里要填什么了。假设，我们往左边的□填入 2，中间的□填入 4，那么右边的□就填入 4。如果往左边的□填入 2，中间的□填入 3，右边的□就填入 6（图3）。

面对算式，我们有时候不能够马上得出结论。这时，使用图来进行思考，可能会出现解题的捷径。当你遇到这样的困扰，不妨来试一试吧。

图2

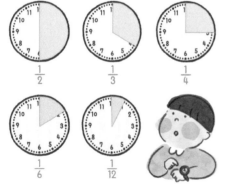

图3

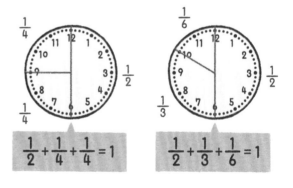

迷你便签

古埃及人使用分数的方法很有趣，他们只有分子是 1 的分数。比如，他们会将 $\frac{5}{6}$ 表示为 "$\frac{1}{2}$ + $\frac{1}{3}$"。

一共有几道折痕呢

岩手县　久慈市教育委员会
小森笃老师撰写

阅读日期　　月　日　│　月　日　│　月　日

把纸对折的话……

如图1所示，请将一张纸条对折数次，然后展开来。对折1次时，纸条的折痕是1道。对折2次时，纸条的折痕是3道。对折3次时，纸条的折痕是7道。对折5次时，纸条折痕有多少道？

我们可以用纸折一折，在实际操作中找出答案。不过大家要注意，一张复印纸大概是0.1毫米，在对折5次后厚度会达到3.2毫米。对折次数越多，难度就越大。我们还是加把劲儿把规律找出来吧。

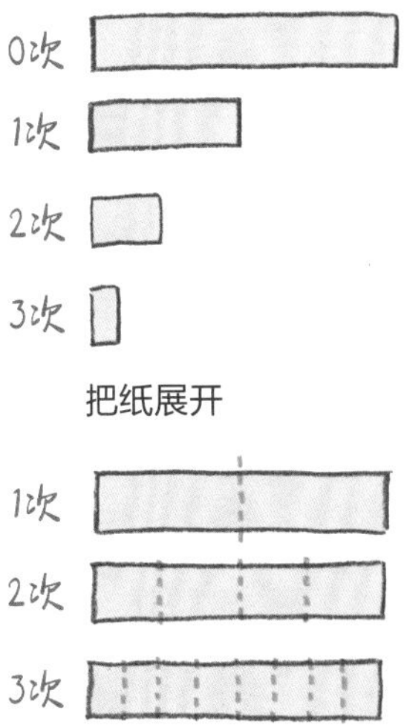

把规律找出来

如图1所示，经过1次对折后，被折痕分隔开来的部分有2个。经过2次对折后，被折痕分隔开来的部分有4个。3次对折

图1

0次
1次
2次
3次

把纸展开

1次
2次
3次

表1

对折次数	1	2	3	4	5
折痕数量	1	3	7	？	？
分隔部分	2	4	8	16	32

×2　×2　×2　×2

表2

对折次数	1	2	3	4	5
折痕数量	1	3	7	15	31

+2　+4　+8　+16

后，被折痕分隔开来的部分有8个。可以看出来，被折痕分隔的部分的数量是成倍增长的。

折痕数量等于被折痕分隔的部分的数量减去1。如表1所示，对折5次后，被折痕分隔的部分的数量是32个，所以折痕数量是32－1，答案是"31"。

这时，我们也可以找到折痕数量的增长规律了。如表2所示，折痕每次增加的数量，都是前一次的2倍。因此，对折6次后的折痕增加数量，是对折5次后的折痕增加数量的2倍，即16×2 = 32。经过6次对折，折痕数量达到31 + 32 = 63。

那么对折6次后，被折痕分隔的部分的数量将达到64个。

迷你便签

被折痕分隔的部分的数量成倍增长，且折痕数量等于被折痕分隔的部分的数量减去1，所以折痕数量通过以下公式求得：[（2×2×…（2的个数等于对折次数）…×2）－1]。

2 生活中的数学

印度诞生的 便利算法 "三数法"

11月
05日

大分县　大分市立大在西小学
二宫孝明老师撰写

阅读日期　月　日　月　日　月　日

印度诞生的三数法

从古时开始，印度人便擅长计算。诞生于印度的"三数法"，就是一个非常便利的运算方法，它通过已知的 3 个数，就可以求出答案。通过下面这道问题，我们一起揭开"三数法"的面纱吧。

"12 个橘子可以换到 5 个苹果，那么 36 个橘子可以换到多少个苹果？"在这道题目中，出现了"12、5、36"这 3 个数。三位数的规则是："不同类型的数相乘，再除以相同类型的数。"我们想知道的是，36 个橘子可以换到的苹果数量，所以先让 36 个橘子乘以 5 个苹果。然后，再除以 12 个橘子。算式列为 36×5÷12 = 15。可以得出，36 个橘子可以换到 15 个苹果。

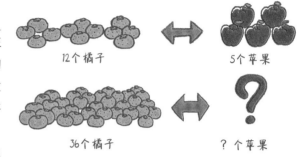

12个橘子　　5个苹果

36个橘子　　? 个苹果

$$36 \times 5 \div 12 = 15$$

通过"12、5、36"这3个数求得答案。

被称为"黄金法则"

三数法是怎么诞生，又可以运用在哪些场合呢？在 16 世纪，有许多商船来往于印度与欧洲。西方人想购买印度的特产，但他们的货币却不能使用。于是，在以物易物的时候，人们就开始使用三数法。

后来，三数法传入日本、欧洲，被称为"黄金法则"。

用"三数法"解题

请用"三数法"计算下面的问题。"8 颗糖果 240 日元，14 颗糖果售价多少日元？"糖果个数 14 乘以价格 240，然后除以个数 8。可得 14 颗糖果售价 420 日元。

11月

从古时开始，印度的数学研究之风便十分盛行。标准的数字 0 和"十进制计数法"都诞生于印度（见 8 月 31 日）。感兴趣的小伙伴，可以调查一下印度的数学史哦。

洞穴里有多少水

测量中的数学

神奈川县　川崎市立土桥小学
山本直 老师撰写

11月06日

阅读日期　　月　日　｜　月　日　｜　月　日

从前的脑筋急转弯

从前，有这样一道脑筋急转弯。

"在长 1 米、宽 1 米、深 1 米的洞穴中，一共有多少土？"

正确答案居然是"0"哦。想一想其实有道理，洞穴里应该是空空的。如果填上了土，那么洞穴的称呼也不复存在了。当我们听到"有多少"这个字眼时，就会下意识地去计算洞穴的空间里可以填上的土量，于是就上当啦。

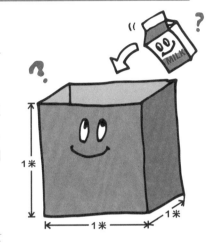

如果灌入很多的水

那么，如果往这个洞穴里灌水，一共可以灌多少水？正确答案是 1000 升，等于 1000 盒 1 升的盒装牛奶。

再来，如果往洞穴里放入长、宽、高都是 1 厘米的骰子，一共可以放多少个呢？首先，长 1 米等于长 100 厘米，也就是说，洞穴的长度等于 100 个骰子的长度。以此类推，洞穴的宽度等于 100 个骰子的宽度，洞穴的深度等于 100 个骰子的高度。100 × 100 × 100 ＝ 1000000（100 万）。洞穴里一共可以装 100 万个骰子，这洞可够大的呀。

记一记

表示容积的单位

在净水厂、水务局、游泳馆等地方，将"长 1 米、宽 1 米、深 1 米"水的体积，表示为 1 立方米。那么，我们可以认为长 25 米、宽 15 米、深 1 米的游泳池里，有 375 个 1 立方米的水。因为 1 立方米的水等于 1000 盒 1 升的盒装牛奶，如果要用牛奶装满这个游泳池，就要用掉整整 375000 盒 1 升的盒装牛奶。

迷你便签　　在长度、面积、体积、容积等方面，可以用某一个单位大小为基准，来描述其他物体。

339

决定胜负的招数就是看 "余"！这就是日本药师算

熊本县 熊本市立池上小学
藤本邦昭 老师撰写

阅读日期📖 月 日 | 月 日 | 月 日

猜到围棋子的总数

准备一些围棋子和弹珠。

让小伙伴背过身去，用12颗以上的围棋子围成一个正方形，大小随意（图1）。

然后，保留正方形的一边，把其他的围棋子打散（图2）。按照保留的那一边，摆好围棋子（图3）。

图1

＼一边摆6个／

图2

图3

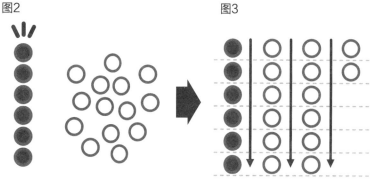

保留左侧的一边

根据左侧摆好围棋子

观察围棋子的最右侧（第4列），把多余的围棋子数量告诉小伙伴。如图4所示，就可以告诉小伙伴，剩余的围棋子是"2个"哦。

根据围棋子的剩余数量，就可以猜到组成正方形的围棋子总数。

猜对数量的方法

知道了围棋子的剩余数量，可以通过下面的算式，来计算出围棋子的总数。
（剩余数量）×4 + 12。

当剩余的围棋子是2个的时候，2×4 + 12 = 20。组成正方形的围棋子一共有20个。

图4

剩余的围棋子是2个唔

唔…

药师琉璃光如来，简称药师如来、琉璃光佛、消灾延寿药师佛，为东方净琉璃世界的教主。
药师如来有"十二"大愿，门下有"十二"夜叉神将，与"12"这个数缘分颇深。因此在日本，就把与"12"关系密切的数学游戏，称为"药师算"。

迷你
便签

条形码中的秘密

08 日

高桥丈夫 老师撰写

阅读日期 📝　月　日　｜　月　日　｜　月　日

结账时常常看到它

大家对条形码都不陌生吧。条形码，是将宽度不等的多个黑条和白条，按照一定的编码规则排列，用以表达一组信息的图形标识符。

如图1所示，有10个格子，每个格子分别可以表示0—1023的数。而每个数字的背后，显示着物品的生产国、制造厂家、商品名称、生产日期、图书

分类号、邮件起止地点、类别、日期等信息。当"滴"的清脆声音响起，商品的所有信息也随之被读取了，因而条形码在商品流通、图书管理、邮政管理、银行系统等许多领域都得到广泛的应用。

图1

图2

1号 ➡

2号 ➡

3号 ➡

4号 ➡

5号 ➡

图3

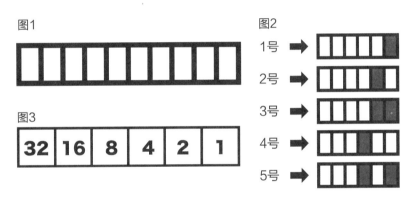

| 32 | 16 | 8 | 4 | 2 | 1 |

条形码还可以运用在学号的表示上。假设一个班级有40人，那么6位条形码就可以描述40个学号了。如图2所示，这是1号到5号的条形码。

如图3所示，条形码的每一位上都藏着一个数字。

条码里有许多信息

仔细观察，我们可以发现在商品条形码上，条码下方的数字也有着明显的含义。商品条码数字一般由前缀部分、制造厂商代码、商品代码和校验码组成。在日本，比较常见的条码数字是13位和8位。

前缀码是用来标识国家或地区的代码，赋码权在国际物品编码协会，如45、49代表的就是日本。也就是说，当我们在一件商品的条码数字的前两位看到45或49时，就可以知道这件商品的产地是日本了。

迷你便签

随着时代的发展，诞生了更多信息更少空间的二维码。二维码呈正方形，常见的是黑白两色。在3个角落，印有像"回"字的正方图案。这3个是帮助解码软件定位的图案，用户不需要对准，无论以任何角度扫描，数据仍可正确被读取。

游戏中的数学

九九乘法表的益智游戏时间

11月 09日

神奈川县　川崎市立土桥小学
山本直 老师撰写

阅读日期 　月　日　｜　月　日　｜　月　日

又到了熟悉的九九乘法表时间，开始今天的益智游戏吧。

准备材料 ▶九九乘法表 ▶剪刀

乘 数

✕	1	2	3	4	5	6	7	8	9
1	1	2	3	4	5	6	7	8	9
2	2	4	6	8	10	12	14	16	18
3	3	6	9	12	15	18	21	24	27
4	4	8	12	16	20	24	28	32	36
5	5	10	15	20	25	30	35	40	45
6	6	12	18	24	30	36	42	48	54
7	7	14	21	28	35	42	49	56	63
8	8	16	24	32	40	48	56	64	72
9	9	18	27	36	45	54	63	72	81

（乘数）

● 九九乘法表的益智游戏时间

首先，我们要准备一下益智游戏的道具。如右图所示，沿着九九乘法表里的粗线剪成一块块。在日本的九九乘法表，81组积的81项口诀都需要学习。

这部分不需要

● 回归完整的九九乘法表

现在，我们来介绍一下游戏的玩法。首先，将九九乘法表的小方块打乱。然后，将小方块恢复到九九乘法表的样子。当完整的九九乘法表出现时，游戏结束。

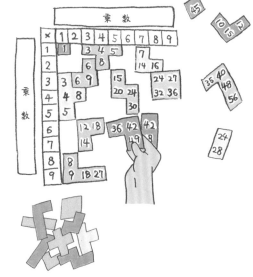

● 小方块怎么摆

牛刀小试，先来摆一摆小方块 A ~ C 吧。

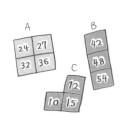

● 嗨，小方块 A

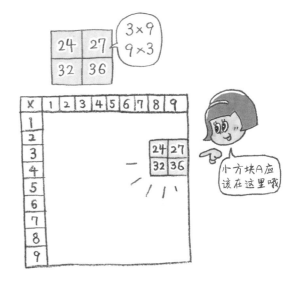

注意到小方块 A 里的 27，它可以表示为 3×9 和 9×3。因此，27 在 3 段或 9 段的位置。

再来看看 27 隔壁的 24，24 和 27 相差 3，所以它们都在 3 段。如右图所示，小方块 A 就在这里哦。

小方块A应该在这里哦

● 哟，小方块 B

注意到小方块 B 里的 42，它可以表示为 6×7 和 7×6。因此，42 在 6 段或 7 段的位置。

再来看看 42 下面的 48，42 和 48 相差 6，所以它们都在 6 段。如右图所示，小方块 B 就在这里哦。

小方块B应该在这里哦

● 哇，小方块 C

注意到小方块 C 里的 12，它可以表示为 3×4 和 4×3，2×6 和 6×2。因此，12 在 3 段、4 段、2 段或 6 段的位置。

再来看看 12 下面的 10 和 15。10 和 15 相差 5，所以它们在 5 段。那么，12 就在 4 段。如右图所示，小方块 C 就在这里哦。

小方块C应该在这里哦

迷你便签　在九九乘法表中，当遇到 25、49、64 等只出现一次的数字时（按照 81 组积、81 项口诀的法则），就是益智游戏的关键点。请想一想包含这些数的小方块应该摆在哪里吧。

图形的持续形态！
分母成倍增长

学习院小学部
大泽隆之 老师撰写

以图形来思考运算

$\frac{1}{2} + \frac{1}{4} + \frac{1}{8} + \frac{1}{16} +$ ……的答案是什么？这个问题有难度，它是一个没有结束的运算。

但是，当我们以图形来思考这道题目的时候，可能会更容易发现答案。

首先，将一个图形作为 1。然后，用橙色画出这个图形的 $\frac{1}{2}$，$\frac{1}{4}$，$\frac{1}{8}$。

涂完橙色之后，图形的这一部分表达的就是 $\frac{1}{2} + \frac{1}{4} + \frac{1}{8}$。

接着，我们来涂 $\frac{1}{16}$ 的部分。于是我们可以发现，颜色越涂越满，也就是越来越接近 1。

大家都明白了吧？

给剩下部分的一半涂上橙色，就越来越接近1了

这道没有结束的运算，它的远方是什么呢？是无限接近 1 的情况。

如图 1 所示，除了长方形、正方形，大家也可以用等腰直角三角形来思考这个问题。

同样，我们在这个图形里，也看到了无限接近 1 的情况。

给剩下部分的一半涂上橙色，就越来越接近 1 了。

图1

迷你便签

在这个等腰直角三角形上涂色，看看会有什么发现吧。和家人、小伙伴还可以挑战一下其他的图形哦。

11月

计算中的数学

拔地而起的数字金字塔

11月

11日

岛根县　饭南町立志志小学
村上幸人 老师撰写

阅读日期 　月　日 ｜ 　月　日 ｜ 　月　日

只有 1 的乘法

今天是 11 月 11 日。看到整整齐齐的 4 个 1，思如泉涌。那么，我们先来算算 11×11 吧。答案是什么？没错，是 121。

再来试试 111×111 吧。答案是 12321。继续来，1111×1111 的答案是？

如右图所示，当算式都列出来时，我们不需要计算就可以推断出答案了。"原来可以不用笔算啊。"我们可以这样想着，再进行笔算。因为只有在笔算之后，我们才知道为什么答案的数字可以排列得这么漂亮。

1 × 1	=	1
11 × 11	=	121
111 × 111	=	12321
1111 × 1111	=	1234321
11111 × 11111	=	123454321
111111 × 111111	=	12345654321
1111111 × 1111111	=	1234567654321
11111111 × 11111111	=	123456787654321
111111111 × 111111111	=	12345678987654321

只有 1 的答案

反过来，你可以创造出答案只有 1 的算式吗？"还能有这回事？"别急，首先给大家看一个算式，可以参考参考。

$1 \times 9 + 2 = 11$。

怎么样？答案就是 2 个 1 哦。再来看这个算式：

$12 \times 9 + 3 = 111$。

试一试

计算器来算一算

这几道算式也有着数学魔力哦。当我们使用计算器，发现神奇的答案时，再继续试试更多的算式吧。

A 12345679 × 3 × 9 =

B 12345679 × 2 × 9 =

C 12345679 × 1 × 9 =

笔算也好，口算也好，答案就是 3 个 1 哦。接下来，可以推断出答案是 4 个 1、5 个 1、9 个 1、10 个 1 的人，肯定有着很高的数学推理能力。来看看算式是怎么变化的吧。

$123 \times 9 + 4 = 1111$。

$1234 \times 9 + 5 = 11111$。

$12345 \times 9 + 6 = 111111$。

像变戏法似的，答案都由 1 组成。这个数学魔术，没有动手脚。

迷你便签

使用计算器多多地尝试，可能会有大发现！排列得漂亮的数字肯定还有许多，等着你的发现呢。

挑战汉诺塔益智游戏

御茶水女子大学附属小学
久下谷明老师撰写

当有3个圆盘时

你知道汉诺塔吗？

"汉诺塔"，又称河内塔。汉诺塔益智游戏源于印度一个古老的传说，它的游戏规则如下（图1）。

当圆盘有2个时，从一根柱子移动到另一根柱子，一共需要移动3次（图2）。

当圆盘有3个时，从一根柱子移动到另一根柱子，一共需要移动多少次？挑战最少的方法，快来试试吧。

怎么样？最少需要移动多少次圆盘呢？答案见"迷你便签"。

完成3个圆盘后，就可以继续挑战4个圆盘了！最少需要移动多少次呢？

图1

汉诺塔益智游戏

在印度传说中，印度教的主神大梵天在创造世界的时候做了三根金刚石柱子，在一根柱子从下往上按照大小顺序摞着64片黄金圆盘。大梵天命令婆罗门把圆盘按照相同的大小顺序重新摆放在另一根柱子上。当所有的黄金圆盘都移到另外一根金刚石柱子时，世界将在一声霹雳中尘归于零。移动的时候需要遵守以下规则：

① 三根柱子之间一次只能移动一个圆盘。

② 小圆盘上不能放大圆盘。

图2

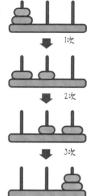

试一试

来做自己的汉诺塔吧

我们可以选择在市面上买汉诺塔益智玩具，也可以自己来做一做哦。用身边的简单材料，就可以完成了。如右侧照片所示，可以把不同颜色的卡纸当成圆盘。当然，也可以用大小不同的橡皮擦代替圆盘。在柱子的位置，没有小木棒，可以用小圆点来代替。这是在家里就可以做、可以玩的汉诺塔哦。

久下谷明／摄

（答案）当圆盘有3个时，从一根柱子移动到另一根柱子，最少需要移动多少次？答案是7次。

这就是 $\frac{1}{4}$ 吗

学习院小学部
大泽隆之 老师撰写

阅读日期 　月　日 ｜ 月　日 ｜ 月　日

折一折，试一试

图1

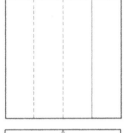

如图 1 所示，请在一张纸中找到 $\frac{1}{4}$。把整体 1 平均分成 4 份，每份就是 $\frac{1}{4}$。

如图 2 所示，我们也可以把黄色部分称为 $\frac{1}{4}$ 吗？

小 A 想了想，认为："黄色部分和白色部分的形状不都相同，所以不能说是 $\frac{1}{4}$。"

不能说是四分之一吧？

小A

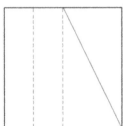

就是一半的一半呀……

小B

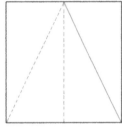

图3

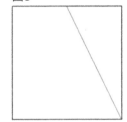

小 B 想了想，回答："黄色部分是这张纸的一半的一半，所以可以说是 $\frac{1}{4}$。"

那么，你赞成谁的想法？

有点糊涂了。

想一想，画一画

擦去辅助线，如图 3 所示，黄色部分是白纸的 $\frac{1}{4}$。

"把整体 1 平均分成 4 份，每份就是 $\frac{1}{4}$。"回看最初的这一句话，部分的形状不同、大小相同也是可以的。

如图 4 所示，加上辅助线，就能清楚地知道黄色部分和其他 1 份的大小相等。

图4

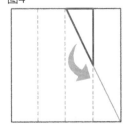

迷你便签

迷茫的时候，就确认一下"大小是不是相同"吧。

打开骰子可以看见吗

北海道教育大学附属札幌小学
泷泷平悠史老师撰写

拆开一个纸制骰子

如图 1 所示，这是一个纸制的骰子。它由 6 个完全相同的正方形围成，有 8 个顶点，12 条棱。在这个纸骰子的制作过程中，是用胶带纸把每个面粘在一起的。那么，如果要拆开这个纸骰子，需要撕掉几处胶带纸呢？

首先，我们把面 A 当成盖子，先打开它。如图 2 所示，这时候就要撕掉 3 处的胶带纸。

打开面 A 之后，就要继续拆开面 B 和面 C。如图 3 所示，每个面撕掉 2 处胶带纸，一共撕掉 4 处胶带纸。

最开始的 3 处胶带纸，加上后面的 4 处，一共是 7 处胶带纸。因此，当我们要把一个纸骰子完全展开的话，需要撕掉 7 处胶带纸。

图1　图2

展开后是什么形状

接下来，我们要观察一下展开后的形状，并进行思考。我们知道，骰子一共有 12 条棱。展开后的骰子，还剩下多少胶带纸？一共有 5 处。

也就是说，12 条棱中减去剩下的 5 处胶带纸，就是撕掉的胶带纸数量。12 - 5 = 7。根据展开的形状，我们也可以发现撕掉的胶带纸是 7 处。

图3

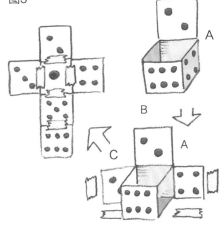

试一试

还有好多发现！

打开纸骰子的方法还有许多哦。大家可以自己做一个纸骰子，然后尝试用其他方法拆开它。记得算一算，用其他方法拆骰子，要撕掉多少处胶带纸吧。

有11种方法可以拆开纸骰子喽！

迷你便签　由 6 个完全相同的正方形围成的立体图形，叫作"正方体"。展开纸骰子的方法一共有 11 种，你可以全部找出来吗？挑战开始。

2 生活中的数学

假话？ 真话？
吊诡的悖论

福冈县　田川郡川崎町立川崎小学
高濑大辅 老师撰写

苏格拉底与柏拉图

悖论，是指一种导致矛盾的命题。悖论（paradox）一词，来自希腊语"paradoxos"，意思是"未预料到的""奇怪的"。如果承认它是真的，经过一系列正确的推理，却又得出它是假的；如果承认它是假的，经过一系列正确的推理，却又得出它是真的。

古今中外有不少著名的悖论，它们撼动了逻辑和数学的基础，激发了人们求知和精密的思考，吸引了古往今来许多思想家和爱好者的注意力。在古希腊，哲学家苏格拉底与柏拉图就进行了这样一段有名的对话。

柏拉图："苏格拉底下面要说的话是真的。"

苏格拉底："柏拉图说的是假话。"

你会相信谁的话？

假设苏格拉底说的是真话，柏拉图说的就是假话。那么，柏拉图最开始说的话就会变得很奇怪。

反过来，假设苏格拉底说的是假话，柏拉图说的就是真话。那么，矛盾又再一次产生了。

像这样的悖论还有许多，同时解决悖论难题需要创造性的思考，悖论的解决又往往可以给人带来全新的观念。

罗素的理发师悖论

英国数学家罗素曾提出著名的"罗素悖论"，也就是"理发师悖论"。

在某个城市中有一位理发师，他的广告词很有趣："本人的理发技艺十分高超，誉满全城。我将为本城所有不给自己刮脸的人刮脸，我也只给这些人刮脸。我对各位表示热诚欢迎！"

有一天，这位理发师从镜子里看见自己的胡子长了，他本能地抓起了剃刀。那么，他能不能给他自己刮脸呢？

如果理发师不给自己刮脸，他就属于"不给自己刮脸的人"，他就要给自己刮脸。

而如果理发师给自己刮脸的话，他又属于"给自己刮脸的人"，与"我也只给这些人刮脸"的广告相矛盾，因此他就不该给自己刮脸。

悖论真是太神奇啦。

柏拉图是苏格拉底的学生，同时他也是亚里士多德的老师。苏格拉底、柏拉图、亚里士多德并称为"古希腊三贤"，他们被后人广泛地认为是西方哲学的奠基者。

神奇的格子算！
用 UFO 来思考

熊本县　熊本市立池上小学
藤本邦昭老师撰写

阅读日期 📝　月　日　｜　月　日　｜　月　日

试一试格子算

　　如图 1 所示，这是一个 4×4 的表格，请在纵横各填入 3 个数字。比如，在纵格子填入 4、5、9，横格子填入 8、7、6。

　　然后，将各个格子的数字相加，把答案（和）再填入格子。

　　如图 2 所示，格子里又填入了 9 个数。

　　准备完毕，UFO 启动中。

UFO 让数字消失了

　　如图 3 所示，在 9 个答案之中，UFO ①号停留在了 "13" 的位置上。然后这架 UFO 向三个方向发射激光束，白光闪现之处，数字皆无可存（图 4）。

　　接下来，又来了一架 UFO ②号，停留在 "16" 的位置。同样，在三个方向的激光束后，数字都消失了（图 5）。最后，UFO ③号停留在了剩下的那个格子 "10" 上（图 6）。

　　现在，我们来计算一下 3 架 UFO 落地位置的数字之和。13 + 16 + 10 = 39。

　　按照这样的规则，如果再让 3 架 UFO 按顺序停留在其他的位置，会发生什么呢？不管 UFO 在哪里着陆，数字之和都是 39 哦！

　　这就是神奇的格子算。

图1

+	8	7	6
4			
5			
9			

↓

图2

+	8	7	6	
4	12	11	10	4+6
5	13	12	11	
9	17	16	15	

↓

图3

+	8	7	6
4	12	11	10
5	①	12	11
9	17	16	15

↓

图4

+	8	7	6
4		11	10
5	①		
9		16	15

↓

图5

+	8	7	6
4			10
5	①		
9		②	

↓

图6

+	8	7	6
4			③
5	①		
9		②	

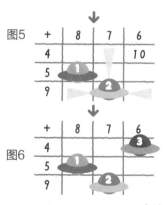

① ② ③　合计
13 + 16 + 10 = **39**

　　3 架 UFO 着陆在 3 个位置上，这 3 个数之和正好等于外侧的 6 个数之和。当我们把外侧数字改变位置，或是直接改变数字，又会发生什么呢？启动 UFO 一探究竟吧。

过山车还不算快吗

东京都丰岛区立高松小学
细萱裕子老师撰写

阅读日期✎ 月 日 │ 月 日 │ 月 日

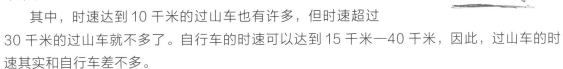

和世界纪录比一比？

体验速度与激情，就在游乐园的人气游乐设施——过山车。过山车的速度到底有多快？

过山车的速度，可以通过"过山车总长÷花费时间"来计算。世界上有各种过山车，它们的时速大概在20千米—30千米。

其中，时速达到10千米的过山车也有许多，但时速超过30千米的过山车就不多了。自行车的时速可以达到15千米—40千米，因此，过山车的时速其实和自行车差不多。

我们知道，目前男子100米的世界纪录，是由尤塞恩·博尔特创造的9.58秒，也就是时速38千米。

平均速度和瞬时速度

什么？以速度与刺激为卖点的过山车，居然跑不过博尔特吗？过山车是没我们想象中的快吗？

其实不是这样的啦。我们之前计算的是平均速度。坐过过山车的小伙伴都知道，过山车的速度不是一成不变的。比如，启动时、接近终点时都是慢慢推进的，速度并不快。变速运动物体的位移与时间的比值并不是恒定不变的，这时我们可以用一个速度粗略地描述物体在这段时间内的运动的快慢情况，这个速度就是平均速度。

与之相对，运动物体在某一时刻或某一位置时的速度，就是瞬时速度。在这种情况下，平均速度达到时速80千米—100千米的物体，它的瞬时速度可能冲破时速170千米。我们乘坐过山车时体验到的惊险与刺激，正是瞬时速度的魅力。

跑步的类型是什么？

在短跑中，人们会测量选手每10米的奔跑时间，求出每段距离的速度。通过速度分析，可以判断出选手的跑步类型，比如"先发型""追赶型"等。

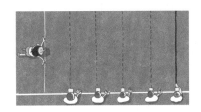

在日本，把7月9日称为"过山车之日"。1955年7月9日，后乐园游乐园（现在的东京巨蛋城游乐园）开园，园中设置了日本第一台过山车。

变多的正方形！揭秘数学魔法

大分县　大分市立大在西小学
二宫孝明老师撰写

开始，制作数学魔术

假设，我们眼前的纸上有 64 个格子。使用一个数学魔法，眨一眨眼，再数一数，居然增加了 1 个格子，变成了 65 个格子。百闻不如一见，耳听为虚眼见为实，现在就来做一做这个数学魔术吧。

首先，准备一张 8×8 的正方形格子纸。如图 1 所示，画出 3 条直线。8×8 的格子纸一共有 64 个格子。

然后，按照之前画出的线将正方形分成 4 份。如图 2 所示，4 个部分可以再组成一个长方形。这时一共有多少个格子呢？ 5×13 = 65，一共有 65 个格子。哎呀！格子怎么多了 1 个，它又是从哪里冒出来的呢？

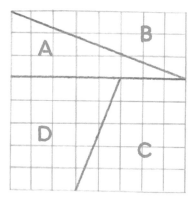

图1　在 8×8 的方格纸上画线，可分为 4 个部分。

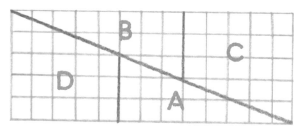

图2　从 8×8 的正方形移动为 5×13 的长方形

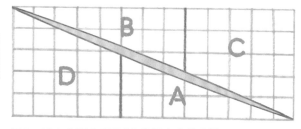

图3　其实中间出现了 1 个格子大小的空隙。

其实，没有增加哦

实际上，从正方形变为长方形的时候，在对角线上藏有猫腻哦。仔细观察对角线的部分，会发现并不是一条直线，由若干条直线撕开了一个小小的空隙。这个空隙的大小，正好就是 1 个格子的大小。也就是说，其实并没有多出来 1 个格子。如图 3 所示，我们将空隙部分扩大，大家就可以更清晰地看明白了。

说一个题外话，今天出现的正方形或长方形的边长长度是 5、8、13 个格子，它们正好都是"斐波那契数列"里的数（关于斐波那契数列，详见 12 月 15 日）。

斐波那契数列，又称黄金分割数列、兔子数列，指的是这样一个数列：1、1、2、3、5、8、13、21……序列中每个数等于前两数之和。在数列中，2 加上 3 得 5，5 加上 8 得 13。

一共有多少条对角线

东京都杉并区立高井户第三小学
吉田映子 老师撰写

阅读日期 📝 　月　日　｜　月　日　｜　月　日

四边形有2条对角线

多边形两条边相交的地方，叫作"顶点"。连接多边形任意两个不相邻顶点的线段，叫作"对角线"。四边形有2条对角线（图1）。

如图1所示，不管是哪种形状的四边形，它的对角线都是2条。

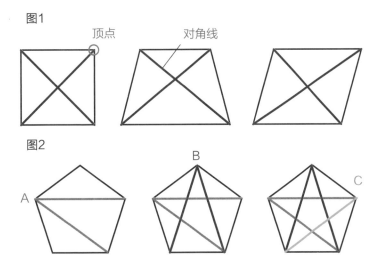

图1
顶点　　　对角线

图2

五边形有几条对角线？

如图2所示，我们再来看看五边形的对角线。

从顶点 A 出发，可以画出2条对角线。从顶点 B 出发，也可以画2条对角线。从顶点 C 出发，还可以画出1条对角线。可知，五边形一共5条对角线。

图2中的五边形，各边相等、各角也相等，因此它是正五边形。正五边形的对角线组成了一个漂亮的五角星。

试一试

挑战一笔画

我们可以用一笔画出五边形的对角线。一笔画出五角星后，在外侧连出线，就会浮现出正五边形。接下来，再试试六边形和七边形，看看它们的对角线能不能一笔画吧。

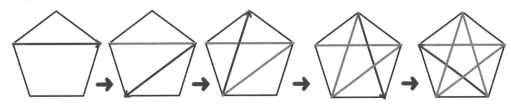

迷你便签

边长数是奇数的多边形，对角线都可以一笔画出来。边长数是偶数的多边形，对角线不能一笔画出来（见1月20日）。

計算中的数学

除法里的"去0"
是怎么回事

11月
20日

东京学艺大学附属小学
高桥丈夫老师撰写

阅读日期 月 日 | 月 日 | 月 日

方便计算的技巧

大家知道除法运算里的小技巧吗?

比如,我们要进行 $780 \div 60$ 的运算时,笔算是最方便的方法。在埋头开始笔算之前,先等上一等。把位数下降,既可以减少运算错误,也可以加快运算速度。

这个小技巧就是让被除数和除数"去0"的方法。

在 $780 \div 60$ 的情况下,就是去掉 780 的 0 以及 60 的 0,进行 $78 \div 6$ 的运算。

运算技巧的由来

为什么被除数和除数可以通过"去0",来进行简便的运算呢?

假设有题目,"有 780 颗糖果,每人分到 60 颗,一共分给了多少人?"这道题目可以列式计算,$780 \div 60 = 13$,分给 13 人。

如果把糖果分装到袋子里,每 10 颗装 1 个袋子,可以装几袋?没错,780 颗糖果可以装 78 个袋子。每个人分到 60 颗,就等于每人分到 6 袋糖果。

因此,算式就可以转化为 $78 \div 6 = 13$,一共分到的人还是 13 人。也就是说,"去0"的步骤在这里的含义是:把 10 绑定在一起。那么,当我们遇到 $7800 \div 600$ 时也可以进行"去0"的简便运算吗?当然,去掉 00,算式就可以转化为 $78 \div 6$ 了。

11月

354

迷你便签

进行 $78000 \div 6000$ 运算的时候,应该把什么绑定在一起,让运算变得简单呢?

把 2 个正方形 叠在一起

熊本县　熊本市立池上小学
藤本邦昭 老师撰写

阅读日期　　月　日　｜　月　日　｜　月　日

把大小相同的正方形叠在一起

图1

有 2 个大小相同的正方形。如图 1 所示，在右侧正方形上画出 2 条对角线（连接对角的线段）。如图 2 所示，把另一个正方形的顶点与这 2 条对角线的交点重叠。那么，2 个正方形就有重叠的部分了。

图2

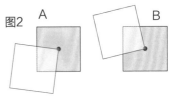

问题来了：重叠部分 A 和 B，哪一个大？

图3

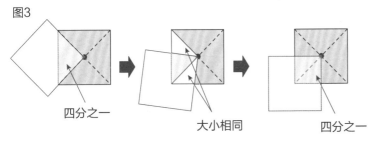

四分之一　　　　大小相同　　　　四分之一

重叠的部分，都是正方形面积的 $\frac{1}{4}$。

其实，A 和 B 的大小都一样哦，它们都等于正方形面积的 $\frac{1}{4}$（图 3）。

2 个大小相同的正方形，以其中一个的对角线交点为中心，另一个正方形进行旋转。它们

把大小相同的长方形叠在一起？

那么，把 2 个大小相同的长方形叠在一起，重叠部分的大小也会是长方形的 $\frac{1}{4}$ 吗？

如图 4 左图所示，把一个长方形的顶点与另一个长方形 2 条对角线的交点重叠。它们重叠的部分，果然就是长方形面积的 $\frac{1}{4}$。

但是，当另一个长方形旋转起来的话，这时候重叠部分明显超过 $\frac{1}{4}$ 啦（图 4 右图）。2 个大小相同的长方形，它们重叠的部分并不都相等。

如图 5 所示，2 个相同大小的正六边形进行这样的操作，它们重叠部分的大小总是相等。

图4

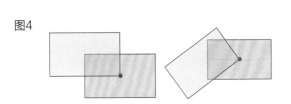

图5

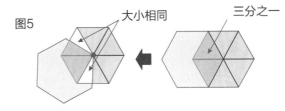

大小相同　　　三分之一

迷你便签

如图 5 所示，2 个相同大小的正六边形进行重叠的操作，它们重叠部分的大小总是相等，都是正六边形的 $\frac{1}{3}$。有兴趣的小伙伴，还可以找一找有哪些图形经过重叠的操作后，重叠部分的大小总是相等。

计算中的数学

骆驼怎么分呀

明星大学客座教授
细水保宏老师撰写

阅读日期　　月　日　｜　月　日　｜　月　日

骆驼怎么分呀？

今天要讲的数学题目，它的背景来自一个传统的民间故事。和 10 月 11 日的 2 个小伙伴分饼干，有异曲同工之妙。

【拥有 17 头骆驼的老人去世后，留下这样的遗嘱："老大分到 $\frac{1}{2}$，老二分到 $\frac{1}{3}$，老三分到 $\frac{1}{9}$。"】

这道题目的难点是，17 头骆驼既不能被 2、被 3，也不能被 9 整除。正在兄弟三人烦恼之时，一位智者出现，并带来了分骆驼的方法。你知道智者是怎么分骆驼的吗？

18 头

9头　6头　2头　1头
$\frac{1}{2}$　$\frac{1}{3}$　$\frac{1}{9}$　9

借来1头

1头

$\frac{1}{2} + \frac{1}{3} + \frac{1}{9} = \frac{17}{18}$

有借有还的骆驼

17 头骆驼怎么分给兄弟三人？故事有了这样的发展。

首先，智者把自己的 1 头骆驼借给了兄弟三人。这时，他们的骆驼一共有 18 头，老大分到 $\frac{1}{2}$，是 9 头；老二分到 $\frac{1}{3}$，是 6 头；老三分到 $\frac{1}{9}$，是 2 头。兄弟三人一共分到 9 + 6 + 2 = 17 头。最后，剩下来的 1 头骆驼就物归原主，智者带着自己的骆驼功成身退啦。

11月

想一想

到底哪里出了错？

【拥有 11 头骆驼的老人去世后，留下这样的遗嘱："老大分到 $\frac{1}{2}$，老二分到 $\frac{1}{3}$，老三分到 $\frac{1}{2}$。"】

正在兄弟三人烦恼之时，一位路人出现，把自己的 1 头骆驼借给了兄弟三人。这时，他们的骆驼一共有 12 头，老大分到 $\frac{1}{2}$，是 6 头；老二分到 $\frac{1}{3}$，是 4 头；老三分到 $\frac{1}{6}$，是 2 头。兄弟三人一共分到 6 + 4 + 2 = 12 头。最后路人愣住了：他的骆驼拿不回来了。到底哪里出错了呢？

迷你便签

"借 1 还 1"的方法，并不适用于所有题目。当几个分数相加之后的分子比分母小 1 时，才能使用这种方法。在"想一想"中，$\frac{1}{2} + \frac{1}{3} + \frac{1}{6} = 1$，因此骆驼没有剩下。

这也是视错觉吗②

图形中的数学

11月 **23**日

御茶水女子大学附属小学
久下谷明老师撰写

阅读日期　　月　日　　月　日　　月　日

对准的是哪条线？

今天，我们继续讲一讲关于视错觉的那些事（更多故事请见 10 月 30 日、12 月 17 日）。

欢迎来到视错觉的神奇世界，眼见不为实哦。

一年一度的秋之祭典来了。和朋友逛逛祭典，停步在抽抽乐的店铺前。在绷直的细绳前端，连着"中奖"的细绳。细绳①、②、③的前端各是 3 条细绳，其中只有 1 条连着"中奖"。乍一眼看去，你会选择哪条呢？

怎么样，你猜的是哪条？保持你的猜想，然后用尺子比划比划①—③，验证一下吧。

揭开谜底！

当一条直线被两条平行线或实体遮断时，被分割开的两条线段，看起来似乎就不在一条直线上了。这种"错位"的感觉真是神奇。

○☆△◎◇分别代表 1—9 的哪一个

北海道教育大学附属札幌小学

泷泷平悠史老师撰写

阅读日期 ✐ 月 日 | 月 日 | 月 日

它们代表什么数？

　　○、☆、△、◎、◇ 这几个符号，代表了 1-9 中的某几个数。如图 1 所示，根据成立的算式，你可以推导出符号背后的数吗？

　　首先，从算式①入手想一想。为了符合 1—9 的情况，算式 ◇×◇ 可以写成 1×1，2×2，3×3。1×1 的答案也是 1，不符合条件，可以排除。因此，◇可能是 2 或 3。

图1

图2

　　那么，当算式②☆+△之和等于 3 的话，1+2 与 2+1 都可以成立。☆=1，△=2 或☆=2，△=1。

　　然后，从算式③入手想一想。假设☆表示 2，2×◎=7，在 1—9 中没有符合的◎存在。因此可知，☆=1，△=2（图3）。

　　当☆是 1 的时候，算式③1×◎=7，◎等于 7。

运用假设巧解题

　　假设◇表示 2，那么算式②会发生什么？在加法之和等于◇，也就是 2 的情况下，1—9 中只有 1+1 等于 2。☆+△是 2 个不同数的相加，因此◇可以排除 2。当◇是 3 的时候，○等于 9（图2）。

图3

迷你便签　面对今天的问题，当我们困惑"应该从哪里入手"的时候，可以进行大胆假设。在 1—9 中符合几个，就试几次。在一次一次的尝试中，答案就出来了。

古埃及的运算顺序从右往左

学习院小学部
大泽隆之 老师撰写

阅读日期 ✎ 月 日 | 月 日 | 月 日

数的高位在右边？

大约在公元前 3000 年，古埃及人就开始使用莎草纸（用盛产于尼罗河三角洲的纸莎草的茎制成的）。当时的人们，也会把数学题目写在莎草纸上。据了解，最古老的数学莎草纸文献有 3500 年的历史。

如图 1 所示，古埃及人用这些数字符号表示 1、10、100、1000……如图 2 所示，古埃及人的计数系统是叠加制，而不是位值制。因此，在书写一个大数字时，往往需要写上几十个符号，比较烦琐。

图1

古埃及文字和数，都是从右开始书写。也就是说，数的高位在右边。现在的阿拉伯语，依旧保留这样的习惯，也是从右往左书写。

如图 3 所示，我们来试试加法吧。

图2

2456

图3

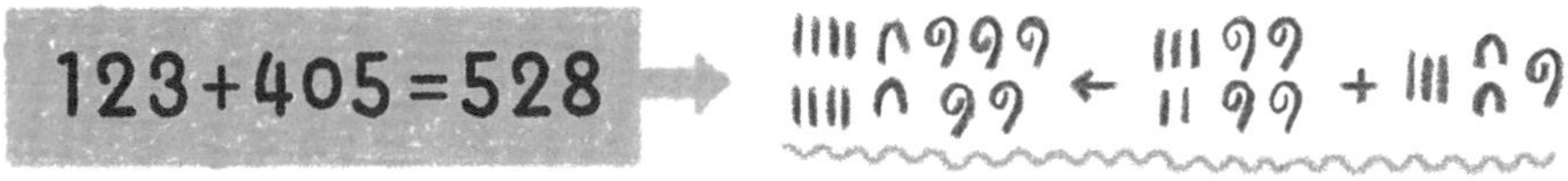

123+405=528

乘法怎么算？

古埃及人用加法思维来进行乘法的运算。我们来试试 14×15 吧。

1 倍	14
2 倍	28
4 倍	56
8 倍	112

把 1 倍、2 倍、4 倍、8 倍的结果相加，就是 15 倍的答案。即，14 + 28 + 56 + 112 = 210。

古埃及人用一双走近的腿表示加号，离开的腿表示减号。他们没有专门的乘除符号，因为乘除法运算是以加减法为基础的。

迷你便签　古埃及人尚不知道位值制，在表达一个数时，数字符号按大小从右向左排列。

死于决斗的天才数学家 伽罗瓦

明星大学客座教授
细水保宏老师撰写

阅读日期 ✐ 月 日 ｜ 月 日 ｜ 月 日

又一位数学天才少年

世界上著名的数学家，通常早早就展露出数学上的才华。有不少人在十几岁的时候，就有了巨大发现。

埃瓦里斯特·伽罗瓦（1811—1832年），就是这样的一位数学天才少年，也是一颗令人惋惜的数学流星。

伽罗瓦在15岁的时候，遇到了一本数学书。书中记载了许多数学图形问题和答案。这是一本很有深度的书，成年人往往需要2年才能读完。而天才少年伽罗瓦，只用了2天就读完了这本书。

在此之后，伽罗瓦对数学的热情被剧烈引爆，他对其他科目再也提不起兴趣。在此期间，伽罗瓦致力于挑战数学难题，并写出了人生的第一篇数学论文。

数学家伽罗瓦诞生了。

但是，伽罗瓦的研究成果并没有马上被认可。据说，是因为内容极为艰深，其他人难以理解。

我没有时间

16岁时，伽罗瓦自信满满地投考他理想中的大学，也是法国最著名的理工科大学。如果能进入这所大学，伽罗瓦就可以在数学的道路上，走得更高更远。

结果，伽罗瓦却名落孙山。当第二次报考这所大学时，伽罗瓦的父亲却因为被人在选举时恶意中伤而自杀，直接影响到他考试的失败。后来，伽罗瓦进入高等师范学院就读，继续进行他的数学研究。

1830年七月革命发生之后，伽罗瓦两度因政治原因下狱。据说，他在狱中爱上一名女子，因为这段感情，还陷入了一场决斗。

不要忘了我

在决斗前夜，自知必死的伽罗瓦连夜给他的朋友写信，将他的所有数学成果狂笔疾书下来，并时不时在一旁写下"我没有时间"。这其中就有他的"伽罗瓦理论"，即用群论的方法来研究代数方程的解的理论。

第二天，伽罗瓦果然在决斗中身亡。伽罗瓦理论的建立，不仅完成了由拉格朗日、鲁菲尼、阿贝尔等人进行的研究，而且为开辟抽象代数学的道路建立了不朽的业绩。我们应该记住他的名字。

迷你便签

伽罗瓦未能考取的那所理工科大学，叫作"巴黎综合理工大学"。它隶属于法国国防部，是法国最顶尖且最富盛名的工程师大学，被誉为法国精英教育模式的巅峰。学校以培养领导人才著名，校友中有三位法国总统、三位诺贝尔奖获得者。

简单又深奥的
益智游戏 "制造10"

大分县　大分市立大在西小学
二宫孝明 老师撰写

阅读日期　　月　日　　月　日　　月　日

找到4个数字

今天的益智游戏，是一个简单又深奥的计算游戏，可以把它叫作"制造10"或"益智10"。玩这个益智游戏，不需要任何的准备。环顾四周，在身边找出4个数字即可。

比如，今天是11月27日。那么，我们就找到了"1、1、2、7"这4个数字。请大家使用4个数字，再加上符号"＋、－、×、÷"或"[ ]、( )"，制造10吧。制造过程中，数字的顺序可以打乱，符号可以不使用，也可以使用2次及以上。但是，像"2、7"这2个数字，是不可以合成"27"这样的两位数的。

试一试

怎么制造呢？

请用①—⑤的数字进行"制造10"游戏。想一想，应该如何制造呢？答案见"迷你便签"。

挑战①—⑤的"制造10"！

①2、2、0、7
②2、3、4、5
③8、6、4、1
④4、4、6、7
⑤3、4、9、9

制造出来了吗？

"1、1、2、7"如何制造10？制造过程可以是 [(1＋1) × (7－2)]。看来，今天的数字并不难。而有时，我们可能会找到有制造难度的4个数字。比如，大家可以挑战一下"1、1、5、8"，这边就不给参考答案啦。

这个益智游戏的取材，可以是身边的任何数字。我们可以和小伙伴，看着日历，看着车牌，互相出题、解题。这是一个很好玩的数学游戏。

迷你便签

怎么样？"试一试"的答案就在这里。（答案）①（7－2）×2＋0。②2×4－3＋5。③（8＋6－4）×1。④（6－4）×7－4。⑤4＋9－9÷3。※ 制造过程不止一个。

361

宽敞？狭窄？
感觉上的大小

山本直 老师撰写

28日

阅读日期 月 日 | 月 日 | 月 日

宽敞还是狭窄？

学校里的体育馆，你觉得是"大"，还是"小"？不同人的回答可能会不一样。如果在体育馆开展一个班级的躲避球游戏，大家会觉得很宽敞。如果全校500人都聚在体育馆，举行校级的躲避球大赛，这时大家又会觉得场地很拥挤。

现在，我们举一个极端的例子。如果在体育馆举行棒球比赛，那么场地肯定是极其"狭窄"的。如果家里的厕所，和体育馆一样大的话，你觉得怎么样？太宽敞了，上厕所上得心慌呀……因此，同一个场地，根据使用目的的不同，人们或是感觉宽敞，或是感觉狭窄。

长度和时间的不同感觉

100米的长度，你觉得是"长"，还是"短"？根据使用目的的不同，人们的感觉也不一样。当我们骑自行车的时候，短短的100米踩几次脚踏板就到了。反过来，如果在学校的100米走廊上，搬着重重的物品，这段相同的距离给人的肯定是另一种感觉。

时间也是一样。我们常常觉得，欢乐的时光总是过得飞快，而在做一个讨厌的事情时，时间又走得很慢。

我们感觉着，生活着，度过每一天。不管是大小、长度还是时间，找到一个自己觉得"合适"的点，才是最重要的。毕竟，厕所不是越宽敞越好吧。

关于重量和容积，根据使用目的的不同，人们的感知也不一样。想象一些场景，作一作比较吧。

计算中的数学

用 4 个 9 制造 1—9 吧

东京学艺大学附属小学
高桥丈夫 老师撰写

11月

29日

阅读日期   月   日   月   日   月   日

你可以制造出 1 吗？

4 个 "9"，加上 +、-、×、÷ 和括号，可以制造出 1—9 哦。

首先，我们尝试找出 1 的制造方法。4 个 9 应该如何巧用 +、-、×、÷、括号连在一起呢？$9 \div 9 = 1$，$1 + 9 = 10$，$10 - 9 = 1$。

用一个算式来表示的话，可以写成 $1 = 9 \div 9 + 9 - 9$。

图1

$$1 = 9 \div 9 + 9 - 9$$
$$2 = 9 \div 9 + 9 \div 9$$
$$3 = (9 + 9 + 9) \div 9$$

2 和 3 的制造方法？

俗话说，有一就有二。

$9 \div 9 + 9 \div 9$ 的答案是 2。四则运算在没有括号的情况下，运算顺序为先乘除，后加减，即先进行 $9 \div 9$ 的运算。$9 \div 9 + 9 \div 9 = 1 + 1$，2 就制造出来了。

俗话又说，接二连三。

这时，括号就派上用场了。算一算 $(9 + 9 + 9) \div 9$ 吧。四则运算在有括号的情况下，要先计算括号里的数。$(9 + 9 + 9) \div 9 = 27 \div 9$，3 就制造出来了（图1）。

如图 2 所示，这是四则运算的运算法则。

我们与运算法则做一个好好的约定，继续制造出 4、5、6、7、8、9 吧。

图2

和运算有一个约定

○在加减乘除的四则运算中，在没有括号的情况下，运算顺序为先乘除，后加减。

○在有括号的情况下，要先计算括号里的数。

迷你便签

4 个 "4"，加上 +、-、×、÷ 和括号，也可以制造出 1—9 哦。详见 4 月 4 日。

363

隐藏在词语中的数字③

2 生活中的数学

11月 30日

学习院小学部
大泽隆之 老师撰写

阅读日期 　月　日 ｜ 　月　日 ｜ 　月　日

你认识这些成语吗？

在"隐藏在词语中的数字①②"中，我们见识了各种各样的词语。成语，是古代词汇中特有的一种长期相沿用的固定短语，来自于古代经典著作、历史故事和口头故事。今天，我们继续发现藏在日语成语中的数字吧。

八面玲珑　十拿九稳　千钧一发　五里雾中

与这些成语见个面

认识认识这些藏着数字的成语吧。

- 一唱一和
- 一表人才
- 一日三秋
- 二桃杀三士
- 三心二意
- 四面楚歌
- 五湖四海
- 六神无主
- 七上八下
- 七零八落
- 八面玲珑
- 九死一生
- 十万火急
- 百依百顺
- 千奇百怪
- 万水千山
- 万无一失

在日语中，有这样的成语"十人十色""三者三样"。它们的意思相近，表示每个人都有不同的做事方式和思考方式等，人与人真是"千差万别"啊。看好了，已经出现十、三、万、千这几个数字了。

继续观察藏着数字的成语吧。

首先，从1开始。"一朝一夕"形容很短的时间。我们可以说，学习不是一朝一夕、一蹴而就的事。

藏着数字的成语们

在日语中，"一长一短"指一个人既有长处也有短处。而中文里，它的意思是形容说话絮叨，琐谈不休。

"一石二鸟"本义指用一块石头砸中两只鸟，现用来比喻一个举动达到两个目的。在日语中，"追二兔者不得其一"形容做事一心二用就会一事无成。

"三寒四温"指的是冬季，冷天持续三天左右，接下来就会持续大约四天的温暖天气。这种说法源自中国北方和朝鲜半岛，后来流传到日本。

藏着数字的成语还有许多，去发现，去探索，遇见数学的美好吧。

迷你便签

我们可以抱着"一期一会（一生只相遇一次）"的想法，与这一页相遇，与这本书相遇。把每一次相遇，当成"千载难逢"的会面。

11月

364

12月

汽车轮胎的二三事

岩手县 久慈市教育委员会
小森笃 老师撰写

阅读日期 ✏️ 月 日 | 月 日 | 月 日

轮胎透露的信息？

在汽车轮胎上，会有一串数字和英文字母，用来表示轮胎规格。如图1所示，轮胎上标注着"205/55 R16"。如图2所示，这些数字和字母背后，都有对应的含义。

如图3所示，"205"代表的是轮胎宽度（断面宽度），单位是毫米。数值越大，轮胎的宽度也就越大。

"55"表示的是轮胎断面的扁平率，即断面高度是轮胎宽度的55%。数值越大，断面高度越大，轮胎越厚；数值越小，断面高度越小，轮胎越薄（图4）。

字母"R"是胎体结构标记，表示使用的轮胎类型是"子午线轮胎"。这也是轿车最常用的轮胎类型。

"16"表示的是轮辋直径，单位是英寸（1英寸＝2.54厘米）。轮辋俗称轮圈，是支撑轮胎的部件，与轮辐、轮毂组成车轮。在之前的学习中，我们知道电视机的主屏尺寸也是用英寸来表示的。数值越大，轮胎越大。

图1

图2

图3

"扁平率" 的计算方法

轮胎扁平率的计算方法如下所示。25、55、60……轿车轮胎的扁平率都是5的倍数。

扁平率＝轮胎断面高度÷轮胎宽度

图4

这个轮胎好薄喔

在轮胎上，紧跟在"轮辋直径"的数字之后，其实还有一个数字和字母。数字表示"载重系数"，字母表示"速度系数"。

用直线画出曲线

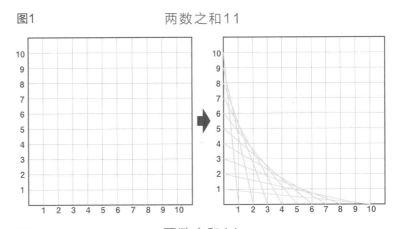

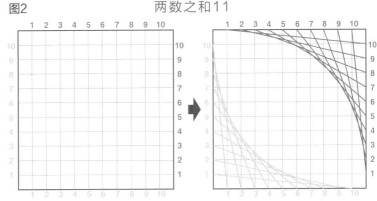

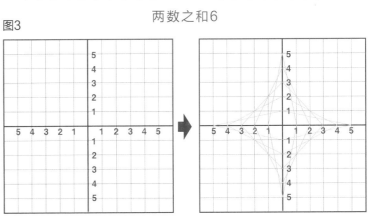

御茶水女子大学附属小学
冈田纮子 老师撰写

阅读日期✎　　月　　日　｜　月　　日　｜　月　　日

直线可以画出曲线？

笔直的直线，弯曲的曲线，它们有什么联系吗？画出许许多多的直线，可以组成类似曲线的图案。来画一画，是真是假，试过便知。

【画法】

连接两点，这两点代表的数之和是11。如图1所示，用尺子画出符合条件的直线吧。

直线画出漂亮的图案

如图1所示，随着连接点的增加、直线的增加，曲线越来越明显了。不同曲线的组合，不同颜色的，会带来属于你的图案（图2、图3）。

图1　　　　　两数之和11

图2　　　　　两数之和11

两数之和6

图3

一般来说，尺子被定义为用来画线段、测量长度的工具。而在日本，有两把尺子："日本竹尺"主要用来测量长度，"普通尺子"主要用来画直线（见4月2日）。

今天是 **3 万天**中的 **1 天**

12月 03日

高知大学教育学部附属小学
高桥真老师撰写

阅读日期　　月　日　｜　月　日　｜　月　日

今天是出生后的第几天？

假设 1 年是 365 天。如果今天是你的 10 岁生日，那么你已经度过了 9 年加 1 天的时光，即 365 天 ×9 年 ＋1 天，365×9＋1＝3286 天。如果今天是你的 11 岁生日，运用相同方法，可以知道你已经度过了 3651 天。

10岁

365天 ×9年 ＋1天
（365×9＋1）
3286天

83岁

365天 ×83年
30295天

你度过了多少秒？

刚刚，我们学习了如何计算度过的天数。再来问自己一个问题：你度过了多少秒？1 天是 24 小时，24 小时是 1440 分钟，1440 分钟是 86400 秒。把我们度过的天数乘以 86400，就可以知道已经度过了多少秒。对于在今天迎来 10 岁生日的小伙伴来说，他们正站在人生的 283910400 秒上（假设此时此刻是出生的时间）。

1天＝24小时＝1440分＝86400秒

今天是我的10岁生日！！

迎来了出生后的283910400秒呀

人的一生有多少天？在日本，有很多 80 岁以上的高龄老人。日本国民的平均寿命已连续多年居世界第一位。我们假设人的寿命为 83 岁，并用 83 进行之后的计算。365 天 ×83 年＝30295 天。根据这个假设可以推出，日本国民的一生约有 3 万天。

我们花了 27 年来睡觉？

在 3 万天中，我们跑步、进食，进行各种活动。有动也有静，睡觉也许就是最安静的时刻。你认为，我们会花上多少时间在睡觉这件事上？假设一天的睡眠时间为 8 小时，那么睡眠就占到一天 24 小时的 $\frac{1}{3}$。也就是说，我们会在人生的 3 万天中，拨出 1 万天给甜甜的睡梦。按照年来计算，就是 27 年。

按照这样的思路，对于时间，我们好像会产生其他的看法。比如，每天都玩 1 小时电子游戏的人，一生就会花上 1250 天在游戏上。如果每天玩 2 小时就是 2500 天，每天玩 3 小时就是 3750 天！这一下子，就超过了 10 岁小伙伴的所有时间。

所谓今天，是 3 万天中平常而又重要的 1 天。你是怎么度过今天的？

四年一次，我们与"闰年"相遇，闰年有 366 天。在今天的讨论中，为了方便计算，我们假设一年都是 365 天。

12月

正 2.4 角形是什么

筑波大学附属小学
盛山隆雄老师撰写

图1　　　　　图2　　　　　图3　　　　　图4

正十二边形　　　　正六边形　　　　正方形　　　　正三角形

图5

这就是正 2.4 角形

正星形多角形

正多边形是什么？

　　各边相等、各角也相等的多边形，叫作正多边形。看着手表的表盘，来画一画正多边形吧。

　　连接每 1 小时的点，可以画出正十二边形（图 1）；连接每 2 小时的点，可以画出正六边形（图 2）；连接每 3 小时的点，可以画出正方形（图 3）；连接每 4 小时的点，可以画出正三角形（图 4）。

　　那么，连接每 5 小时的点，可以画出什么形状呢？

正 2.4 边形是什么？

　　画好之后，在我们的面前出现了一个非常漂亮的星星（图 5）。

　　表盘上有 12 个刻度，连接每 2 小时的点，$12 \div 2 = 6$，画出的就是正六边形；连接每 3 小时的点，$12 \div 3 = 4$，画出的就是正方形；连接每 4 小时的点，$12 \div 4 = 3$，画出的就是正三角形。

　　因此，如果连接 12 个刻度中的每 5 小时的点，$12 \div 5 = 2.4$，画出的就是正 2.4 角形（正 $\frac{12}{5}$ 角形）。像星星一样的正多边形，叫作正星形多角形。

迷你便签　　我们身边有各种各样的正多边形，走进 5 月 31 日的科学照相馆，大家可以品味正多边形的趣味和美好。

哪样比较合算？
停车场的停车费

神奈川县　川崎市立土桥小学
山本直 老师撰写

停车场A

10分　　100日元

※1天（24小时）停车累计最高收费2000日元。

停车场B

1小时　　400日元

※超过1分钟，按1小时收费。

	10分	20分	…	60分	…	3小时20分	…	5小时	5小时10分	5小时20分	…	24小时
A	100日元	200日元	…	600日元	…	2000日元	…	2000日元	2000日元	2000日元	…	2000日元
B	400日元	400日元	…	400日元	…	1600日元	…	2000日元	2400日元	2400日元	…	9600日元

停车场的停车费

在日本，经常能看到竖着○分□日元牌子的小型停车场。这种停车场在住宅区、商业区随处可见。

如左图所示，这是2个停车场的收费标准。如果它们都在附近，你会选择停在哪个停车场？

哪种比较合算？

停车场A的收费标准是每10分钟100日元。因此，30分钟收费300日元的时候，比停车场B合算；50分钟收费500日元的时候，停车场B比较合算。看来时间越长，停车场B的优势越明显。等等，停车场A还有这样的优惠规则："1天（24小时）停车累计最高收费2000日元。"选A还是选B，这是一个问题。如何比较费用，这要开动脑筋。

在停车场A，1天（24小时）停车累计最高收费2000日元，也就是说，1天最多收费2000日元。那么，我们只要找到停车场B在何时收费超过2000日元就可以了。

2000÷4＝5，停车5小时的时候，停车场A和停车场B的收费都是2000日元。继续停车的话，停车场A的收费不变，停车场B的收费会继续增加。因此，如果停车超过5小时，就停在停车场A吧。

试一试

这个时候要停车吗？

在一些综合体的停车场，常常有这样的说明："购物满○日元临时停放□小时以内免费。"这时候，顾客一般都会选择这样的停车场。而对于不购物的人来说，停不停这里，合不合算，是根据他们具体的使用情况来判断的。我们可以在心中列一个表，比一比价格。

迷你便签　条件不同时如何进行比较？可以先让条件达成某个时刻的相同，然后再进行比较。

做一顶尖顶帽

学习院小学部
大泽隆之 老师撰写

用圆规做出尖顶帽

我们用积木搭起城堡，用纸板做出古堡，它们的上头都有一个尖尖的屋顶，就像生日派对的尖顶帽。让我们做一个尖屋顶或尖顶帽吧。

如果使用圆规，可以容易地做出这种尖屋顶或尖顶帽。如图 1 所示，用一个扇形绕着一个圆形，涂上喜欢的颜色，画上喜欢的图案，粘牢就行了。

图1

图2

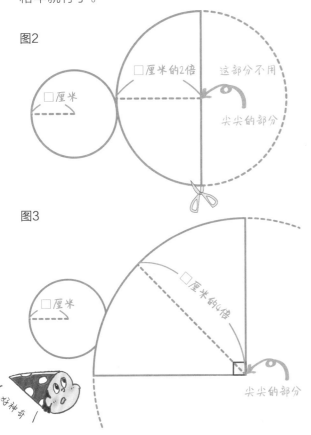

□厘米

□厘米的2倍　这部分不用

尖尖的部分

图3

□厘米

□厘米的4倍

尖尖的部分

好神奇

还是觉得有点难？没事儿，下面就告诉你制造的诀窍。

制作方法有诀窍

准备材料是图画纸、圆规、胶带纸、彩色笔，也可以使用彩色图画纸。

首先，尖屋顶的底面是圆形，就在图画纸上用圆规画一个圆，并剪出来。

然后在图画纸上，再画一个半径为 2 倍的圆。剪下这个圆的一半，正好可以绕着底面成为一个尖屋顶（图 2）。

如果我们想做一个长长的尖屋顶或尖顶帽，可以再画一个半径为 4 倍的圆。剪下这个圆的一半的一半（1/4），这时扇形的圆心角是直角，正好可以绕着底面成为一个尖屋顶（图 3）。

迷你便签　像尖屋顶或尖顶帽的形状，叫作"圆锥"。

巧克力板还能这么玩

御茶水女子大学附属小学
久下谷明 老师撰写

阅读日期 🖊 月 日 ｜ 月 日 ｜ 月 日

准备材料 ▶ 纸 ▶ 剪刀

今天，我们拿一板巧克力来玩一个数学游戏吧。规则很简单，让 2 个人轮流掰巧克力。拿到最后一块巧克力的人，就输了。

● **做一板纸巧克力**

在这个游戏中，大家可以做一板纸制巧克力。如下图所示，大家可以复印这板巧克力，也可以自己在纸上画一个 4×6 的巧克力进行游戏。

可以复印这板巧克力哦

● 2 人石头剪子布，赢的人先开始。

● 轮到自己的时候，用剪刀沿着巧克力块剪。中途不可以拐弯哦。然后，把其中一部分巧克力递给小伙伴。

● 拿到巧克力的小伙伴，也用剪刀把巧克力分成两部分。然后，把其中一部分巧克力递给小伙伴。

● 重复以上操作。

● 递出最后一小块巧克力的人获胜，拿到最后一小块巧克力的小伙伴失败。

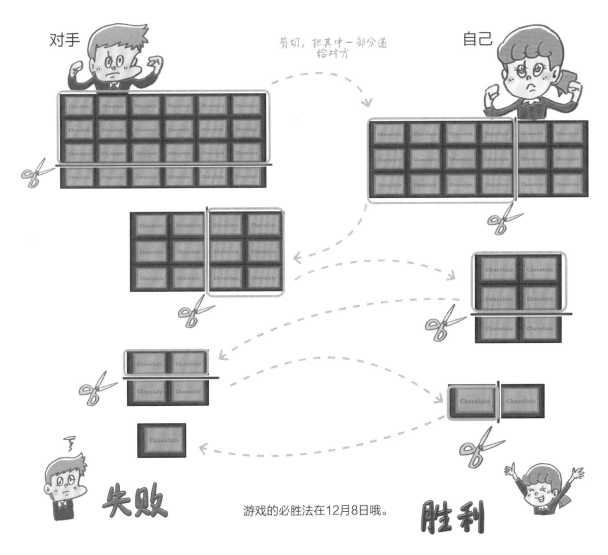

游戏的必胜法在12月8日哦。

在玩过几轮游戏之后，我们可能会意识到赢得比赛的关键点。那么，就把巧克力换成5×7或6×8等等，继续玩起吧。

373

巧克力游戏的必胜法

御茶水女子大学附属小学
久下谷明老师撰写

阅读日期　　月　日　　月　日　　月　日

对手

假设，对手小伙伴把2×3的巧克力
递过来。

自己

唔～应该怎么剪呢

这时候我们有A、B、C
三种剪切方法。

A

B

然后，对手小伙伴只能
把2小块巧克力（1×2
或2×1）递给我们了。

C
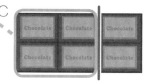

递出正方形的人会赢

在玩过几轮巧克力游戏之后，你意识到赢得比赛的关键点了吗？今天，我们就来讲讲它的必胜法。

在巧克力游戏中，当你把2×2的巧克力递给对方的时刻，你就赢了。

如果把A、B巧克力递给对方的话，小伙伴可以直接掰出一小块巧克力，那就输了。

所以，我们把C这样的2×2巧克力递给对方。

轻轻松松掰下一小块巧克力递给对方，赢啦。

失败

胜利

迷你便签

不管这板巧克力的大小是多少，赢的思路都是相同的。谁先把2×2巧克力递给对方，谁就能赢。玩过几轮游戏之后，就把这个必胜法分享给小伙伴吧。

2 生活中的数学

养羊的故事，
没有数字的过去

青森县　三户町立三户小学
种市芳丈 老师撰写

12月 **09** 日

阅读日期 | 月　日 | 月　日 | 月　日

古时候用石头来数羊？

很久很久以前，人们就开始饲养羊了。在没有文字，也没有数字的年代，羊就和人类一起生活了。在过去，羊儿们并不是关在栅栏里饲养。早上它们埋头在草地上吃草，夜里它们回到小屋。牧羊人一直守着羊儿们，防止狼的袭击。但是没有数字的话，牧羊人如何确认所有的羊儿都回来了呢？

据说，每当羊儿从小屋里出来，就会放置石头作为记号。出来一头羊，放上一颗石子。回来一头羊，收回一颗石子。

用这样的方法，没有数字、不会计数也可以确认羊儿们是不是都回来了。如图1所示，每头羊都对应一颗石子。

也可以用绳结来数数

同时，人们也会在腰上系上一根绳子，打上绳结，以便记住羊的数量。出来一头羊，就打上一个绳结。如果在放牧的过程中，羊儿被狼叼走了，那就解开一个绳结。这种方法，每头羊都对应一个绳结。

如果过去的牧羊人懂得数学，肯定会学得不错吧。

图1

迷你便签　从摆放石子到在地上画线，据说这就是数字的起源。

375

玩一玩"心"的益智游戏

学习院小学部
大泽隆之老师撰写

观察一个心形

心，所到之处，总会是我们目光的聚焦点。如图1所示，请仔细观察这个心形。

这个心形，好像是由2个半圆和1个正方形组成的。

意识到了这一点，我们画心形就容易多了。首先，画1个正方形。然后，以正方形的边长为直径，画2个半圆。让正方形的边长发生变化，就可以画出或大或小的心形了（图2）。

创造心的谜题！

把心形画在图画纸上并剪下来，就可以玩心的益智游戏了。沿着正方形的对角线，再剪一刀，心形就可以分成4部分：2个直角等腰三角形，2个半圆。4块拼图移动位置，让心形变成了许多图形（图3）。

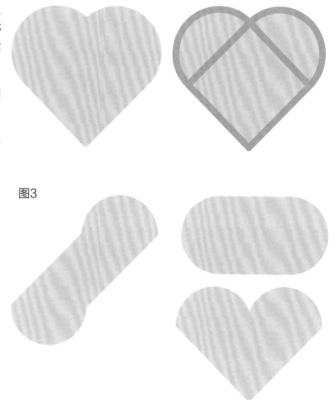

图1　图2

图3

升级的心之谜题

如右图所示，心形的组成部分半圆和正方形被进一步分割。运用这些碎片，可以组成更多的图形。在日本，人们把这样的益智游戏称为"破碎的心"。哈哈，名如其心。

12月

迷你便签

正方形也好，圆形也好，把它们分成4个相同的碎片，可以组成各种各样的图形。来试试吧。

2 生活中的数学

货币的诞生与物品的价格

福冈县　田川郡川崎町立川崎小学
高濑大辅 老师撰写

阅读日期　　月　日　　月　日　　月　日

我拿柿子种子和你换哦

猴子和螃蟹谁占便宜？

"我的 1000 日元纸币可以和你的 1 万日元纸币进行交换吗？"听了这样的要求，几乎没有人会开开心心地选择交换吧。原因很简单，1 万日元纸币的价值明显更高。如果交换了的话，我们会亏 9000 日元。

在日本民间童话《猴子与螃蟹》中，狡猾的猴子拿着一颗柿子的种子，花言巧语之后，和螃蟹换到了一个饭团。这次的交换，到底哪一方比较占便宜？饭团具有"马上能填饱肚子"的价值，但吃了就没有了。

而对于柿子种子来说，虽然从种子到结果，要花上很长的时间，但收获的是许许多多又红又甜的柿子。因此，对于这次的交换，可能双方都比较满意。

原始社会的物物交换

在原始社会，人们像《猴子与螃蟹》的故事那样，使用以物易物的方式，交换自己所需要的物资。当双方肯定物品的价值，则交换成立。

但是，受到交换物资种类的限制，人们不得不寻找一种能够为交换双方都能够接受的物品。这种物品就是最原始的"货币"。牲畜、盐、贝壳、珍稀鸟类羽毛、宝石等不易大量获取的物品都曾经作为"货币"使用过。货币的诞生，让人们可以更加顺利方便地换取自己所需的物品。

想一想

看清物品的价值

对于一包零食，肚子饿或不饿的情况，我们的购买欲望是不一样的。因此，在使用零花钱的时候，要好好看清物品的价值，值得不值得让我们用零花钱去交换。

迷你便签　　在世界上，有不少国家还设有露天市场、跳蚤市场等提供物物交换的地方。

周长 12 厘米的图形的面积

青森县　三户町立三户小学
种市芳丈老师撰写

阅读日期　　月　日　｜　月　日　｜　月　日

看看正方形和长方形

在四年级时我们已经学到过，周长相等的图形，面积不一定相等。那么今天我们来看一看，面积的差别是多少。

首先，准备方格纸和铅笔，画出周长是 12 厘米的图形。然后，比一比这些图形的面积。为了简便计算，只统计面积是整数的情况。

如图 1 所示，周长是 12 厘米的图形，出现了面积为 9 平方厘米、8 平方厘米、5 平方厘米的情况。

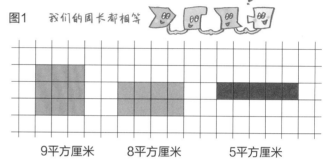

图1　我们的周长都相等

9平方厘米　　8平方厘米　　5平方厘米

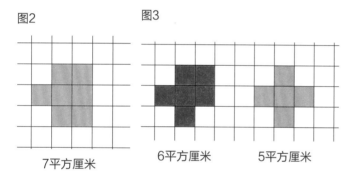

图2　　　　图3

7平方厘米

6平方厘米　　5平方厘米

周长相等的其他图形

除此之外，还有其他周长相等，面积不等的图形吗？不一定要求是正方形或长方形哦。如图 2 所示，这个 7 平方厘米的图形就是长方形凸出了一块。

它的周长确实也是 12 厘米。

周长相等、形状不同的图形还有很多哦，你找到了吗？发现的关键是，这些图形都是凹凸不平的。如图 3 所示，出现了面积为 6 平方厘米、5 平方厘米的情况。

到目前为止，已经出现了面积是 9 平方厘米、8 平方厘米、7 平方厘米、6 平方厘米、5 平方厘米等 5 种类型。那么，有面积是 4 平方厘米、3 平方厘米的图形吗？当然有了！发现的关键是，"箭头"（图 4）。此外，还有面积是 2 平方厘米、1 平方厘米的箭头哦。

周长相等的图形，面积和形状都不一定相等。

图4

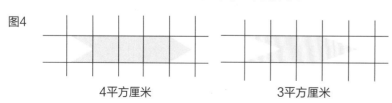

4平方厘米　　　　3平方厘米

迷你便签

在小学，我们学习了求长方形、平行四边形、梯形、菱形、圆、扇形面积的方法。在中学，我们又学习了求球体表面积的方法。在求面积的方法之间，会有一定联系。

怎么通过所有的格子呢

熊本县 熊本市立池上小学
藤本邦昭老师撰写

阅读日期 ✎ 月 日 | 月 日 | 月 日

图1

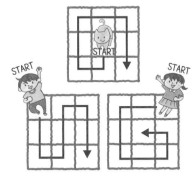

9宫格正方形

图2

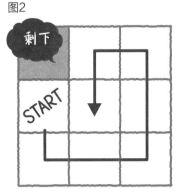

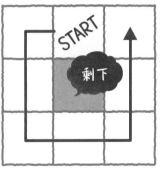

可以通过所有格子吗?

如图1所示，这是一个有9个格子的正方形。你能够一笔画出线路，通过所有的格子吗？

通行法则是，只能前进不许后退，只能横纵不许斜行，每个格子只能通过1次。

在看到许多一次通行的方法之后，我们也发现出发点的重要性。如图2所示，当出发点在这几处时，不能够通过所有的格子。不管怎么走，都会剩下一个格子。

图3 从○出发可以一次通过所有格子，从 × 出发不能一次通过所有格子。

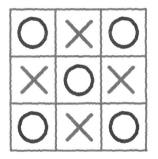

起点格子应该在哪里？

那么，在一个9宫格正方形里，起点设置在哪里才能一次通过所有的格子呢？

如图3所示，对所有的格子进行调查后，出现了市松纹样（市松纹样由正方形组成，拥有各种颜色组合）。

从 × 的格子出发，不管怎么走，都会剩下一个格子。这是为什么呢？

数一数○和 × 的数量，○有5个，× 有4个。因为只能横纵不许斜行，所以从○出发后的下一个格子肯定是 ×。当轮流通过○和 × 时，从 × 出发的话，势必会剩下一个○。

迷你便签

大家还可以试试4×4的十六宫格正方形，看看从哪里出发可以一次通过所有格子。想一想为什么。

一日之行始于何时

学习院小学部
大泽隆之老师撰写

一日之始不在凌晨

在日本的江户时代，一日之行始于黎明。当拂晓时刻来临，"双手举于目之前，太阳就在手间"。因此，就算过了子夜 0 点，在天亮之前依然不是新的一天。比如，日本有名的赤穗浪士复仇事件。虽然发生在 12 月 15 日凌晨 4 点，但在当时人们的心中，认为是发生在前一天（12 月 14 日）的。

一日之始在于黄昏

与此相反，在包括巴勒斯坦在内的伊斯兰国家，它们的一日之计始于黄昏，从日落之后约 30 分钟开始。因此，这些国家的基督教和犹太教，在进行平安夜的庆祝或断食的活动时，都是从黄昏开始的。在沙漠地域，人们通常不会在暑热的白天进行活动。所以，他们的一日之行也始于黄昏。

不过，日出日落的时间，会随着季节的变化而变化，这就有点麻烦了。因此，欧洲在进行工业革命的时候，就将新一天的起点定为凌晨 0 点。电灯亮了，工时长了，人们必须清楚地知道一天的开始与结束。

在今天之前，大家是不是都觉得一日之始在于 0 点，是一件再正常不过的事呢？时代不同，国家不同，我们可以看到许多有意思的事。

议一议

奈良时代的一日之始就在 0 点？

在中国，早在汉代就已经有了滴漏。太阳在白天升到最高点的时候叫作正午，人们将正午的正相反称为子夜。古历分日，起于子半。这种思想在奈良时代传入日本，那个时候，人们将一日之始定为 0 点。

迷你
便签
江户时代的学者留下了这样的话："世人言，古历分日，起于拂晓。但应知，起于子半，方为正确。"（1740 年）

2 生活中的数学

按顺序相加的数列
——斐波那契数列

12月 **15** 日

熊本县　熊本市立池上小学
藤本邦昭老师撰写

阅读日期　月　日　　月　日　　月　日

你知道这样的数列吗？

观察下面的数列（一列有序的数），它们是按照什么规律排列的呢？

1、1、2、3、5、8、13、21、34、55、89……

除去最初的 2 个"1"，从第 3 个数"2"开始，序列中每个数都等于前两数之和。

这样的数列叫作"斐波那契数列"，又称黄金分割数列、兔子数列。斐波那契数列的定义者，是意大利数学家列昂纳多·斐波那契。

＝ 松果 ＝

1
1
2 = 1 + 1
3 = 1 + 2
5 = 2 + 3
8 = 3 + 5
…

自然中能够见到的数列

我们在自然中，也能见到斐波那契数列。比如，松果的"鳞片"和大树的枝丫，它们的数量增加规律就是斐波那契数列。

再比如，向日葵花盘中的葵花子数有"5""8"或"21""34"，符合斐波那契数列。葵花子呈螺旋状排列，十分神奇。

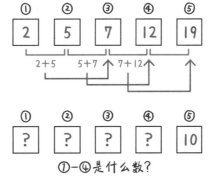

13根
8根
5根
3根
2根
1根
1根

试一试

不可以使用"0"哦

在斐波那契数列中，数列中每个数等于前两数之和。按照这个规律，这个数列可以无限生长下去。按照斐波那契数列的排列规律，假设第 5 个数是"10"的话，第 1 个到第 4 个的数各是什么呢？但是，不可以使用"0"哦。

① ② ③ ④ ⑤

2	5	7	12	19

2＋5　　5＋7　　7＋12

① ② ③ ④ ⑤

?	?	?	?	10

①—④是什么数？

迷你便签

"试一试"的答案是：2、2、4、6、10。解题关键是：从右开始思考。我们可以设定好第 5 个数，然后找一找第 1 个到第 4 个的数。当发现有多个可能时，继续向左就能聚焦答案。

381

为什么叫甲子园

12月16日

明星大学客座教授
细水保宏老师撰写

日本高中棒球联赛，每年都在甲子园球场开战。这个球场完工于1924年，该年为甲子年，因此命名为甲子园球场。甲子是干支纪年法之一。

天干地支，源自中国远古时代人们对天象的观测。有一种说法是，人们把天的一周进行十二等分，确定了十二个方位，就有了十二地支。

北方为子、南方为午，因此穿过南北两极的经线也称为子午线。

将1个月进行三等分，为上旬、中旬、下旬。每个10天用文字按顺序标注，就有了十天干。

干支纪年法是中国历法上，自古以来就一直使用的纪年方法。把天干中的一个字摆在前面，后面配上地支中的一个字，这样就构成一对干支。10和12的最小公倍数是60，十天干和十二地支依次相配，组成六十个基本单位。六十为一周，周而复始，循环记录。

十二地支
子、丑、寅、卯、辰、巳、午、未、申、酉、戌、亥、

十天干
甲、乙、丙、丁、戊、己、庚、辛、壬、癸

六十干支									
甲子 1	乙丑 2	丙寅 3	丁卯 4	戊辰 5	己巳 6	庚午 7	辛未 8	壬申 9	癸酉 10
甲戌 11	乙亥 12	丙子 13	丁丑 14	戊寅 15	己卯 16	庚辰 17	辛巳 18	壬午 19	癸未 20
甲申 21	乙酉 22	丙戌 23	丁亥 24	戊子 25	己丑 26	庚寅 27	辛卯 28	壬辰 29	癸巳 30
甲午 31	乙未 32	丙申 33	丁酉 34	戊戌 35	己亥 36	庚子 37	辛丑 38	壬寅 39	癸卯 40
甲辰 41	乙巳 42	丙午 43	丁未 44	戊申 45	己酉 46	庚戌 47	辛亥 48	壬子 49	癸丑 50
甲寅 51	乙卯 52	丙辰 53	丁巳 54	戊午 55	己未 56	庚申 57	辛酉 58	壬戌 59	癸亥 60

12月

迷你便签　干支纪年法，六十为一周，周而复始。在古时，人们到了六十花甲之年，常会庆祝六十寿诞。

这也是视错觉吗③

御茶水女子大学附属小学
久下谷明老师撰写

直线会永不相交？

视错觉的神奇世界（见 10 月 10 日、10 月 30 日、11 月 23 日），让我们流连忘返。今天，我们将开启最后一天的视错觉旅行。

欢迎再次来到视错觉的神奇世界，眼见不一定为实哦。

如图 1 所示，有 A、B 两组直线。

A 组的两条直线，它们之间的宽度始终相同，永不相交，也永不重合。这两条直线叫作"平行线"。B 组的两条直线不是平行线。

图1　A 平行

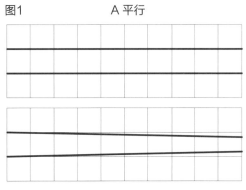

B 不平行

图2

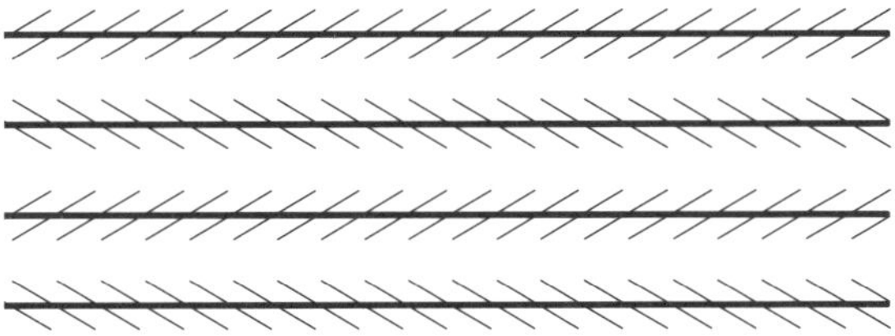

图3

图4

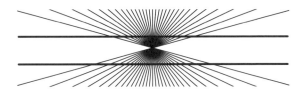

弯曲直线是错觉？

那么，再来看看图 2、图 3、图 4。

在我们的眼中，这些直线是什么样子的？

虽然它们都是互相平行的直线，但在图 2、图 3 中，两条直线或右或左地歪斜，在图 4 中，两条直线的中间向外侧弯曲。

视错觉，是当人观察物体时，基于经验主义或不当的参照形成的错误的判断和感知。在本书中，我们已经认识了许许多多的视错觉图。其实，这只是一小部分，还有更多的视错觉图等着你的发现哦。

迷你便签　图2：佐尔拉错觉；图3：咖啡墙错觉；图4：黑林错觉。图2、图4 以发现者命名，图3 是在一家位于英国的咖啡厅墙壁上发现的，因此得名。

转一转 10 日元硬币

北海道教育大学附属札幌小学
泷泷平悠史 老师撰写

阅读日期　月　日　｜　月　日　｜　月　日

硬币的方向朝哪边？

　　大家的家里，肯定有 10 日元硬币吧？准备 2 个 10 日元硬币，如图 1 所示摆放好。

　　先按住下面的 10 日元硬币，然后让上面的 10 日元硬币绕着下面的 10 日元硬币转一周。要牢牢按住下面的 10 日元硬币哦。

　　问题来了，上面的 10 日元硬币在绕一周时，它自己一共又转了多少圈呢？

图1

图2　　　　　图3

　　首先，如图 2 所示，让上面的 10 日元硬币绕到 3 点钟的位置。

　　3 点钟的位置正好是一周的 $\frac{1}{4}$，那么 10 日元硬币也会转 $\frac{1}{4}$ 圈吗？进行实际操作后，我们发现 10 日元硬币一下子调转了方向。有点意思哦（图 3）。

让硬币转一圈

　　然后，继续绕动硬币。当上面的 10 日元硬币绕动到最下面时，会发生什么？ 10 日元硬币自己转了一圈，它的朝向和起点时相同（图 4）。

　　也就是说，当 10 日元硬币绕动半周的时候，它自己转动了一圈。由此，可以推测出 10 日元硬币绕动一周的时候，它自己转动了两圈。如图 5 所示，经过实际的转一转，可以知道硬币就是转动了两圈。

图4　　　　　图5

迷你便签　　接下来，把转一转的硬币，换成直径是 10 日元硬币 2 倍的硬币。那么，当绕动一周时，硬币自己转动几圈？这也是个有趣的问题。

神奇的中间数！
3 个数的情况

计算中的数学

日

藤本邦昭 老师撰写

阅读日期　　月　日　｜　月　日　｜　月　日

求三数之和

　　如图 1 所示，1、2、3……请在这个数表上圈出连在一起的 3 个数。比如，我们圈出 14、15、16 这 3 个数。然后求三数之和，14 + 15 + 16 = 45。

　　这 3 个数的中间数是"15"，看看它的 3 倍是什么。15×3 = 45。这与三数之和相同，是偶然吗？

　　现在，我们再试着圈一圈斜着的 3 个数。比如，我们圈出 20、31、42 这 3 个数。这三数之和等于 93。

图1

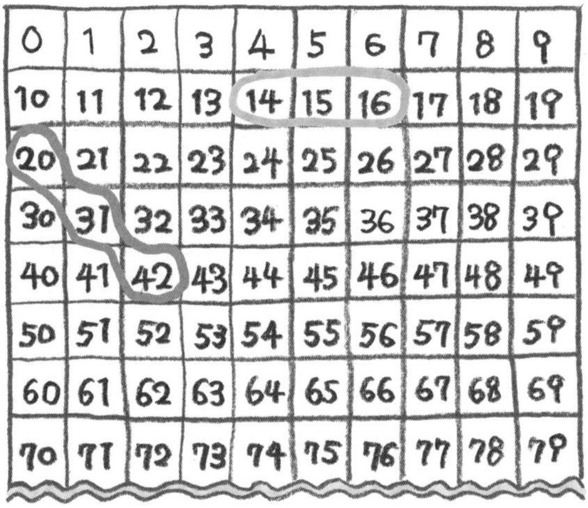

0	1	2	3	4	5	6	7	8	9
10	11	12	13	14	15	16	17	18	19
20	21	22	23	24	25	26	27	28	29
30	31	32	33	34	35	36	37	38	39
40	41	42	43	44	45	46	47	48	49
50	51	52	53	54	55	56	57	58	59
60	61	62	63	64	65	66	67	68	69
70	71	72	73	74	75	76	77	78	79

图2

周日	周一	周二	周三	周四	周五	周六
		1	2	3	4	5
6	7	8	9	10	11	12
13	14	15	16	17	18	19
20	21	22	23	24	25	26
27	28	29	30	31		

　　然后，同样以中间数"31"乘以 3，31×3 = 93。果然，它们的答案还是与三数之和相等。

用日历计算

　　试完了横的斜的，如图 2 所示，我们再来圈一圈竖着的。比如，我们圈出 3、10、17 这 3 个数。然后求三数之和，3 + 10 + 17 = 30。

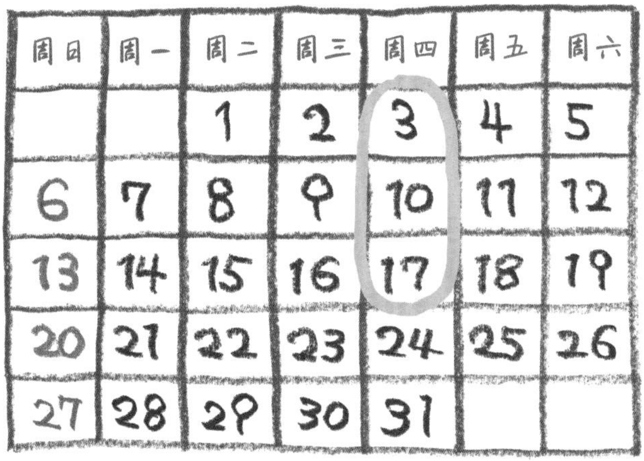

　　以中间数"10"乘以 3，10×3 = 30。它们的答案还是与三数之和相等。

　　不管是横、纵、斜，随机圈出连在一起的 3 个数，中间数的 3 倍就等于三数之和。

　　好神奇呀。

　　如果圈出连在一起的 5 个数，会发生什么？它们的和会是中间数的 5 倍吗？大家试一试才知道哦。

迷你便签

　　连在一起的 3 个数的中间数，也是 3 个数的"平均值"。也就是说，若干个"平均值"相加，就等于若干个数之和。

385

夜空中浮现的六边形

岛根县 饭南町立志志小学
村上幸人 老师撰写

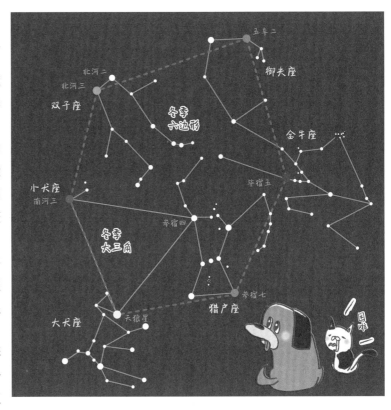

冬日夜空的亮星

仰望春日、夏日、秋日夜空，我们找到了夜空中藏着的巨大三角形和四边形（见4月12日、7月07日、9月25日）。好奇心让我们发出疑问，在冬日夜空又能寻找到什么形状呢？抬头仰望冬日夜空，月色如水，繁星点点。

在冬日夜空中，有许多明亮的一等星。往东南方望去，可以看见3颗明亮的星星。将这3颗亮星连起来，就会发现一个大大的三角形出现在我们的头顶。这个"冬季大三角"非常接近正三角形。

"冬季大三角"的3颗亮星分别是：猎户座的红超巨星参宿四、夜空中最亮的恒星——大犬座的天狼星、小犬座的南河三。

钻石般的六颗星

在冬日夜空中，可不只有三角形哦。以猎户座的红超巨星参宿四为中心，连接小犬座的南河三、大犬座的天狼星、猎户座的参宿七、金牛座的毕宿五、御夫座的五车二、双子座的北河三，会出现什么形状？

将它们连起来，就会发现一个大大的六边形出现在头顶，这就是"冬季六边形"。由一等星组成的豪华六边形，在冬日夜空中闪耀着钻石般的光辉。

如果把夜空中的每一颗星，都视为一个点，那么，连接2点，成一直线；连接3点，成一三角形。我们可以在仰望中，发现许许多多的图形。

偶数和奇数，哪个多呢

御茶水女子大学附属小学
冈田纮子老师撰写

阅读日期 ✎ 　月　日 ｜ 　月　日 ｜ 　月　日

图1

蝴蝶和花朵，哪个多？

如图1所示，翩翩起舞的蝴蝶和争奇斗艳的花朵，哪个多？在蝴蝶和花朵之间，连起一条线，多出来的那个，数量就是多的。如图2所示，花朵比蝴蝶要多。

当蝴蝶和花朵的数量相同时，蝴蝶和花朵都可以一一对应。如图3所示，蝴蝶和花朵之间连起了一条线，蝴蝶和花朵的数量就等于线的数量。

没有多余是什么意思……

再来试试更多的可能性吧。像2、4、6、8这样，能被2整除的整数就是"偶数"；像1、3、5、7这样，不能被2整除的整数就是"奇数"。

如图4所示，如果在偶数和奇数之间，连起一条线，可以无止境地连下去。就像飞舞的蝴蝶和圆圆的花朵一样，偶数和奇数连线之后，没有多出来的数。因此，偶数和奇数的个数相同。

图2

多余

图3

相等

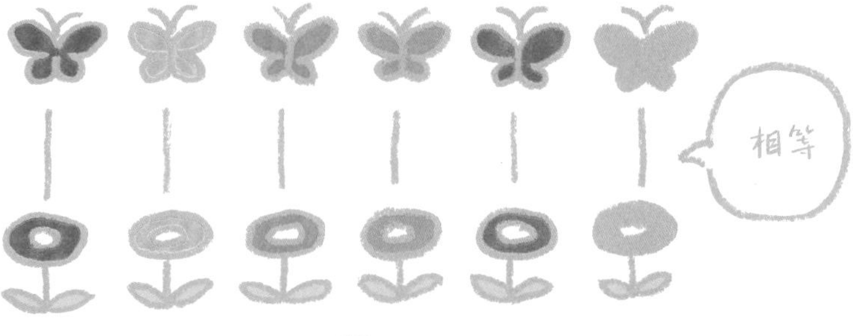

图4

偶数和奇数之间的线可以一直连下去！

迷你便签

再考一考大家：偶数和自然数（0、1、2、3、4、5……）哪个多？如果在偶数和自然数之间，连起一条线，可以无止境地连下去。因此，偶数和自然数的个数也是相同的。数学的世界，真的好奇妙呀。

边长延展 2 倍的话会怎样

熊本县　熊本市立池上小学
藤本邦昭 老师撰写

边长延展 2 倍时面积是多大？

如图 1 所示，这是一个正方形 ABCD。

然后，如图 2 所示，让正方形的各个边由内向外延展 2 倍，标注上 E、F、G、H。

那么，4 个点连起来形成的正方形 EFGH，面积是正方形 ABCD 的多少倍？边长延展 2 倍时，面积也扩大 2 倍？或是 4 倍？

答案是 5 倍。如图 3 所示，移动 2 个直角三角形后，可以发现是正方形 ABCD 的 5 倍。

边长延展 3 倍时面积是多大？

问题升级。如图 4 所示，让正方形的各个边由内向外延展 3 倍，标注上 I、J、K、L。那么，4 个点连起来形成的正方形 IJKL，面积是正方形 ABCD 的 13 倍。

为什么是 13 倍呢？如图 5 所示，移动 2 个直角三角形后，可以发现是正方形 ABCD 的 13 倍。

图1

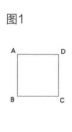

图2

图3

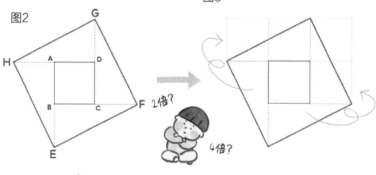

图4

图5

迷你便签　　在 9 月 17 日，我们见识了用 4 个直角三角形组成正方形的方法。

有好多种！各国的笔算

计算中的数学

东京都丰岛区立高松小学

细萱裕子 老师撰写

阅读日期 📝 ⬜月 ⬜日 | ⬜月 ⬜日 | ⬜月 ⬜日

全球共通的数字就是方便

　　1、2、3……我们平常使用的数字（阿拉伯数字），在世界各国也是通用的。一、二、三……虽然在中国、日本也有汉字的数字，在日常的运算中还是多用阿拉伯数字。在其他国家，也是这样的情况：虽然有国家特有的数字，但最普遍使用的还是阿拉伯数字。

　　与数字的全球通用相反，数学的运算方法和运算规律在各国有各样的形态。比如，日本有日本的运算规律，但这些规律不一定在全世界通用。

各种各样的笔算方法

　　以除法笔算为例，日本的笔算方法在图的左上角。

　　图上还展示了许多其他国家的笔算方法。有的国家的方法还比较接近。大家还可以试着对比各国的笔算方法。

迷你便签

　　在进行"加法""减法""乘法"时，各国的运算步骤大同小异。而在进行"除法"时，"被除数""除数""商""余数"的书写位置会有不同。

日本蛋糕的大小，"号"是什么

东京都杉并区立高井户第三小学
吉田映子 老师撰写

5号或6号蛋糕是？

在生日和圣诞节时，总少不了蛋糕的身影。圆圆的蛋糕，涂满了奶油，这和数学又有什么关系呢？

今天，蛋糕店摆出了这样一款草莓蛋糕。

> 5号 2000日元

蛋糕前面的价格牌，标注了2000日元的价格。那么，"5号"又是什么意思？

其实，它指的是蛋糕的大小。蛋糕越大，"○号"就越大。

形容蛋糕的尺寸，每一个"○号"等于3厘米。因此标着"5号"的草莓蛋糕，直径是3厘米的5倍，即15厘米。

和单位"寸"的关系

为什么在蛋糕店，每增加一个号，蛋糕的直径就增加3厘米呢？这与日本过去使用的长度单位有关。

在日本，"寸"是古时候使用的长度单位之一。在烤制海绵蛋糕时，原本就是用寸来形容大小。1寸约为3厘米。因此，过去直径5寸的蛋糕胚，用今天的话来说，就是直径为15厘米的蛋糕胚。用它做出来的蛋糕自然就是"5号蛋糕"啦。

如果要制作6号蛋糕，就要使用6寸的蛋糕胚。规格大了1寸，直径就增加3厘米，这个蛋糕的直径是18厘米。

经过今天的学习，蛋糕要买多大，你一定有数了吧？

查一查

装点上奶油和装饰！

一个用○号蛋糕胚制作的蛋糕，上面往往还会涂上满满的奶油，装点上各色水果和装饰物。如此一来，实际上蛋糕的分量可就增加了呀。

迷你便签

在日本，锅的尺寸同样也是由"寸"转"号"。在中国，现代1寸约为3.33厘米，而蛋糕的尺寸"○寸"指的是英寸。

2 生活中的数学

圣诞节是什么日子

学习院小学部
大泽隆之 老师撰写

阅读日期　　月　日　｜　月　日　｜　月　日

耶稣的生日是？

今天，12 月 25 日是圣诞节。圣诞节是一个宗教节，人们在这一天庆祝耶稣的诞辰。那么耶稣的生日，又是在公历纪元哪一年呢？翻开世界史年表，可以看到"耶稣诞生在公元前 4 年"。

那么，公元 1 年又是如何确定的呢？答案是，公元以"耶稣诞生"之年作为纪年的开始。什么？好像有哪里怪怪的？

居然是算错了？

耶稣出生的时候，欧洲使用的其实是罗马历。有研究表示，耶稣的诞生日就在罗马历 753 年 12 月 25 日。公元纪年起源于基督教统治时代的罗马教廷。公元 525 年，基督教神学家狄奥尼修斯建议"将耶稣诞生之年定为纪元之始"，即公元 1 年。公元 532 年，此纪年法在教会中开始使用。

不过，人们在计算耶稣诞生年份时又出了错。后来，确认了耶稣出生日其实约在 4 年之前。所以，就出现了"耶稣诞生在 BC（公元前）4 年"的说法。BC 是"Before Christ（主前）"的缩写，是"在耶稣诞生之前"的意思。

试一试

挑战制作年表！

来挑战吧，做一个长长的年表。公元 1 年之前是哪一年？公元 0 年？不是哦，没有公元 0 年的概念。同样，有公元 1 世纪，而没有公元 0 世纪。这和数轴有点不一样吧。

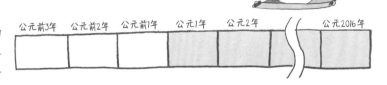

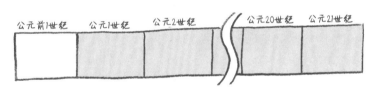

迷你便签

众所周知，圣诞节是为了庆祝耶稣的出生而设立的，但《圣经》中却从未提及耶稣出生在这一天。有历史学家表示是由于太阳神的生日在 12 月 25 日，还有的历史学家通过亮星引路的线索（《马太福音》：我们在东方看见他的星，特来拜他），认为耶稣是出生在 4 月、6 月或 9 月。

391

日本的**乘车率**是什么

2 生活中的数学

12月 26日

御茶水女子大学附属小学
久下谷明老师撰写

阅读日期　月　日　│　月　日　│　月　日

从新闻里听到的乘车率

在日本的盂兰盆节和正月期间，总是会在新闻里听到这样的话：

"在年终岁尾时节，返乡大军在 30 日迎来一个返乡高峰。各地的火车站、飞机场，人潮拥挤。上午 6 点，从东京始发、终到博多的"希望 1 号"东海道新干线上，自由席（不对号入座的席位）的乘车率达到了 200%。而在东北·山行新干线上，这个数据也到达了 150%……"

在日本，像这样的新闻报道每年都要来一遍。那么，其中使用的乘车率 200% 和乘车率 150% 又是什么意思呢？

乘车率，又称为拥挤率（拥挤度），是一个描述动车或路面电车拥挤程度的词语。如图 1 所示，这是乘车率数值具体对应的车厢内情况。当乘车率达到 200% 时，光是在车上站着就已经很辛苦了。要是乘车率达到 250%，那就真的比较难受了。

图1

路面电车乘车率（拥挤度）说明

| 100% | 150% | 180% | 200% | 250% |

车厢里，有人坐在位子上，有人拉着吊环拉手，有人握紧扶手杆，达到规定乘车人数。

能够顺利阅读摊开来的报纸。

能够阅读折叠起来的周刊。

乘客身体互相接触、互相挤压，能够勉强阅读周刊。

随着路面电车的晃动，乘客会随之摇摆，拥挤得难以动弹。

可以舒适地乘车

※图片出自日本国土交通省主页

乘车率怎么算出来的

问题来了，人们又是如何判断出动车或路面电车的"乘车率为 100%"或"乘车率为 150%"？日本铁路总公司的相关人员介绍，是通过肉眼按照图 1 所示的车厢状态（拥挤程度），进行"乘车率为 100%"或"乘车率为 150%"的判断。

现在，这些信息在进行汇总之后，还能进行实时反馈。以环绕东京都心环绕运行的山手线为例，一部分车厢的乘车率可以在相关 APP 上实现即时获取。

最后，我们来看一看乘车率是如何求得的。让运行车辆的重量减去无人空车的重量，就得到了乘客们的重量。通过这个数，进行相应的计算，就可以算出乘车率。从重量到乘车率，这其中发生了什么反应？

12月

乘车率是一个百分数。百分数是一种特殊的分数，也叫作百分率或百分比。"%"叫作百分号。在小学高年级，我们将学习有关百分数和成数的知识。

玩一玩江户时代的益智游戏"剪裁缝纫"

27 日

吉田映子 老师撰写

阅读日期 📏 月 日 | 月 日 | 月 日

古时候的头脑体操

在江户时代，日本德川幕府实行闭关锁国的外交政策。在此期间，在日本本土独立发展出了一种独特的传统数学，称为"和算"。

现在的数学学习，是按部就班的，几年级学生就学习几年级的内容。与此不同，在和算盛行的年代，从大人到小孩都被它的魅力所吸引，热衷于一起挑战益智游戏。

裁缝师使用裁缝剪刀，把衣料按照一定尺寸剪断裁开，然后缝制成衣服，这是现实中的剪裁缝纫。而在"剪裁缝纫"益智游戏中，它的意思是"先剪切，后组合"。

图1

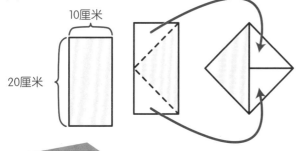

开始你的智力大餐

在江户时代出版的《勘者御伽双纸》一书中，记载了这样的题目：

【问题】如图1所示，请将长方形先剪切，再组合成一个正方形吧。

【答案】比如，剪切长方形的左侧，并把它们移动到右侧，就组合成了一个正方形。大家再想一想其他的方法吧。

挑战江户时代的益智游戏

接下来，我们再来看一道出自《和国智慧较》的题目。如右图所示，请将长方形剪切为形状相同的 2 部分，再组合成一个正方形。想到了吗？先把长方形剪切成 2 个楼梯形状的部分，然后进行组合，就成了正方形。现在，有一个长 25 厘米、宽 16 厘米的长方形，等着你来"剪裁缝纫"哦。

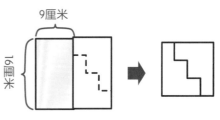

迷你便签 要制作一件和服，只用按照虚线将一整块布料裁剪成若干长方形小布块，再进行缝制就可以了。这也是一道"剪裁缝纫"益智游戏呀（见 1 月 27 日）。

探寻时间的长河

立命馆小学
高桥正英 老师撰写

佛经中的"劫"

1627 年，日本著名数学家吉田光由在元代朱世杰《算学启蒙》和明代程大位《算法统宗》的基础上，撰写出和算的开山之作《尘劫记》。

《尘劫记》书名取自《法华经》的"尘点劫"。尘点劫又称尘劫，形容时间极长久远。吉田光由认为，自己的书是一本"历经时间长河而不变的真理之书"。今天，我们就来探一探"劫"。

在佛经中，尘，指微尘；劫，为极大之时限。佛教对于时间的观念，便以"劫"为基础，来说明世界生成与毁灭的过程。关于"劫"之缘起到缘尽，有两种说法。

其一为"磐石劫"。据《菩萨璎珞本业经》载："天衣拂尽方四十里（约 160 千米）之石，称为小劫；拂尽方八十里之石，称为中劫；拂尽方八百里之石，称为大阿僧祇劫（无量劫）。"天女以天衣轻拂磐石直至消磨尽净，比喻劫期之长远。

其二为"芥子劫"。据《杂阿含经》、《大智度论》载："谓有四十里（约 160 千米）方广之城，其内充满芥子，称为芥城。有一长寿之人，每百岁来取一芥子。纵令芥子悉数持去，劫数亦尚未尽。"芥子劫比喻劫期之悠长。

"寿限无"中的"劫"

《寿限无》是日本落语（落语是日本的传统曲艺形式之一）中的经典段子。这段落语的大意是：父母在拜托寺院给新生儿取名时，认为名字长一点比较好，把各种美好愿望都写给住持，于是孩子被取了一个非常长的名字。结果，孩子掉进水里，报信人因在报名时费时太长，致其淹死。"寿限无"即为寿命无穷无尽，寄托长命百岁之愿。在这个长长的名字中，也出现了"劫"的身影。

孩子的名字叫："寿限无（万寿无疆）、寿限无、耗尽五'劫'……"

40 亿年为一劫，五个 40 亿年如同"磐石劫"般劫期之长远。懂得了词语的意思，感觉更能触摸到段子中的趣味了。

由此想到，日本还有这样一句口头禅，"啊，好麻烦，懒得做"，这句话写成汉字的话，就是——亿劫。很显然，这个词表示有"一亿个'劫'！"时间相当之漫长，所以引申为花费很长时间还是做不完，嫌麻烦、懒得动的意思。简单的口头禅，居然还有大来头。

迷你便签　意为未来永无休止的"未来永劫"，与"劫"息息相关。走过时间的长河，我们可以找寻出更多的"劫"。

神奇的时差！
国际标准时间

东京都丰岛区立高松小学
细萱裕子老师撰写

日本的白天是外国的？

大家在家里看过国外举行的奥运会、世界杯的现场直播吗？有时候夜晚的日本，电视上的国家却是在白天；有时候会发现，想要看的赛事在午夜开始比赛。

两个地区地方时之间的差别，称作"时差"。比如，日本与夏威夷相比，要比夏威夷早上 19 小时。当日本是 20 点（晚上 8 点）的时候，夏威夷就是 20 - 19 = 1，即 1 点（凌晨 1 点）。

再来看看澳大利亚的悉尼。悉尼的时间比日本要早上 2 小时，因此时间是 20 + 2 = 22，即 22 点（晚上 10 点）。巴西的时间比日本要迟上 11 个小时，因此时间是 20 - 11 = 9，即 9 点（上午 9 点）。

如何确定各地的时间？

由于地球自西向东自转，东边与西边的时刻有早迟之分。为了克服时间上的混乱，国际规定将全球划分为 24 个时区，并以英国格林尼治天文台旧址为中时区（零时区）。以本初子午线（经度 0 度）为基准，每个时区横跨经度 15 度。每个时区的中央经线上的时间就是这个时区内统一采用的时间，称为区时，相邻两个时区的时间相差 1 小时。

俄罗斯领土辽阔，横跨东三区到东十二区。后来，俄罗斯进行时区调整，使全国时区数由 11 个减少为 9 个。日本东西跨度约为 30 度，标准时间东经 135 度线贯穿兵库县明石市。在日本的所有地方，都使用同一个时间。

议一议

国际日期变更线

基里巴斯

为了避免日期上的混乱，国际规定了一条国际日期变更线，作为地球上"今天"和"昨天"的分界线。按照规定，凡越过这条变更线时，日期都要发生变化：从东向西越过这条界线时，日期要加一天；从西向东越过这条界线时，日期要减去一天。世界上最早迎来新一天的，是位于国际日期变更线西侧的太平洋岛国基里巴斯。

迷你便签

世界上有不少国家每年要实行"夏时令"，它是一种为节约能源而人为规定地方时间的制度。在天亮早的夏季，人为将时间提前一小时，可以使人早起早睡，减少照明量，充分利用光照资源，从而节约照明用电。

从1层到6层要花多长时间

学习院小学部
大泽隆之老师撰写

阅读日期　　月　日　　月　日　　月　日

看一看，想一想

机器人开始爬楼梯了。从1层到3层，花费3分钟。机器人使用同一的速度，从1层到达6层，需要花上多少时间？

爬到3层需要3分钟，很容易就推测说到达6层要花6分钟了吧。其实，还真不是这么简单。经过计算，要花上7分30秒哦。为什么呢（图1）？

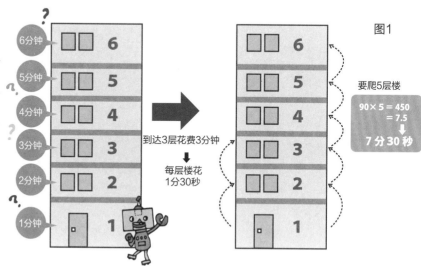

图1

要爬5层楼
$90 \times 5 = 450$
$= 7.5$
↓
7分30秒

到达3层花费3分钟
每层楼花1分30秒

从1层到3层，需要爬的高度是2层楼。一共花费3分钟，因此每层楼需要1分30秒。

从1层到6层，就是要爬5层楼的高度。1分30秒的5倍，就是7分30秒。

这个问题画了图，马上就迎刃而解了。

想一想

测量100米的时候

为了测量100米，我们可以每隔10米就竖起一个小旗子。最后插上一个10号小旗子。那么，1号到10号之间的距离，就是100米吗？其实只有90米。从1号小旗子到2号小旗子，是10米；到3号小旗子，是20米；到4号小旗子，是30米……到10号小旗子，是90米。这个问题画了图，也能够马上迎刃而解。

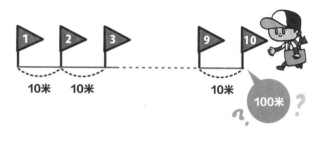

造成这样的情况，是因为间隔的数量要比标志数量少一个。让数学题目化繁为简，画图是一个好方法。

迷你便签

最后一天的大晦日也要想想数学哦

12月 31日

明星大学客座教授
细水保宏老师撰写

阅读日期   月   日   月   日   月   日

12 月 31 日，大晦日

日本人把 12 月 31 日称之为"大晦日"，也就是除夕日。"晦日"是"三十日"的意思，在日本的传统农历中，将每月的最后一日称之为晦日。"月隐（月末）"是晦日的别称。

12 月 31 日，既是月的最后一日，也是年的最后一日。根据农历的习俗，因而被称为"大晦日""大年三十"。

赶走赶走，108 种烦恼

岁末除旧布新、辞旧迎新，大年三十的晚上就是"除夕"。除夕午夜，日本各地不管大小寺庙都会敲钟 108 下，以此驱除邪恶。

据说，人有 108 种烦恼。这些烦恼源自贪、嗔、痴、慢、疑，带来了迷茫和苦闷。当夜，日本人静坐聆听"除夜之钟"，忏悔一年的罪责，请求神灵降福，赶走一切不顺遂的烦恼。钟声停歇时，就意味新年的来到。因此，除夜之钟会敲响 108 下。

试一试

有魔力的数字 "108"

怀着数学的思维，来看一看数字 108 吧。108 可以被很多数整除。

如果整数 a 能被整数 b 整除，那么我们称整数 b 是整数 a 的"因数"。108 一共有 12 个因数。

$108 \div 1 = 108$ $108 \div 2 = 54$

$108 \div 3 = 36$ $108 \div 4 = 27$

$108 \div 6 = 18$ $108 \div 9 = 12$

$108 \div 12 = 9$ $108 \div 18 = 6$

$108 \div 27 = 4$ $108 \div 36 = 3$

$108 \div 54 = 2$ $108 \div 108 = 1$

迷你便签

在不超过 120 的数中，除了 108，还有 5 个数拥有 12 个因数。它们是 60、72、84、90、96。

397

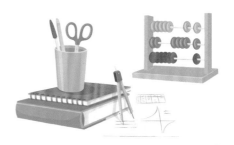

涵盖课标
高于课标

让孩子爱上数学的神奇魔法书

每天一篇，每天10分钟
轻松提升孩子数学**兴趣**和**成绩**

① 主创团队云集数学大咖

这本书背后的编著团队，是日本数学教育界的"领头羊"——**日本数学教育学会**，日本学校数学大纲的修订，就是以日本数学教育学会的研究成果作为研发基础的。

成员既有日本文部省专家、大学教授，又有众多百年名校的资深校长、日本教科书编委、授课达人等。

◎ 这本书的领头大咖**细水保宏**，既是日本明星大学的教授，也是小学的资深校长。不仅深谙数学理论，还通晓儿童心理。 ▼ ▼ ▼

● 细水保宏

毕业于横滨国立大学大学院教学教育研究科

横滨市立三泽小学、立六浦小学教研组组长

筑波大学附属小学副校长

明星大学客座教授

筑波大学外聘讲师

横滨国立大学外聘讲师

日本数学教育学会常任理事

原日本全国数学教学研究会会长

2 诺贝尔奖获得者的案头书的编辑团队

◈ 担任这本书的编辑团队，来自日本《儿童的科学》杂志编辑部。这个编辑部非常传奇，包括小柴昌俊在内的**许多日本诺贝尔奖获得者小时候**是《儿童的科学》的**超级粉丝**，把其作为**挚爱的枕边书**。

《儿童的科学》

创刊于 1924 年，综合性科学月刊。

创办人：科学评论者、作家、北海道帝大讲师原田三夫

宗旨：积极向儿童传播科学的趣味，把有深度的话题，用浅显易懂的语言进行解说。

读者对象：中小学生（小学三年级以上）

内容：话题性的科学新闻、科学工作者的工作、趣味盎然的实验游戏、手工制作以及科学探索漫画等（从宇宙、地球，到生物、科技）

评价：孩子们可以从中获得课堂中没有的科学知识。

③ 日本数学教育学会
写给小学生的**百年纪念版**

厉害了

◎ 日本数学教育学会创立于 1919 年。本书是由数学大牛**细水保宏**领衔着盛山隆雄、中田寿幸等 18 位一线资深名师，为庆祝日本数学教育学会成立一百周年而**写给小学生**的百年巨献。

日本明星大学教授

熊本市立饱田东
小学校校长

日本教科书
《小学数学》编委

东京理科
第五次数学授课达人
大奖赛最优秀奖

在日本，这本书成为儿童数学畅销榜上的常客，它有趣、严谨的内容和形式，也获得无数好评，成为孩子和家长爱不释手的数学科普书。

关于趣味数学的书有很多，像这本收录成一本大百科的确实不多。书里介绍了不少数学的不可思议的方法和趣人趣闻。连平时只爱看漫画类书的孩子，不用催促，也自顾自地看起了这本书。作为我个人来说，向大家推荐这本书。

id: Ryochan

这是我和孩子的睡前读物。书里的内容看起来比较轻松，也相对浅显易懂。

id: 清六

一开始我是在一家博物馆的商店看到这本书的，随便翻翻感觉不错，所以就来亚马逊下单了。因为孩子年纪还小，所以我准备读给他听。

id: pomi

孩子挺喜欢这本书的，爱读了才会有兴趣。

id: 公爵

这是一本除了小孩也适合大人阅读的书，不少知识点还真不知道呢。非常适合亲子阅读。

匿名

给侄子和侄女买了这本书。小学生和初中生，爸爸和妈妈，大家都可以看一看。

匿名

从简单的数字开始认识数学，用新的角度发现事物的其他模样，这本书让孩子尝试全新的探索方式。数学给我们带来的思维启发，对于今后的成长也大有裨益。

id: GODFREE

我是买给三年级的孩子的。如何让这个年纪的孩子对数学感兴趣，还挺叫人发愁的。其实不只是孩子，我们家都是更擅长文科，还真是苦恼呢。在亲子共读的时候，我发现这本书的用语和概念都比较浅显有趣，让人有兴致认真读下来。

id: Francois

我是小学高年级的班主任。为了让大家对数学更感兴趣，我为班级的图书馆购置了这本书。这本书是全彩的，有许多插画，很适合孩子阅读。

id: NATSUT

④ 18 位名校资深数学名师心得大公开

◎ 数学大牛**细水保宏**领衔的 18 位的一线资深名师也都是日本数学界的大咖，其中有八位来自**日本百年名校**：▼▼▼

大泽隆之
（学习院小学部）

🌸学習院 创立于1847年

培育出日本皇太子、公主、亲王妃、小说
家志贺直哉等180位名人

东京私立初等学校协会算数研究部主任、文部科学省"教科书的改善"专家会议委员、日本数学教育学会研究部常任干事、全国数学授课研究会理事、NHK学校广播《轻松学算数》节目企划委员

熊本市立 池上小学 成立于1874年

熊本市教育委员会研究指定学校
熊本市排名前十的超人气小学

熊本市立饱田东小学校校长、熊本市立高平台小学校教导主任、熊本市算数教育研究会成员、日本全国教学研究会总务干事、基础学力研究会发起人

藤本邦昭
（熊本市立池上小学）

国立大学法人 北海道教育大学

附属札幌小学校 1946年创立60周年

北海道教育大学培育出落语家三游亭道乐等名人

北海道教育大学附属札幌小学1年级1班老师著有
《14个深入学习式算数教学》《算数侠客捕物帐》等

泷泷平悠史
（北海道教育大学附属札幌小学）

高井户第三小学校 1901年创立

日本数学教育学会研究部干事
荣获小学一年级数学"读书教育奖"优秀奖、"东京
理科第五次数学授课达人大奖赛"最优秀奖

吉田映子
（杉井区立高井户第三小学）

 筑波大学附属小学校 日本有名的国立小学
Elementary School attached to University of Tsukuba

1833年被设立为日本第一所国立师范学校的练习小学
筑波大学培育出小说家菊池宽、实业家五岛应太等名人

盛山隆雄
（筑波大学附属小学）

数学教育研究会代表
全国数学教育研究会理事
日本数学教育学会研究会干事
教育出版教科书《小学数学》编辑委员

⑤ 国内著名高校教授、 特级教师审订推荐

日文版在引入中国后，在内容、形式和名称上，都进行了严格的审核和编辑加工。为了确保严谨、科学，适应中国孩子，出版社还特别邀请了国内两大著名高校教授和北京、上海、浙江、深圳等四大教育先进省的5位国内的数学名师，不仅从内容上进行了审读，在适读性上，也提出了很多建议。

陈文斌

复旦大学数学科学学院教授。2000年获得复旦大学计算数学专业博士学位，现为中国工业与应用数学学会第六届理事会理事，中国计算数学学会第九届理事会理事。主持参加包括国家973、国家自然科学基金在内的许多重点课题和项目。

郑扣根

英国Warwick大学工学博士毕业，现为浙江大学计算机科学与技术学院教授，博士生导师。曾主持和参与多项国家973、863等重大课题与项目。

张俏梅

中国教育学会会员，小学数学特级教师，北京实验学校（海淀）小学部教科研主任，清华大学继续教育学院"国培计划"中西部示范区建设项目顾问。主持国家等各级多个课题，并多次荣获国家等各级奖励。

陈今晨

中学高级教师，江苏省资深小学数学特级教师，南通市小学数学专业委员会前副理事长。曾参与国家教育委员会基础教育司、联合国儿童基金会、联合国教科文组织联合进行的课题项目，以及北师大林崇德七五、八五全国重点课题研究，荣获省教研课题多项成果奖。

王 岚

教育部"一师一优课"评审专家，江苏省小学数学特级教师，江苏人民教育家培养对象，正高级教师，教育管理硕士。现任清华附中广华学校副校长、小学部校长。

沈百军

浙江省小学数学特级教师，浙江省小学数学专业委员会委员，宁波市特级教师协会理事，宁波大学教师教育学院兼职教授。多次应邀到北京、四川、江苏、深圳等地上示范课和讲座，共一百多场。

张岩峰

小学数学特级教师，全国优秀教师，全国中小学优秀德育课教师，全国教育科研先进工作者。新世纪小学数学杰出人才发展工程首届高研班核心成员。

数学是美丽的，也是有趣的。它和生活、历史、天文、地理等各方面息息相关。《365数学趣味大百科》根据孩子的思维和特点，把小学数学中的知识点跟故事、游戏等结合起来，让孩子产生浓厚兴趣和学习的欲望，在不知不觉中掌握小学数学课标中要求的内容，轻松知道许多"为什么""怎么解"。

另外，这本书还设置了"做一做""想一想""试一试""查一查"等小专栏，给孩子充分的动手、动脑的实践机会，进一步加深记忆和理解，让孩子越玩越聪明。

作为数学教授和宝爸，现在市场上适合小朋友的有趣的书还是比较少的。《365数学趣味大百科》非常有趣，适合孩子学习，也适合亲子阅读，很开心能看到这本书，希望以后能陪着孩子慢慢地看完这本书，发现书里更多有趣的数学故事。

复旦大学数学科学学院教授 陈文斌

数学是研究数量、结构、变化以及空间等概念的一门学科。在人类历史发展和社会生活中，数学发挥着不可替代的作用。兴趣是学习数学最好的老师，而幼儿启蒙和儿童阶段是培养兴趣的关键时期。《365数学趣味大百科》针对少儿特点，以趣味方式引导孩子们认识数学的一些基本概念，掌握相应的数学技能，了解有趣的数学历史。

　　更为特别的是，此书将几何和代数都以游戏的方式呈现给孩子，让他们乐在其中，学在其中，帮助孩子为今后的数学学习建立兴趣，打下基础。还需要指出的是，《365数学趣味大百科》从知识点上是可供孩子在不同年龄段反复学习的，随着学习经历和理解力提高，相应的收获也会不一样。

　　　　　　　浙江大学计算机科学与技术学院教授　郑扣根

亲爱的小朋友们，数学阅读是小学阶段必须养成的学习习惯，习惯形成性格，性格决定命运。因此，良好的学习习惯将使你们终身受益。

我们生活在大数据时代，我们身边到处充满了数学信息，有些信息还特别奇妙。为了满足大家的好奇心，体验思考的快乐，提升思维能力和表述能力，我特别向你们推荐《365数学趣味大百科》亲子共读书，本书将带你走进意料之外的数学世界，品味不一样的数学。

《365数学趣味大百科》由日本数学教育家细水保宏多年潜心研究撰写。本书基于小学数学教科书中"数与代数""统计与概率""图形与几何""综合与实践"等内容，积极引入生活中的数学话题，以及"动手做""动手玩"的内容。一天一个数学小故事，这本书一共为大家准备了366个与数学相关的故事，这些故事将带领你们探究基于数学本质的内容。每一个小故事，都是向你们心中投下的一颗小石子，小石子泛起的涟漪向远处一圈一圈扩散，如同你们对数学的兴趣向深向广蔓延。

小朋友们，和爸爸妈妈一起，通过"查一查""做一做""记一记"等方式，与家人、朋友充分体验共享数学的乐趣吧！聆听中外数学故事，了解数学发展史，感悟具有里程碑作用的数学成果及重大事件，掌握一些简单的数学思想、数学游戏，感受数学好玩、数学有用、数学真美，从而追寻数学，热爱数学，和数学成为好朋友。

在阅读探秘的过程中，我们要善于发现和提出问题，还要利用所学知识分析、探索和解决问题，发展核心素养。我建议，你们在阅读的时候要做到：

1 眼到：把目光对准书的内容，速度平缓地浏览文字。

2 手到：动手在书上做些记号，记录下书本的重点。

3 心到：用心记忆书中的内容，记下自己的感受，认真思考。

4 坚持：每天读一点，坚持下去，养成习惯，你一定会有大的收获。

北京小学数学特级教师 张俏梅

由日本明星大学教授、日本数学教育学会（"日数教"）常任理事、全国数学教育研究会原会长细水保宏主编的《365数学趣味大百科》，是献给儿童的最好礼物，确实是"让孩子们爱上数学的魔法书"！

本书能让孩子课余津津有味、爱不释手于数学科学阅读，从而种下爱数学、爱科学的种子。日本著名科学家小柴昌俊就是这样，从小爱读《儿童的科学》及其他数学、科学类书籍，最后成为斩获诺贝尔奖的擎天巨木。

数学是科技的基础和工具，小学是人生学习成长的起跑阶段，科学没有国界。"他山之石，可以攻玉。"全国著名数学特级教师华应龙，在扬州召开的全国千人大会成功执教"化错"精彩练习课"买比萨"素材，与本书9月24日"哪组比萨的面积最大"故事异曲同工。我有幸审阅中译本，深切领略该书卓越品质。

"趣" 内容全面，激发兴趣。孩子谁不爱故事？本书图文并茂逐日讲故事，在趣味中开启孩子的智慧。九大数学版块，全面涵盖小学课标规定内容。每天十分钟深入浅出、过程完备，计算分析详尽多样。

"做" 适应儿童好动手习性。让其静读中动手"做数学"，引导剪、拼、摆、画、量、折、搭……手巧引动心灵，难怪孩子乐此不疲！

"活" 多途径灵活思维引领。比如99+99，先竖式笔算连续两次进位感受麻烦；后反衬突显"简便的窍门"：让99+1=100，算两个100，减多算的两个1。框出列式思路，再用两张100个点子形象图示，对比体验，灵活多途径说简算，令孩子豁然开朗！

"博"知识广博包蕴百科。搜罗奇珍异闻、天文地理、游戏操作，数学史料，异国风情……涉足德、智、体、美、劳诸育。让孩子见多识广、厚积薄发，一飞冲天。

"实" 利于养成阅读习惯。浅显表达，书前"阅读指导"，经年累月逐日排列内容，留空供三轮填写阅读日期，生、师、亲三者一书共读、家校联教落实习惯养成。

江苏小学数学特级教师 陈今晨

亲爱的孩子们，《365数学趣味大百科》是一本集智慧、趣味、实用、体验、创新与故事性为一体的百科全书，在这本书的阅读中，你会发现并懂得：

● 数学很有趣儿

在数学的百花园里，有数与算，方向与位置，距离与测量，图形与运动……生活中有趣的种种都与数学相关。在天马行空的数学思考里，你对于数学的喜欢会一点点萌芽，开出美妙的花儿。

在阅读时，我们可以尽情享受数学趣味故事中容纳的丰富的数与代数、空间与图形、统计与概率、实践与综合应用的知识，动手动脑，创新思考，不断积累，深入体验。

● 数学很好玩儿

数学知识并没有那么神秘，在拼一拼、摆一摆、玩一玩、做一做、试一试的过程中，数学的奥秘悄然揭晓，数学的思维悄悄发生，好玩儿的数学伴着我们疯狂思考。

在阅读时，我们不仅要动眼、动脑，还是多动手，多动口，勇于尝试，反复试验，在实践中寻找数学真知。

● 数学有历史

数学与生活相伴相生，由来已久，千古传唱的数学故事闪耀着智慧的光芒，徜徉其中，我们收获的将不仅是知识，还有力量。

在阅读时，你要主动地在古今数学故事中建立链接，感受数学的源远流长与博大精深，在简洁朴素的发现中寻找数学魅力。

● 数学有文化

数学探究过程也是一个文化感染、文化共鸣的过程，在这本书的文化品味中，我们会变得理性、严谨，形成属于我们的文化观。

在阅读时，我们关注的不仅是数学知识本身，还有散落在百科大世界里的数学星火，细品数学丰富的文化内涵，感受数学独特之美。

孩子们，数学很美，认真地阅读这本兼容并蓄、博采众长的数学丛书，坚持每天读懂一个有趣的数学故事，你会在数学的理性深邃之美中快乐茁壮成长！

深圳小学数学特级教师
张岩峰

亲爱的小朋友，当你打开这本书开始阅读时，你就开启了学习数学的另一扇窗，它会带你走进别样的数学王国。这里有美丽的故事、神奇的运算、好玩的游戏，还有不可思议的方法和大量的趣人趣闻。一天一个数学小故事，读之朗朗上口，思之妙趣横生，做之爱不释手。一年365天，日复一日，你就会品尝到数学的美妙、体验思考的快乐。孔子说过，知之者不如好之者，好之者不如乐之者。拥有这本书，用心阅读，你就会喜欢数学、爱上数学，它真是一本神奇的数学魔法书。

浙江省小学数学特级教师
沈百军

由日本数学教育学会研究部、日本《儿童的数学》编辑部所著的《365数学趣味大百科》是真正意义上属于儿童的数学万花筒。用儿童的视角、儿童的方式、儿童的语言，构建出一个色彩缤纷、绚烂多姿、千变万化、美轮美奂的数学世界。

·基于儿童，超越儿童

这本书，为儿童而著，为儿童而创，为儿童而绘。基于儿童，适合儿童，为了儿童。成长中的儿童——本书的小读者，在这里能找到丰富的营养素。长大了的儿童——儿童的父母，在这里能找到数学的亲子园。长大了的儿童——儿童的老师，在这里能找到备课的资源库。基于儿童，超越儿童，最终都是为了儿童。

·基于数学，超越数学

以数学为纲，以数学为核，以数学为基，基于数学，研究数学，分享数学。每一位读者，在这里都能徜徉于立体的"数与代数"、"图形与几何"、"概率与统计""、"综合与实践"的数学空间中。每一位读者，在这里也都能与美妙的计算、神奇的图形、奇妙的规律、好玩的游戏和有趣的体验幸福相遇。不仅如此，在这里，数学与生活息息相关；在这里，数学与音乐紧紧相连；在这里，数学与美术携手同行；在这里，数学与文学美好相遇……

·基于意义，超越意义

儿童的学习应该是有意义的。这种意义，在这本书中我们能体悟到很多。数学的方法、数学的思维、数学的精神、数学的味道、数学的气质，弥散在每一个故事、每一项体验、每一个主题之

中。儿童的学习同时也应该是有意思的。这种意思，在这本书中我们同样能感受到很多。操作、实验、猜想、联想、拓展、体验、创造、重构……好玩的数学，有趣的数学，神奇的数学，想不到的数学，了不起的数学，是 365 数学的趣味所在。阿基米德说，给我一个支点，我就能撬动地球。而我们会说，给我一本书，我就能走近新世界。

·基于每天，超越每天

每天学习一点点，每天感受一点点，每天进阶一点点。读一个小故事，玩一个小项目，做一个小探究。用 365 的方式，用 1+1+1+1…+1 的时间，用问题链、项目群、知识树、思维塔的方式达到成倍甚至乘方的学习效果。365 天的坚持本身就是一种神奇的力量，用坚持的力量加上数学知识的力量、数学方法的力量、数学思维的力量，实现自我成长力、自我创造力、自我反思力、自我迭代力的拔节生长。

江苏省小学数学特级教师 王岚

⑦ 内容涵盖小学数学课标规定内容

这本书涵盖了小学数学课标规定的"数与代数"、"统计与概率"、"图形与几何"、"综合与实践"四大学习内容，并为此精心设计了九大版块：

计算中的数学

测量中的数学

规律中的数学

图形中的数学

历史中的数学

生活中的数学

游戏中的数学

人体中的数学

数学名人小故事

除此之外，这本书还精心为孩子们梳理出了很多"课堂上老师可能没有讲到，但考试会考"的重难点，帮助孩子查漏补缺。

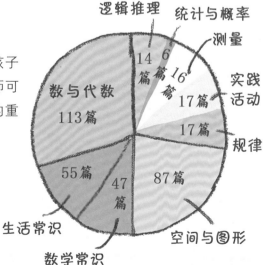

逻辑推理 14 篇

统计与概率 6 篇

测量 16 篇

数与代数 113 篇

实践活动 17 篇

规律 17 篇

生活常识 55 篇

数学常识 47 篇

空间与图形 87 篇

8 既是数学书，又是百科书

学科知识间的融合是这本书的另一大主要特色，书中将天文、历史、地理、人文、科学、建筑等 10 多个学科，都融汇贯通到数学问题中。让孩子打开视野，感受数学的魅力。

比如在介绍"黄金矩形"这个概念时，这本书就拿希腊的帕特农神庙和蒙娜丽莎来举例 ▼▼

这一篇介绍**黄金分割**，中国小学数学课本中提到，中国初中课本会详细介绍，为学生学习"黄金分割"打下初步的基础。

建筑、艺术品与数学——建筑与艺术品中的数学知识：黄金矩形

在讲到几何知识"六边形"时，就结合了天文知识为孩子讲解：

夜空中浮现的六边形
12 20日

岛根县 饭南町立志志小学
村上幸人 老师撰写

阅读日期 月 日 月 日 月 日

冬日夜空的亮星

仰望春日、夏日、秋日夜空，我们找到了夜空中藏着的巨大三角形和四边形（见4月12日、7月07日、9月25日）。好奇心让我们发出疑问，在冬日夜空又能寻找到什么形状呢？抬头仰望冬日夜空，月色如水，繁星点点。

在冬日夜空中，有许多明亮的一等星。往东南方望去，可以看见3颗明亮的星星。将这3颗亮星连起来，就会发现一个大大的三角形出现在我们的头顶，这个"冬季大三角"非常接近正三角形。

"冬季大三角"的3颗亮星分别是：猎户座的红超巨星参宿四、夜空中最亮的恒星——大犬座的天狼星、小犬座的南河三。

钻石般的六颗星

在冬日夜空中，可不只有三角形哦。以猎户座的红超巨星参宿四为中心，连接小犬座的南河三、大犬座的天狼星、猎户座的参宿七、金牛座的毕宿五、御夫座的五车二、双子座的北河三，会出现什么形状？

将它们一连起来，就会发现一个大大的六边形出现在头顶，这就是"冬季六边形"。由一等星组成的豪华六边形，在冬日夜空中闪耀着钻石般的光辉。

如果把夜空中的每一颗星，都视为一个点，那么，连接2点、连一段线；连接3点，连一个三角形…我们可以自由想象，发现许许多多的图形。

> 这一篇介绍夜空中浮现的六边形——使用平面图形标记夜空中的星星，方便标记和注解。

> 天文学与数学——数学知识在天文学中的重要作用。

386

而在讲解孩子生活中不可缺少的"时间和时钟"时，则带入了历史知识：

时钟是怎样诞生的
6 10日

岛根县 饭南町立志志小学
村上幸人 老师撰写

阅读日期 月 日 月 日 月 日

古人的智慧日晷

"现在几点了？"当我们听到这样的话，如果带着手表，或戴身边有钟表，就可以马上回答，在现代社会，即便没有时钟，人们也可以通过电视和手机，来获取时间。那么，在时钟还未登上历史舞台的时候，人们是如何得知时间的呢？

太阳的运动，给予人们最初的时间概念。从最早指太阳升天升到最高点的时候（正午）到第二天的正午，因为人们不能直视耀眼的太阳，以便利用太阳的投影，制作出了日晷。

日晷

不过在阴雨天时，没有了太阳的影子，日晷也就失去了作用。对于时间的探索，人类前进的脚步从未停止。

各种各样的时钟

一寸光阴一寸金，寸金难买寸光阴。时间以它不变的步伐流逝，而人们也始终想做出一个能精确报时的装置。在过去的年岁中，人们总用物质的匀速流动来计时，比如滴水计时的滴漏、使用细沙的沙漏，还有利用蜡烛和油灯的燃烧量来计时的方法。

滴漏

1582年，意大利物理学家、天文学家伽利略发现挂着的物体每次摆动的时间都相等，人们根据规律制成了摆钟。

摆钟不会是终点，也分明还在继续。1969年，瑞士研制出第一只石英电子钟表。石英钟表以电也电作作为能量源，由石英晶体提供稳定的脉冲波动，通过电动机推动表针运行，每月时间误差被改进到只有几秒钟。

摆钟

> 这一篇介绍时钟的诞生——代表古人智慧的日晷、滴水计时的滴漏、使用细沙的沙漏。

> 历史与数学——精确报时的历史里总是伴随着数学的影子。

电波钟表是利用石英也子晶的新一代的高科技产品，它通过接收国家标时中心的光线信号以确保时间准确性，日本的天智天皇（第38代天皇）于671年6月10日首次设置了滴水计时的滴漏升起时，这一天被定为日本的"时间纪念日"。

178

20

不仅让孩子们"看到"了知识、理解了知识，还让孩子将知识与生活相联系，加深印象。

此外，书里的"小贴士"还把孩子的好奇进行了延伸，为孩子解释了生活中隐藏的数学。

"翻牌游戏"的好玩之处，还在于可以自己制定规则。例如，一次可以翻 3 张数字牌。例又如骰子数字为 3 时，可以翻 9 和 6 两张数字牌，也就是说，可以用减法。

⑨ 语言通俗易懂，孩子边学边玩

内容好理解，是孩子愿意读下去的重要一步。

这本书读起来，就像是一个老师在旁边耐心引导，即使阅读纯文字，孩子也会兴趣盎然。

过去我们用身体当"尺子"

我来问一个问题，你知道我们这本书的长度是多少吗？于是，我看到你拿出一把尺子，测量后得出的答案是 24 厘米。

但是，在没有"尺子"这种标准测量工具之前，过去的人们是如何进行测量并告知其他人的呢？答案是使用身边的事物。更确切地说，是我们的手和脚，也就是我们自己的身体。

在古代的日本，人们使用手来进行计算，也利用手作为测量的单位。

图 1

寸

图 2

拳

对于一些抽象性数学概念，比如莫比乌斯环，书中则展示了制作过程，鼓励孩子动手做一做，在玩中理解知识点。此外，书里的"小贴士"还把孩子的好奇进行了延伸，为孩子解释了生活中隐藏的数学。

● 做一个莫比乌斯环

快来动手做一个魔法之环吧。

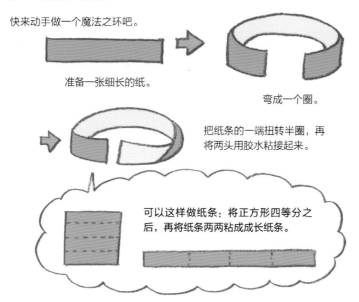

准备一张细长的纸。

弯成一个圈。

把纸条的一端扭转半圈，再将两头用胶水粘接起来。

可以这样做纸条：将正方形四等分之后，再将纸条两两粘成长纸条。

● 剪开莫比乌斯环会发生什么？

沿着莫比乌斯环中间剪开，你猜会发生什么？

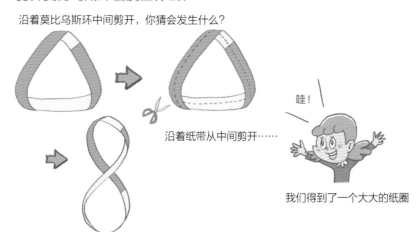

沿着纸带从中间剪开……

哇！

我们得到了一个大大的纸圈

除此之外，这本书还设置了"试一试"、"玩一玩"、"做一做"等趣味小专栏，促进孩子理解与吸收！